U0612424

控制技术基础及现场应用

現場で役立つ制御工学の基本

【日】 涌井伸二　桥本诚司
　　　高梨宏之　中村幸纪　　著

邓明聪　金龙国　　译著

中国石油大学出版社
CHINA UNIVERSITY OF PETROLEUM PRESS

著作权合同登记号　　图字:15-2016-271 号

Title:Fundamentals of Control Engineering Available to Industry by Wakui, Hashimoto, Takanashi, Nakamura,ISBN 978-4-339-03202-4

Copyright © 2016 by Wakui, Hashimoto, Takanashi, Nakamura.

All Rights Reserved. This translation published under license. Authorized translation from the Japanese language edition, published by Corona Publishing Co.,Ltd. No part of this book may be reproduced in any form without the written permission of the original copyrights holder.

图书在版编目(CIP)数据

控制技术基础及现场应用/(日)涌井伸二等著;

邓明聪,金龙国译著. —东营:中国石油大学出版社,

2016.11

ISBN 978-7-5636-5399-7

Ⅰ.①控…　Ⅱ.①涌…②邓…③金…　Ⅲ.①工程控制论—高等学校—教材 Ⅳ.①TB114.2

中国版本图书馆 CIP 数据核字(2016)第 259524 号

书　　　名:控制技术基础及现场应用
作　　　者:涌井伸二　桥本诚司　高梨宏之　中村幸纪
译 著 者:邓明聪　金龙国

责任编辑:高　颖　岳为超(电话 0532—86983568)
封面设计:悟本设计

出 版 者:中国石油大学出版社(山东 东营　邮编 257061)
网　　　址:http://www.uppbook.com.cn
电子信箱:shiyoujiaoyu@126.com
印 刷 者:山东省东营市新华印刷厂
发 行 者:中国石油大学出版社(电话 0532—86981531,86983437)
开　　　本:185 mm×260 mm　印张:15　字数:356 千字
版　　　次:2016 年 11 月第 1 版第 1 次印刷
印　　　数:1—2 000 册
定　　　价:38.00 元

译著者序

在北京举行的 2015 年先端机电系统国际学术会议上，经国际知名控制理论学者、日本国立东京农工大学机电工程学院邓明聪教授引荐，有幸与涌井伸二教授结识，之后通过 E-mail、电话以及直接面谈的形式，与涌井教授及邓教授针对自动控制理论及技术在教学、科研和现场应用中的问题进行了广泛交流和探讨。期间，涌井先生赠送给我一本新出版的日文教材《控制技术基础及现场应用》（現場で役立つ制御工学の基本）。刚看到第 1 章，我就被作者新颖的编写思想和思路深深吸引，并紧接着集中精力用心通读了全书。从该书中不仅能读到作者丰富的工业现场工作阅历和渊博的自动控制理论知识修养、厚重的科研能力，更能感受到一切为了学生、从满足学生学习需求出发的以学为主的教学理念，以及在教材内容选取上所采取的来自于现场应用、服务于现场应用的致用思想。而这恰恰是应用型本科教育和高等职业技术教育的特点。经与国内多位长期从事自动控制原理及技术应用领域教学和科研的同行探讨，大家都觉得这本教材很值得向国内介绍，作为应用型本科和高职教学的教材及从事自动控制技术现场应用人员的参考书。基于此，我和邓教授多次反复商量和推敲，决定在中国翻译出版这本教材的中文版。

本教材以现场应用为主线，通过大量工业现场和实际生活中的自动控制实例，重点介绍自动控制原理的经典控制理论及其现场应用。主要内容包括：反馈控制实例、自动控制的基本概念、自动控制系统的数学模型、自动控制系统的时域分析法、控制系统的频域分析法、控制系统的稳定性、控制系统的设计、前馈控制等。

本教材在编写思路上坚持教学内容"来自现场、服务现场"和理论"够用为度"的原则，对传统的学科式教育教学内容进行了较大的精练和压缩，力求做到深入浅出、循序渐进、通俗易懂，在注重物理概念叙述的同时大量引入工业现场实例，突出理论联系实际。本教材注重培养学生学习的逻辑思维能力、综合运用能力和解决问题能力。教材中设置有"习题"，便于学生巩固所学知识及自学。在分析手段上引入了目前自动控制领域中广泛使用的 MATLAB 软件，强化了经典控制理论中的计算机辅助分析和设计的应用。另外，为了保持日文原版教材的特点，中文版教材在图表的处理上采用中英文混合说明的方式，同时为了保留软件所绘图的信息和仪器设备直接测出图的信息，图中单位采用"[ ]"的形式表示。

　　本教材由邓明聪、金龙国共同完成翻译及书稿撰写等工作。在翻译出版本教材过程中，得到了原著作者的真诚帮助和支持，在此表示最诚挚的感谢。

　　限于译著者水平，书中不足之处在所难免，恳请广大读者提出宝贵意见，以便完善。

译著者

2016 年 6 月

　　能与本书译著者邓明聪先生相遇相知，并通过他与另一位译著者金龙国先生结识并交往，且因此得以在中国翻译出版《控制技术基础及现场应用》（現場で役立つ制御工学の基本，コロナ社）一书，这的确是一段不可思议的缘分。

　　大概 20 岁时，我到中国旅行，这是我第一次来中国。旅游目的地是风景如水彩画般闻名世界的桂林。乘船游漓江，入目尽是多彩的山水画，我被两岸的静寂深深地感动了。但是，这次旅行之后我很长时间也没能再去中国。这是因为随着年龄的增长，不得不优先考虑企业的工作。

　　从企业调入大学后，与邓明聪先生相识来往，并受邓先生之邀，虽说是有些半强迫性的邀请，参加了在中国召开的国际会议并指导学生发表研究成果。但就是从那时开始，事情渐渐变得有趣了。那是一次轻松、愉快的国际会议，期间结识了几位邓先生率直、可敬的朋友们，其中一位便是金龙国先生。同时，还接触到了令人肃然起敬的中国历史，紫禁城的广阔、深厚真是令人惊叹。小说家浅田次郎所写的《苍穹之昴》中描述的西太后隐退后生活的颐和园简直不能用隐居来表示，因为它确实太宽广，远望所谓人工湖的昆明湖，看到的是霞光万丈的宽阔水面。能够在这样一个具有伟大文明的中国出版译著，除了感谢以外无以言表。我觉得这就是一种缘分。

　　控制原理及技术是一门很有意思的学问，尽管有"在稳定范围内"这样的限制条件，但是设计者可以根据要求驱动被控对象。在传统的控制原理教材中，一开始就用大量的篇幅介绍微分方程式及拉普拉斯变换，因此给人以控制原理就是用数学公式堆起来的感受，亦或觉得课程很难学，导致产生厌恶情绪。甚至我在企业工作时，很多技术人员都是这样认为的。后来，转任大学教授控制原理课程时，发现好多学生不能将数学公式与实际物理现象很好地联系起来，因此开始构想编写一本新颖的教材，以替代传统的教材，着重介绍控制理论的实际应用。《控制技术基础及现场应用》一书应运而生。

　　希望中国的学生们通过本译著的学习，从中感受到控制工程的乐趣，也希望中国的技术人员在本书中得到一些有益的启示，为中国的产业发展做出贡献。

原著者代表

涌井伸二

　　电气工程或机械工程专业一般都设有控制原理这一必修课程,笔者连续多年担任该课程的主讲教师。在研究室里分配进来的学生中,有些是在期中和期末考试中取得优异成绩的学生,有些是考试成绩较差的学生。笔者将研究课题布置给这两类学生,让他们各自实施,发现有不少学生不会应用控制原理的基本知识解决实际问题,而按道理这些是学生理应掌握的,对此笔者常感到有些失望。应用所学知识解决实际问题的能力和课堂学习成绩之间几乎没有关系。那些课堂学习成绩差,但对自然现象具有浓厚兴趣的学生,反而会将研究课题掌握得很好。知识的获取和应用是不同的,因此工学部实施研究室学生分配制,试图使学习工科类专业的学生能够通过研究室的实际工作体会学以致用。对此,大家都很理解,但是作为致力于教学的教师来说,希望学生能较好地利用所学的专业术语说明实验结果,希望学生能熟练地应用控制系统分析和设计技术,以便理解各种现象。

　　为改善上述情况,笔者第一次聚在一起交换意见。结果发现,在控制原理教材中,作为工具的数学公式过多、过杂。笔者认为,若学生掌握不好这些公式,就实现不了控制。另外,过去的控制原理教材中的内容与现实世界中正在运转的实际系统相差甚远,产生不了亲近感。笔者达成了共识,确信上述问题就是学生学不好控制原理内容的最主要原因,并有意识地改变传统模式的教材构成。本书开篇就介绍在我们的生活中有效利用控制技术的实际系统,让学生感觉到控制是一门很有意思的技术。也就是说,我们教材的内容框架体系是首先让学生对控制技术有一个整体的了解,然后依次介绍所用到的数学背景。笔者确信,这样安排的意义对初学控制原理的学生自不必说,而且一定会对年轻的控制工程师带来极大的帮助。

最后,对为本书的出版竭尽全力的コロナ出版社的全体人员表示真挚的谢意。

全体作者

2011 年 11 月

1. 现有的教材中,通常第 1 章设置为"绪论",接着第 2 章就是"数学基础",而本书中则将第 2 章定为"反馈控制实例"。首先介绍无须数学背景也能够实现的控制实例,继而介绍涉及数学背景的控制实例。这样设置的目的在于让学习者感觉到学习控制有趣,使他们意识到实现控制并不难,但接下来要实现更加精确的控制则需要控制技术所用的数学基础。

2. 现有的教材中,前面章节介绍大量的基础内容,导致控制技术应用的相关内容到最后才出现。实际上有关应用的内容是最重要的,更是需要大量课时的,但往往被忍痛割爱或上课时讲授不完这些内容。鉴于此,本教材开始对某些不易理解的内容暂且不述,在教材的开篇重点展示控制技术的全貌。

3. 现有的教材中,为了某些理论的理解,通常会举一些侧重与数学相关的例子加以说明,这样做不易使学生产生亲近感,有时还会阻碍他们对问题的理解。因此,本教材尽可能地举一些在现场实际运行的控制系统的例子加以解释。

4. 本教材中,图号、公式号采用"章. 节. 号"的形式标注,供需要引用时参考,但其引用大多是在节内发生的。例如,图号采用图 2.2.1、图 2.2.2 的形式,公式号采用式(3.2.1)、式(3.2.2)的形式。

5. 图表的标记没有采用统一格式。例如,作为频率响应代表的波特图,其横轴表示角频率或频率,纵轴表示增益或相位。此时,通常的做法是横轴统一标记为角频率 ω 或频率 f,而在本书中则混合使用,因为某些领域主要用的是角频率 ω,而某些领域主要用的是频率 f。另外,讲课时有时需要改变图表的形式,以便获取更多的信息,因而为使学生熟悉各种形式的图表,也没有必要统一图表的形式。

6. 对本教材而言,图表中的标记通常统一为日文表述,而学术论文则通常用英文来表述。为了让学生习惯各种形式的图表,本书采用日英文混合的表述形式。

7. 章末有习题,书后给出了习题答案。为了让学生自主学习,大多数教材给的是简单的解答,只给出了关键点。这样做的目的在于启发学生自发学习的主动性,提升教学效果。但是,考虑到有些学生做不好习题时有放弃的情况,本书给出了详尽的解答。

8. 各章的主要执笔者为:第 1 章涌井、高梨;第 2 章涌井、桥本、高梨;第 3 章中村;第 4 章高梨、涌井;第 5 章涌井、中村;第 6 章高梨;第 7 章涌井、桥本、中村;第 8 章桥本。本书采用统稿人附有通稿意见的初稿,并据此综合全体作者的意见和建议,因此全体执笔者均涉及各章内容的撰写。

目 录

第 **1** 章

绪 论

本章中,首先以自行车骑行为例,介绍控制的本质;然后,介绍控制工程中常用的技术术语,控制工程是一种通用的技术体系,所用术语必然是抽象的专门术语;最后,阐述反馈控制的必要性。

1.1 》 反馈控制引例

为了定性地理解反馈控制(feedback control)的动作过程,下面以人骑自行车的场景为例进行分析。如果年龄比较小的孩子要骑自行车,则需要一段所谓的"学习"骑行的过程。在此假设已经学会骑行,参照图 1.1.1 讨论骑自行车时的动作。

从自己家骑行到公司或学校,为了不跌倒并将自行车骑好,需要操作好把手、手刹以及脚蹬子。这些操作是由人的手、脚(肌肉)等"执行机构"(actuator)完成的。但是,人具体操作这些身体部件的过程会视情况而有所不同,这是因为对骑行状况的判断会随眼睛、耳朵等"传感器"(sensor)所获得信息(周边地区的状况)的变化而变化。人通过眼睛获取信号灯和障碍物、行人以及对面来的汽车(自行车)等的信息,通过耳朵获取汽车的行车声音、紧急车辆的警笛、道口的报警声等,以便掌握周边地区的即时状况。

该例中骑行的目的是沿着道路操控好自行车并到达目的地。为此,利用视觉检测当前的骑行位置与目标路径的差异,并在大脑中比较,随后被称为"控制器"(controller)的大脑将瞬间或稍有滞后地"考虑"即将要执行的动作指令。所谓的"考虑"和"反省"是等效的。"考虑"的结果作为指令送到肌肉上,这样人就可以操控自行车顺利抵达目的地。如上所述,人在日常生活中是无意识地实现"控制"的,而且人天生就具备五个感觉器官的"传感器",以及手、脚(肌肉)等"执行机构",还具备大脑这一"控制器"。

上面是以人作为例子来说明控制动作,在机电一体化系统中则是利用各种执行机构、传感器和电脑来代替人的手脚、眼睛、耳朵及大脑。可任意操控物体位置、姿势等机械物理量的控制系统特称为伺服系统。反馈控制的定义就是"按人们的意愿控制被控对象"。

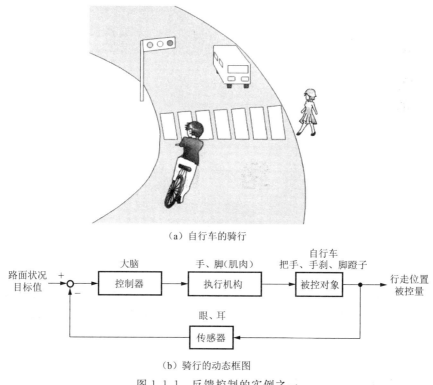

（a）自行车的骑行

（b）骑行的动态框图

图 1.1.1　反馈控制的实例之一

1.2 ≫ 控制工程中的常用术语

下面对控制工程中使用的专门技术用语加以说明。例如，定位设备的开发人员是控制定位工作台的，而从事汽车驾驶控制的开发人员或者研究人员是控制汽车的，这不言自明，但控制技术的应用不仅限于工作台和汽车这样的对象。因为是通用性的技术体系，所以控制技术必须使用将不同系统中各个不同的名称经普遍化处理的通用技术术语。技术用语会显得比较生硬，容易使不熟悉控制技术的人产生不适感，控制专家也容易在无意识中把"门外汉"排斥在外。当然，对此也有不同的声音——在融合各种复合技术开发时，即便是正确的，但若过多使用较难理解的控制技术术语，控制技术者自身也将不会被大众所接受，所以对此需要特别注意。

图 1.2.1 所示为反馈控制系统的基本构成。参照该图，对技术术语进行说明如下。

• **被控对象**（controlled object）或**设备**（plant）：按字面意思，是指要控制的对象物。对机器人开发人员来说，被控对象就是机器人；对飞机开发人员来说，被控对象就是飞机本身。

• **输入**（input）：用来表示信号流入位置的箭头（→），如流入表示控制器、被控对象以及传感器等的方框（参照第 3 章）的信号位置。

• **控制量**（control input）：是指控制输入量或操作量（manipulated variable），并特别称施加到被控对象的输入为控制输入量或操作量。例如，含加热器的温度控制系统中用于加热电热器的功率放大器的输入电压，以及电机控制系统中电流放大器的输入电压等，这些均为各自系统的控制量。

- **输出**(output)：从表示系统的方框向外引出的信号。
- **被控量**(controlled variable)：指被控对象的输出量。例如，对于定位装置，可移动物体的位置即被控量。
- **控制系统**(control system)：由控制器、被控对象、执行机构、传感器等构成，按人们的意愿控制被控对象的系统，即实现控制的系统。如图 1.2.1 所示，将用传感器检测的测量值反映到控制过程的控制系统称为反馈控制系统(feedback control system)。

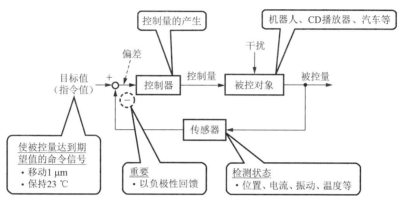

图 1.2.1　反馈控制系统的基本构成

- **干扰**(disturbance)：来自系统外部的输入，扰乱系统正常动作的信号的统称。与被控对象一样，对应不同被控对象的干扰也千差万别。

参照 1.2.2 中右侧的标注，对 CD 播放器来说，摇晃机箱时的振动就是干扰；对于以恒定速度行驶的汽车，从平地驶入凹凸不平的路段时汽车一定会颠簸，所以凹凸不平的路段对于汽车的恒定速度行驶来说就是干扰；对调节到某一恒温的空调教室来说，当有迟到的学生进入教室时，因为户外的空气进入室内，或者教室里的空气向外流出，结果都会使原本保持在某一恒温的教室内的温度产生波动。

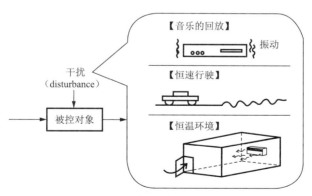

图 1.2.2　干扰及其对系统的影响

再次参照图 1.2.2，发现由方框围起来的被控对象之上中间位置有一个表示干扰输入的箭头，这可能会让初学者费解。干扰输入的更详细描述可参考图 1.2.3(a)所示的形式。另外，从图 1.2.1 和图 1.2.3(a)所示干扰输入形式来看，似乎只有这样的唯一干扰输入形式,但在实际控制系统中,还有图1.2.3(b)所示的形式,即干扰从被控对象的输入侧输入的形式,以及图1.2.3(c)所示的干扰从输出侧输入的形式。

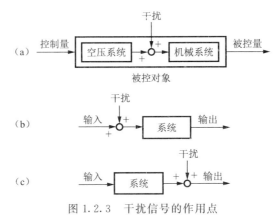

图 1.2.3 干扰信号的作用点

- **控制器**(controller):具有产生控制量的功能,又因为具备稳定被控对象动作的功能,所以也称为**补偿器**(compensator)。
- **目标值**(desired value)、**指令值**(command)或**参考值**(reference):为了使被控量与期望值相同,作为目标从闭环外施加的值。对于定位控制来说,当希望定位在离停止位1 μm 处时,相当于1 μm 的电压或者数值就是目标值。
- **偏差**(error)或**控制偏差**(controlled deviation):目标值与被控量比较运算的结果值。被控量与目标值一致的时候偏差为0。也就是说,根据偏差的观测,可评价目标值的跟随性能。另外,error 的直译是误差,因此也有一些从事控制技术的专业人员把偏差信号说成误差信号,但这可能会产生误解,必须注意。
- **反馈**(feedback):图1.2.1 中所示的小圆圈"○"为信号的综合点(参照第3章)。在综合点,传感器的输出信号以负极性引入,这种情况称为**负反馈**(negative feedback)。大多数情况下均为负反馈,但有时在保证稳定(参照第6章)的基础上,也施加正极性反馈,称为**正反馈**(positive feedback)。具有反馈的系统称为闭环系统(closed loop system),也称为反馈系统。
- **方框图**(block diagram):如图1.2.1 所示,把功能、作用等用方框表示,把信号流用箭头表示的图,称为方框图。分析反馈控制系统时,各组成部分可直接用数学式进行处理。但是在控制技术应用中,为了方便进行系统的解释、分析和评价,更多地采用把数学公式视觉化的方框图(参照第3章)。
- **前馈**(feedforward):在图1.2.1 所示的反馈控制系统中,连续不断地利用作为被控对象输出信号的被控量产生作为被控对象输入量的控制信号,而在前馈系统中,被控量并没有用于产生控制量(参照第8章)。如图1.2.4 所示,在前馈系统中,会"预先"产生用来驱动被控对象的输入。

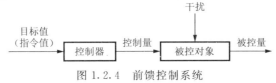

图 1.2.4 前馈控制系统

1.3 ›› 反馈控制的必要性

为了实现反馈控制,需要具备检测被控量的传感器以及控制器,并把它们连接成闭环回路。对这种闭环系统,为了保证其稳定性,必须进行相应的设计和校正,所以应用比较麻烦。如果可能,理想的情况是不采用闭环系统随心所欲地操控物体,最理想的情况是不需要控制技术就可以驱动物体。

为了实现上述不用闭环系统的理想情况,以图 1.3.1 所示的定位装置为被控对象的系统为例,讨论怎样使位于大致中间位置的工作台移到纵向虚线所指的目标位置而实现定位。采用图中(1)~(4)所示的输入电压,介绍实验运行内容。

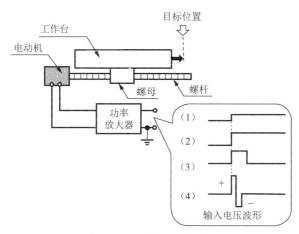

图 1.3.1 采用开环驱动的定位系统的实验运行

(1)施加微弱电压,此时工作台不动。

(2)施加更大的电压,工作台开始向着定位目标方向移动,但是因为连续施加了恒定电压,工作台会越过目标位置。

(3)为了避免发生这种超越,考虑只在规定时间内施加恒定电压,当快到目标位置时,切断外加电压。具体来说,就是反复尝试改变施加电压的时间,使工作台更加接近目标位置。虽然多次试行的结果还有一定的误差,不能准确定位在目标位置,但可以很接近目标位置。不过当振动加进装置时,工作台的位置会发生偏移。由此可以看出,因为该装置没有把工作台保持在同一个固定位置的功能,所以必须想方设法不让振动加进机械装置中。这里暂不讨论这个问题,继续进行实验,但是此后多次出现偏离目标位置的现象。

(4)仍把上述问题暂时放下,进行使工作台快速移动的实验。考虑先急剧加速一段时间,然后减速,结果可能更好,所以给系统施加了图 1.3.1 所示的正、负极性电压,结果快速移动得以实现,但很难准确地移动到目标位置。

产生上述实验结果的原因很明显,从图 1.3.1 可以看到,每次的定位试行中螺杆和螺母的摩擦是不同的,由此不可避免地导致位置偏移,而该装置没有纠正这个偏差的功能。另外即便是定位在指定位置上,只要有干扰加进来,仍会使工作台位置偏离,这是因为该装置没有回到原来位置的功能。因此,当发生这种偏差时,需要具有能纠正偏差功能的反馈控制。

将图 1.3.1 所示的系统进行通用化处理,则会变成图 1.2.4 所示的前馈控制系统。若被控对象的特性稳定不变且已知,干扰也恒定不变,则可以构成能产生促使被控量和目标值一致的控制量的控制器,且控制器前置于被控对象前面的前馈控制系统。但是,在实际系统中不存在被控对象的特性稳定不变且已知、干扰也恒定不变的情况,因此需要采用反馈控制。

归纳起来,反馈控制系统的目的和功能为:① 保障被控对象的稳定(参照第 6 章);② 抑制由被控对象的特性变化引起的影响;③ 确保过渡过程和稳态(参照第 4 章)中的目标值跟随性能;④ 抑制干扰作用的影响。

1.4 ›› 反馈控制与前馈控制的关系

虽然根据图 1.2.4 和图 1.3.1 所示说明了前馈控制的功能,但图示的系统很少有单独使用的情况,大多数情况下是在实施反馈控制的基础上附加使用前馈控制。这样做的目的大致有两个:① 目标值响应的调整;② 干扰补偿。

实现目标值响应调整的系统组成原理如图 1.4.1 所示。图 1.4.1(a)所示为二自由度控制系统的一般形式,将在第 8 章中详述,而图 1.4.1(b)为其具体应用实例。在只有补偿器 $C(s)$ 的反馈控制的情况下,为了产生控制量 u,被控量 y 被反馈使用。这在要求快速动作的场合自然就存在局限性。于是,追加一路前馈补偿通道 $F(s)P^{-1}(s)$,以便目标值 r "预先"作用于被控对象 $P(s)$,提高对目标值 r 的响应性。例如,在追求定位设备的高速化的系统中,前馈控制是必需的。另外,与图 1.4.1(b)等价的图 1.4.1(c)所示的表现形式,是常用的二自由度控制系统的方框图形式。

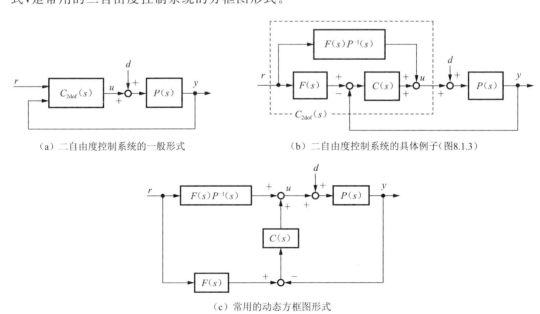

(a) 二自由度控制系统的一般形式

(b) 二自由度控制系统的具体例子(图8.1.3)

(c) 常用的动态方框图形式

图 1.4.1　便于实现目标值响应调整的二自由度控制系统

图 1.4.2 所示为利用前馈控制实现干扰补偿的原理图。它表示当干扰 d 的输入(原因)导致被控量 y 受影响(结果)且这种因果关系(causality)很明确时,采用适当的传感器

检测干扰 d，或者不用传感器也可以检测干扰的话，可以引入前馈补偿器 $C_f(s)$，以消除干扰 d 的影响（参照 7.6 节）。

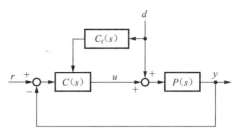

图 1.4.2　利用前馈控制的干扰补偿

第 **2** 章

反馈控制实例

在学习与控制技术相关的数学基础之前,举几个实施反馈控制的例子。实际控制系统并不局限于本章中所列举的装置。实施控制的装置或设备都有各种欲实现的功能,尤其是对于机械装置,为了实现其功能,需要选用一些执行机构和传感器,还需要做机械设计,以便把这些部件装配成一个结构体。这样,既可以观察装置的动作,又可以操纵装置,便于理解其功能和工作原理,即使没有控制技术相关知识的人员也能理解。此外,在推进更新或改造装置的工作时,并非完全不需要控制技术相关的数学手段。当然,更重要的是怎样立足于装置本身的工作原理做出创新思考。

对初学者来说,理解控制技术相关数学工具之前,接触几个具体的事例更有利。因此,希望通过学习本章的内容,首先让大家觉得控制是很有趣的,我们可以简单地实现控制;其次让大家认识到,为实现更加精确的控制,需要运用控制技术中所学到的技巧。另外,对于一些特别重要的地方,标出了相关参考内容,请参考相关章节。

2.1 ›› 温度控制

为了实现控制,需要具备传感器、执行机构及控制器。温度控制的场合也同样需要。其中,作为控制器的代表,PID(参照 7.3 节)被人们所熟知。当传感器和执行机构确定以后,可以通过调整 PID 参数获得良好的温度控制结果。

【动作说明】

在温度的精确控制中,通常采用把用冷却器冷却了的空气用加热器再加热的再加热控制方式。图 2.1.1 所示为将工作环境的温度控制在期望值的再加热控制方式的应用例子。冷空气从管道右侧向左侧方向灌入,中间安放加热器,用于加热冷空气,并把达到期望温度的加热空气送入作为工作环境的物镜正下方。在化学滤波器附近安装温度传感器,对从加热器喷出的加热空气进行温度测量,这一测量值被引入温度调节器,并与设定温度 23.000 ℃ 进行比较,然后利用温度调节器通过算法运算后得到的输出量控制加热器的加热量大小。

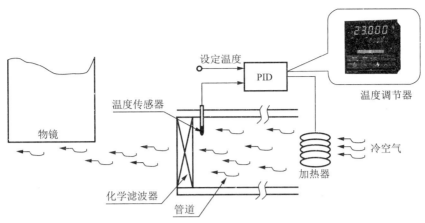

图 2.1.1 再加热控制方式的应用举例

【执行机构】

执行机构为加热器。

【传感器】

为了测量温度并反馈温度信号,需要温度传感器。测温的代表性传感器有热电偶与测温电阻。热电偶是利用两种不同金属相互接触时产生与环境温度成比例的电动势的塞贝克效应测量温度的。另外,利用像镍和铂等的电阻与温度成正比性质的测温设备,称为测温电阻。对于高精度温度控制的情况,多利用在 0 ℃时电阻为 100 Ω 的铂(Pt)。

【控制】

如图 2.1.1 所示,作为控制器的温度调节器的功能用 PID 来表示。其各字母所代表的意思分别为:P 表示比例(Proportional),I 表示积分(Integral),而 D 表示微分(Derivative)。该系统的控制目的是保持物镜正下方空间的温度为恒定值,为此,需要设定 P,I,D 这三个参数。作为具有代表性的调节器之一,PID 在控制领域被人们所熟知。对于非控制专业研究人员或者技术人员来说,尽管参数只有三个,但不知该如何调整这三个参数,所以会产生犹豫。其实不必犹豫,因为在大多数情况下,市面上出售的温度调节器都具有自整定功能,只要按下启动按钮,就可以自动设置 PID 参数,之后即可正常进行温度控制。

假定在物镜附近有一个发热体,它是一个破坏恒定温度的干扰源。若这个干扰引入后还能回到恒温状态,且温度控制精度满足要求,则可以采用由自整定功能进行的 PID 参数调整并继续运行。但是,也存在自整定功能调整参数的结果不令人满意的情况。此时,设计人员应以自整定 PID 参数为中心,改变各个参数,且对每一组 PID 参数下的温度控制结果进行判断,将 PID 参数调整到最佳状态。调整参数时,若已掌握基于控制理论的 PID 参数的作用,则不会盲目进行调整,而会较迅速地实现最佳温度调节。在极端情况下,即使对 PID 毫无了解,只要花费时间,也可以进行 PID 调节。但是,由于不是基于理论体系的调整,所以调节人员也许有些担心。

Stanton 断言:"现场调节人员,即使不用如 Ziegler-Nichols 法之类的调整方法,也不看调整的相关文献,凭经验亦可以控制一多半的闭环。"

2.2 >> 激光头的位置控制

下面介绍激光头位置控制的例子。在这里,用由几个方框和箭头组成的图,即系统的动态方框图(参照第3章),描述用模拟电路实现的功能。顺便说一下,在控制激光头的开始阶段,可以一边观察激光头端部物镜的动作,一边凭感觉进行调整。

【动作说明】

读取光盘(CD)中已写入信息的机构零部件称为激光头,或者光拾音器。如图2.2.1所示,旋转的光盘会上下或左右颤动。在此情况下,为了正确地捕捉光盘中已写入信息的模式(称为Pit的凹坑以及称为Land的平面组成的水平面凹凸序列),必须对应光盘的颤动,沿上下及左右方向移动物镜。上下方向的移动称为聚焦,左右方向即光盘的横向移动称为跟踪。为了实现对应光盘颤动的物镜的移动,需要如图2.2.2所示的能检测这个颤动并进行某些适当的信号处理,然后驱动镜头的机构。对CD播放器来说,检测聚焦和跟踪方向颤动的传感器为光电二极管,驱动镜头的执行机构为音圈马达(Voice Coil Motor,VCM)。

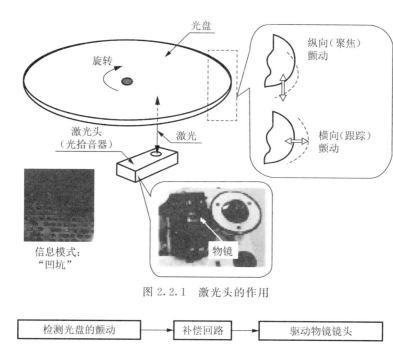

图 2.2.1　激光头的作用

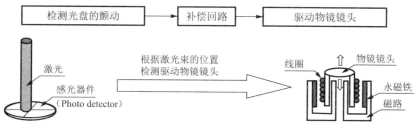

图 2.2.2　物镜镜头的驱动方式

【执行机构】

图2.2.2右侧所示为VCM结构组成的例子。但图中只给出了聚焦方向的原理图,而

实际的执行机构包含了聚焦方向和跟踪方向的双重结构。参照图 2.2.2 可知,给由永磁铁产生的偏转磁场中的线圈通电时,会产生基于弗莱明左手定则的电磁驱动力。因此,驱动机构本身和扬声器结构是一样的。

【传感器】

当受光时,产生光电流的电子元件称为光电二极管。激光头内部装有该元件。由激光二极管射出的发射光线,在光盘表面反射回来称为反射光,该反射光由激光头内置的光电二极管接收。

图 2.2.3 所示为利用照射在四分段光电二极管上的光束,检测出聚焦及跟踪信号的电子电路的一个例子。通过对流过四分段光电二极管 A～D 的各光电流进行电流-电压转换,接着进行加减运算处理,以测出物镜与光盘表面上的聚焦方向及跟踪方向的相对距离。

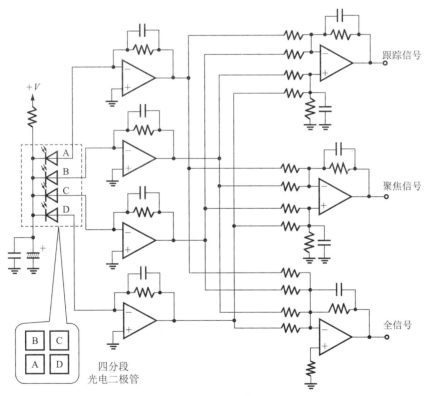

图 2.2.3 聚焦及跟踪信号的检测

【控制】

图 2.2.4 所示为沿聚焦方向驱动物镜的电子线路图、表示该功能的系统功能原理图以及控制系统设计与分析时常用的动态方框图三种闭合回路图。

假定没有接触过控制的初学者制作了如图 2.2.4 上方所示的模拟电路,并给该电路接入了电源。首先,用指尖使光盘上下振动,可以确认激光头的镜头随着光盘的上下振动而移动。急剧颤动光盘时,有时镜头跟不上或没反应,在这种情况下可采用可变电阻(图中表示为增益调整)调节镜头的跟随性,使其处于良好的工作状态,这样就相当于实施了伺服控制。

其次,让光盘旋转,先进行聚焦操作,接着进行跟踪操作。除确认在光盘表面全部范围内是否跟随外,还需要确认在光盘表面有划痕和/或指纹等时能否跟随等情况。另外,还要确认从凹坑信息的稳态跟踪状态及跨进相邻磁道的跨越动作。正常的情况是,经过渡过程(参照 4.1 节)后,能再次回到稳态(参照 3.4 和 4.1 节)跟踪状态,但若聚焦或跟踪电子电路的调整功能不完善,则会出现不能跟踪的情况。此时,应改变电路参数以强化其跟随性,或者附加新的电子电路。为此,需要理解好图 2.2.4 上方的电子线路图。

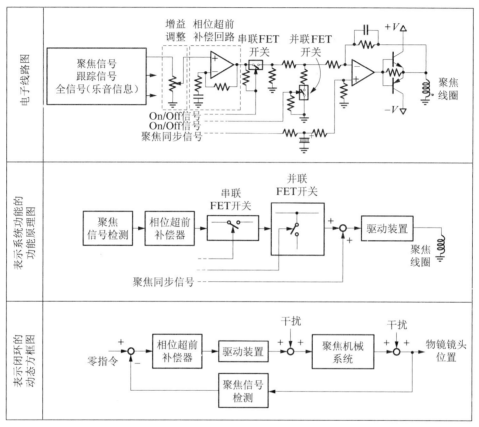

图 2.2.4　聚焦伺服系统

一般情况下,按信号流向从左到右方向绘制如图 2.2.4 中间所示的表示系统功能的功能原理方框图。参照该图可知,首先聚焦信号被检测,接着通过图中称为相位超前补偿(参照 7.4 节)的电路,其输出信号便是驱动聚焦线圈通电的驱动器的输入信号。另外,在图 2.2.4 中间图的相位超前补偿电路中,包含了上方电子线路图中的增益调整环节。还有,为了接通或断开这些信号的传输,加上一个串联 FET 开关。并联 FET 开关(分路开关)的功能是,ON 时使增益减小,反之 OFF 时使增益增大。并联 FET 开关并非在稳态而是在使激光头完成过渡过程动作时才启用。此外,驱动装置的输入端有聚焦同步信号。聚焦同步信号为投入电源之前用来同步激光头镜头和光盘信息面的驱动信号。

在此,串联或并联 FET 开关以及聚焦同步信号的功能并不是使物镜镜头连续地跟随光盘的位置偏差,如果只把连续动作的功能用控制特有的手段表现,就是图 2.2.4 中的下图所示的信号循环一周而构成的闭环的动态方框图。

2.3 >> 磁力轴承的控制

磁力轴承是不稳定的控制对象。当然,与不稳定相对的是稳定。下面讨论磁力轴承使不稳定的对象变得稳定的控制例子。稳定或不稳定(参照第 6 章)的概念对于控制来说极为重要。在此,首先同 2.2 节一样,用方框图来表示控制系统的功能和工作原理,以便理解并掌握。如果能理解,则即使不熟悉控制理论,也可以边观察现象边调节为磁悬浮状态。但是,为了获取更加优异的性能,需要进行定量处理,为定量控制做准备。在此,介绍用传递函数(参照第 3 章)表示的动态方框图。

【动作说明】

众所周知,轴承的英译为 bearing。Bearing 一词包含着忍耐或克制这种特殊的含义。注意观察支撑着高速旋转的转子的机械轴承,可以看到轴承能在因润滑不好而引起的摩擦、发热等苛刻的环境下动作,于是就可以理解"忍耐、克制"的含义。有一种能克服这种机械轴承缺点的新型轴承,就是以非接触性作为特征的磁力轴承(magnetic bearing)。

磁力轴承可应用于特殊环境下的旋转机械的转轴支撑。例如,涡轮分子泵、离心压缩机、电力储存用飞轮、磁悬浮型离心血液泵等。其中,获得成功商业应用的产品为涡轮分子泵。磁力轴承是基于磁悬浮的非接触式支撑设备,自然没有摩擦,也不需要润滑油,因此,该轴承具有寿命为半永久性的特点。另外,磁力轴承还具有无污染(无试剂污染,即无化学试剂污染)、无油及免维护的优点。

图 2.3.1 所示为只用垂直方向磁力轴承的涡轮分子泵。卸下外壳,其内部如右侧小图所示,是一个由倾斜的动叶轮与静叶轮交替组成的多层化的刀片状扇叶结构。当然,磁悬浮的转子和动叶轮连成一体旋转,此时从吸气口到排气方向灌入气体分子,则气体就会排出。因此,JIS 标准(日本工业标准)的 JISZ8126 命名此排气方式为"动量传输式"。下部缠绕线圈的零部件为磁力轴承。

图 2.3.1 应用磁力轴承的涡轮分子泵

【执行机构】

一般来说,吸引控制方式主要有只用电磁铁的电磁铁式及永磁铁和电磁铁相结合的永磁铁混用方式两种。另外,还有永磁铁反弹方式、感应方式、高温超导方式。在此,利用图 2.3.2 所显示的永磁铁混用方式说明其工作原理。

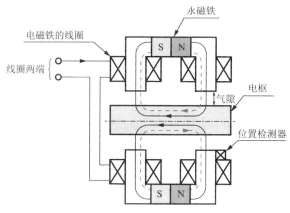

图 2.3.2   永磁铁混用方式

由图 2.3.1 右侧下部只能看见缠绕着的线圈,就像电磁铁。如上所述,也有只用电磁铁的磁力轴承,但用这种轴承时,为了使转子在磁场内悬浮,必须给电磁铁通以与其质量相匹配的稳态电流。这样会产生消耗功率大、过热等问题,于是利用永磁铁的偏置磁通以替代通以稳态电流。图 2.3.2 所示的就是混用永磁铁的电磁铁。图中标记为"电枢"(armature)的技术术语是电机领域的惯用术语,其内部贯穿着图中未显示的转子。电枢的上下方配置了与永磁铁混用的电磁铁。为了便于理解,做如下说明:减弱下方电磁铁的吸引力,或增强上方电磁铁的吸引力,则电枢向上方移动;为了使电枢向下移动,可增强下方电磁铁的吸引力,或减弱上方电磁铁的吸引力。这种动作称为推挽(push pull),直译为"推拉"。

在此,对推挽动作更加详细地进行介绍。从图 2.3.2 上方永磁铁的 N 极出发,用实线表示的磁力线为顺时针方向,而下方的实线表示的磁力线为逆时针方向。此时,上方和下方电磁铁的线圈为串联。给串联后的线圈引出线两端通以箭头方向的电流,上方电磁铁产生的用虚线表示的磁通为顺时针方向,可以增强永磁铁产生的顺时针磁通,而下方电磁铁产生的磁通方向还是顺时针方向,可以减弱永磁铁所产生的逆时针方向磁通。也就是说,对于电枢而言,向上的吸引力更强大。相反,若改变流入串联绕组的电流方向,则电枢会向下移动。

【传感器】

该轴承内部装有非接触式位置检测传感器。涡流式、电容式、电感式、光纤式、共焦点式等传感器可以实现非接触检测。其中,为了进行有关磁悬浮的研究,通常购买涡流式或电容式传感器,并安装在设备中。但是,作为产品的话,一般使用电感式。

图 2.3.3 所示为电感式位置检测传感器的检测原理图,即当转子发生位移时,差动检测出定子绕组两端的电感 L_1,L_2 的变化。参照图 2.3.3 中的吹泡标志可知,绕组的电感 $L(x)$ 为间距 x 的函数,一般可以用公式(2.3.1)表示。

$$L(x)=\frac{a}{b+x}+c \qquad (2.3.1)$$

式中,a,b,c 为常数。

当 x 在 x_0 的附近有 Δx 大小的变化时,两侧电感分别为 $L_1(x_0+\Delta x)$,$L_2(x_0-\Delta x)$。在 L_1 和 L_2 的中点取信号,相当于获取差动输出。因此,可以得出:

$$L_1(x_0+\Delta x)-L_2(x_0-\Delta x)\approx-\frac{2a\Delta x}{(b+x_0)^2} \tag{2.3.2}$$

从式(2.3.2)可知,差动输出正比于 Δx。因此,只要设计制作一种能把电感变化以电量形式输出的电子电路,就可获得与 Δx 成正比的电量输出,这就是非接触式位置传感器。

尽管具体的电子电路比较复杂,但从控制技术的角度分析或设计闭环系统时,如图 2.3.3 下部所示,可采用其功能、作用容易被理解的符号,例如检测增益 $k_{pos}[\mathrm{V/m}]$。

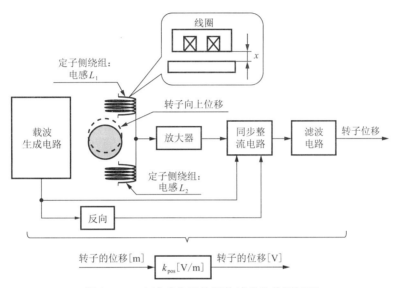

图 2.3.3　电感式位置检测传感器的检测原理

【控制】

考虑用机械弹簧吊挂铁球的力学系统。先给铁球施加向下位移的外力,再松手,则铁球经过衰减振荡回到原来的状态,这就是"弹簧"本来的性质。

现在考虑,怎样利用电磁吸引力支撑并保持铁球在指定距离的位置。若铁球太靠近电磁铁,则铁球会向电磁吸引力方向移动并被吸附,但若铁球离电磁铁太远,则会因吸引力不足而使铁球脱离电磁铁,对应于通常的正弹簧的负极性弹簧的动作。因此,电磁吸引力所呈现的类似弹簧的性质,称为"负弹簧",或者"负刚性"。机械弹簧动作时,通常能恢复到原来的稳定状态,但利用基于电磁吸引力的负弹簧时,则没有恢复到原来状态的功能,即其状态变为不稳定状态。因此,用控制技术用语称其为不稳定系统。

引入控制可以使不稳定系统变得稳定。图 2.3.4 所示为能使系统稳定的闭环控制系统的组成。为了对应不同目的下的区别使用,给出三种方框图形式。首先,通过图 2.3.4 (a)所示的表示磁力轴承结构的图,容易理解电磁铁通电时电枢的动作,也容易理解为了给电磁铁通电需要具备电流驱动装置。该驱动装置的输入信号就是位置检测器的输出和位置的目标值进行比较运算后的信号(偏差),经模拟积分调节器(参照 5.4 节)和相位超前调节器进行信号处理后的输出。图 2.3.4(b)所示为用一个方框图替换含有磁力轴承的机械系统的图。在理解磁力轴承结构的条件下,紧凑的方框图更方便。图 2.3.4(c)的布局和图 2.3.4(b)的完全一样,只是在方框里放入称为传递函数的数学公式。为了理解数学公式的含义,必须熟读本书的第 3 章。

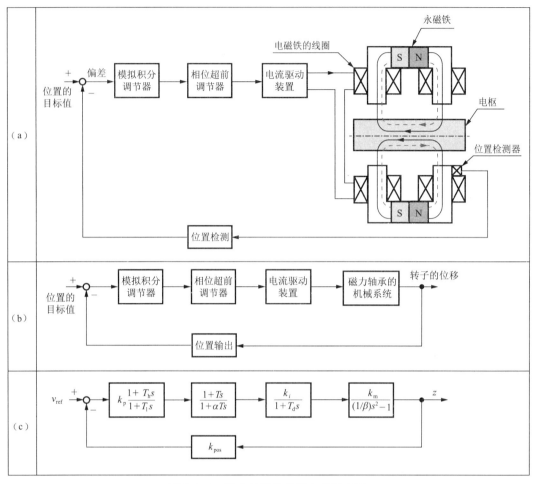

图 2.3.4　磁力轴承的各种方框图表示

2.4 >> 开关电源的控制及其参数的辨识

在图 2.3.4(c)中,用传递函数表示了磁力轴承闭环系统的各个组成部分。综合运用电磁学、力学以及电子电路知识可以求出传递函数(参照 3.5 节)。给各传递函数的各个参数代入具体的数值,就可以进行定量计算。但是,建立方程式比较繁杂、困难。为了获知各个参数值(称之为参数辨识),需要用仪器进行测量,也比较麻烦。在这种情况下,通常用输入、输出信号来测定被控对象。具体来说,就是利用频率响应(波特图)(参照 5.2节)进行实测,以获取被控对象的特性。下面通过开关电源控制的例子来说明。

个人电脑和家电产品等电子设备所用电源一般为开关电源,其优点是质量轻、体积小、效率高。如图 2.4.1(a)所示,开关电源是通过对输入电压 E_i 的闭合时间 T_{on} 和工作周期 $T_{sw}(=T_{on}+T_{off})$ 的比值(即占空比 $R=T_{on}/T_{sw}$)的调节来控制如图 2.4.1(b)所示的输出电压(平均值)E_o 的。通常,在负载侧加上具有平滑输出电压作用的滤波电路。

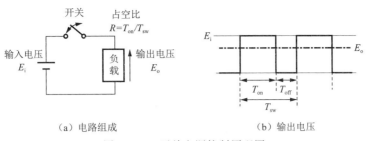

|（a）电路组成|（b）输出电压|

图 2.4.1　开关电源控制原理图

　　控制开关电源时,相当于控制如图 2.4.2 所示的以 R 为控制量,以 E_o 为被控量的被控对象。图 2.4.3 所示为 R 和 E_o 之间的频率响应的例子。图中,虚线为被控对象的实测频率特性,实线为用二阶系统传递函数近似而成的

图 2.4.2　作为被控对象的开关电源

频率特性。从图中曲线可知,R 与 E_o 之间的特性可以近似为二次振荡系统模型(参照 3.5.2 小节)。被控对象的频率特性是通过由实验获得的离散时间的输入、输出数据推导出来的,且由于奈奎斯特频率(参照 7.10 节),在离散时间数据中没有绘制出高频段特性,需要注意。另外,也可以看出,其增益(幅频特性)和相位(相频特性)也因噪声或放大器的非线性等,与近似模型相比还有若干差异,即存在模型化误差(参照 7.5.1 小节)。

　　因低频段的频率特性为水平线(斜率 0 dB/dec),所以比固有角频率(参照 3.5.2 小节)足够低的低频段可以利用积分控制等进行控制系统设计。

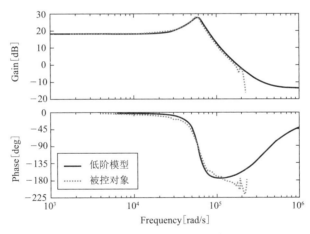

图 2.4.3　开关电源的频率特性

2.5 ›› 大型超重结构体（半导体光刻装置）的辨识与控制

　　2.4 节给出了以频率响应的实测为基础来确定被控对象特性的例子。对较大型或大规模系统来说,系统可能是多输入多输出系统,多数情况下很难对这么多频率响应全都进行测量。这种情况下可应用系统辨识法确定被控对象的特性。比如,对于机械控制对象的控制,为了进行定量设计和分析,需要获取质量 M、黏性比例系数 C 及弹性系数 K。

　　在此,讨论在硅晶片基板上面刻出电路图的半导体光刻装置的辨识。像半导体光刻

装置这样的精密设备,对振动非常敏感,因此,为了去除从外部传递的振动,一般在除振装置上搭载使用。近年来,多使用内装执行机构或传感器的活动型除振支架。但是,因为最终目的是实现结构体本身的除振,所以并非一定把传感器安装于除振支架内,有时安装在作为被控对象的结构体本体上。另外,半导体光刻装置的除振台搭载有 X 轴、Y 轴工作台,其驱动反作用力也可能成为振动源。

控制由除振支架支撑的装置时,在现场进行 PID 参数的整定,根据现场的运行情况(或根据所见的输出动作)将设备调节到最佳控制状态,即不用数学模型进行控制器的调节。但是,实际上仅靠经验进行调整难以确保足够优良的控制性能。下面介绍另外一种求得被控对象的模型以实施控制的策略,即所谓的基于模型的控制。

实施基于模型的控制时,需要建立被控对象的模型。获取模型的第一种方法为物理建模法(第一原理建模)。这是一种以力学模型取代被控对象的建模方法。但是,这种方法以准确掌握 M,C,K 等物理参数以及能用力学模型表示建模所需的全部特性为前提条件。像半导体光刻装置这样的大型超重结构体,难以满足这些条件。对于这种情况,可采用另一种作为建模手段的系统辨识。图 2.5.1 所示为基于系统辨识获取的状态空间模型(参照附录 A)和实测而得的频率特性的一个例子。

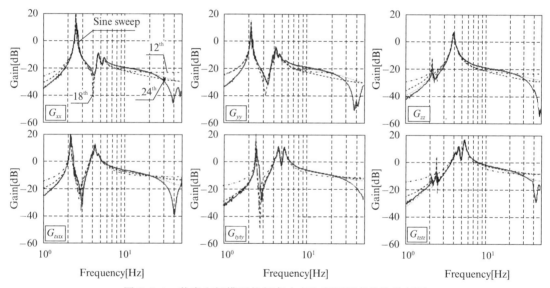

图 2.5.1　状态空间模型的频率响应和实测频率特性的例子

通过获取如图 2.5.1 所示的频率特性,便可掌握被控对象的特征,或者说与实际装置的对应关系,比如给装置的工作带来消极影响的串联谐振频率(参照 5.4 节)、并联谐振频率(参照 5.3 节)以及运动坐标之间的干扰等。另外,也可以利用这些频率特性推测未知的物理参数。准确估计物理参数后,就可以进行定量的系统设计和分析。

本节中所讨论的半导体光刻装置为多输入多输出的振荡系统,且每个振荡特性均为二次振荡系统,是一个各种特性叠加后的综合系统。在大多数情况下,为了实现控制,形成位置、加速度等的反馈回路。将以加速度为输出的频率特性称为惯性特性,以位移为输出的频率特性称为柔度特性。对二次振荡系统来说,这两种频率特性中各自的幅频特性均具有在高频段和低频段保持恒定增益(幅值)的特性。利用它们各自在高频段或低频段的稳态增益(幅值)(参照 3.4.4 小节)与各自的质量、弹性系数的对应关系,可以从通过系统辨识获取的状态空间模型推定物理参数。

由图 2.5.1 可知,大型的结构体有各种振荡特性。对应这种振荡所采取的策略关系到控制性能的优劣。目前,有多种针对机械系统振荡的控制策略正在研究中。一方面,当存在多个固有振荡模式时,可通过控制器的自整定功能,针对不同的振荡频率,采取不同的抑制振荡的策略。在多数情况下,机械系统的特性由装置的固定坐标系(xyz 三轴平移和旋转:运动模式)描述(图 2.5.2)。另一方面,装置中产生的振荡是由固有振荡频率(参照 3.5 节)引起的,会产生坐标轴之间的干扰。因此,从抑制振荡的效果来看,根据运动模式设计控制器的方法不如基于振荡模式设计控制器的方法,而且后者可以顺畅地进行控制器的调整(图 2.5.3)。

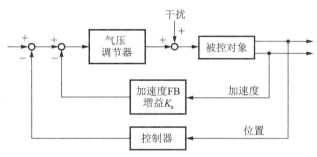

图 2.5.2　半导体光刻装置控制系统方框图

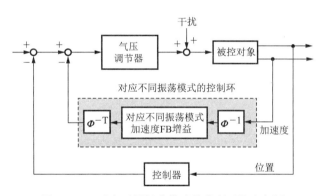

图 2.5.3　对应不同振荡模式的控制系统方框图

2.6 ›› 电动机的控制

在 2.1~2.3 节中介绍了边观察物体的动作边凭感觉调整而实现控制的例子。就是说,不管采用何种方式都要实现控制时,可以只靠感觉和经验实施控制。但是,仅靠感觉无法提高性能,只有通过基于控制理论的设计、分析和调整,才能确保控制性能。于是,在本节中以电动机的控制为例,介绍基于控制理论的设计。在此,要应用微分方程、拉普拉斯变换、传递函数、方框图、时域响应等与控制技术相关的工具。对于初学者来说,理解起来会比较困难,但首先要重点把握设计的流程。

2.6.1 电磁型电动机的控制

虽然统称为电动机,但有 DC 电动机、AC 电动机、无刷 DC 电动机、直线电动机、步进电动机、压电陶瓷马达等多种类型电动机。所有这些电动机均为把输入的电能转换成机械能输出的动力源。电动机在控制领域作为执行机构驱动被控对象。另外,还有液压马达和空压马达等。本节讨论电磁型电动机。

图 2.6.1 所示为电动机控制系统的组成图,这里电动机为控制中最为常用的电磁型 DC 电动机或 AC 电动机。控制系统由连接负载的电动机、放大器以及控制器组成。有时把放大器和控制器合起来称为伺服控制器。

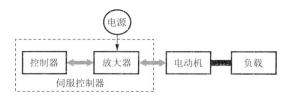

图 2.6.1 电动机控制系统的基本组成

表示电磁型电动机特性的状态量(参照附录 A)有电流(转矩)、转速及位置。在此,因转矩与电流成正比,所以组成了如图 2.6.2 所示的由电动机电流 i 和电流控制器组成的电流控制系统。其中,i^* 为电流指令值(设定值)。多数情况下,电流控制器是由满足响应速度要求的模拟电路来实现的。

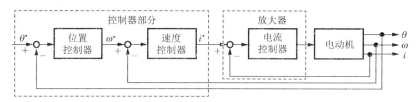

图 2.6.2 各控制器组成的电动机控制系统

另外,控制器部分设置在电流控制系统外侧,由电动机转速 ω 与速度控制器组成的速度控制系统和电动机位置 θ 与位置控制器组成的位置控制系统组成。在此,内侧的控制系统称为内环,外侧的控制系统称为外环。ω^*,θ^* 分别表示转速和位置的指令值。因为对速度控制器和位置控制器提出的高性能要求,多数情况下采用数字控制(参照 7.10 节)来实现。这样,控制回路按三个状态量构成三重闭环结构。整个控制器是按从内环到外环,即从电流控制环→速度控制环→位置控制环的顺序依次设计的。另外,设计这种看似比较复杂的系统时,必须从频域考虑。

作为通用电机控制装置的伺服电机,也有由这三个量的控制环组成的控制模式,即电流(转矩)控制模式、速度控制模式及位置控制模式,由用户选择控制被控对象。这里需要注意的是,外环的控制模式一定需要内环(例如,速度控制模式需要电流环)。下面简要介绍各个控制模式。

【电流(转矩)控制模式】

电动机的电压回路方程如下:

$$v(t) = L \frac{\mathrm{d}}{\mathrm{d}t} i(t) + Ri(t) + K_e \omega(t) \tag{2.6.1}$$

其中，$v(t)$为电动机的外加电压；$i(t)$为电枢电流；R 为电枢电阻；L 为电枢电感；K_e 为反电动势系数；$\omega(t)$为电动机转速。

因转矩 $\tau(t)$与电流 $i(t)$成正比，若令转矩系数为 K_t，则可以写成：

$$\tau(t) = K_t i(t) \tag{2.6.2}$$

令电动机的转动惯量为 J，则电动机的运动方程可写成：

$$\tau(t) = J \frac{\mathrm{d}}{\mathrm{d}t} \omega(t) \tag{2.6.3}$$

对式(2.6.1)～式(2.6.3)进行拉普拉斯变换(参照 3.4 节)，可得：

$$v(s) = (Ls + R)i(s) + K_e \omega(s) \tag{2.6.4}$$

$$\tau(s) = K_t i(s) \tag{2.6.5}$$

$$\tau(s) = Js\omega(s) \tag{2.6.6}$$

由式(2.6.4)和式(2.6.6)可得：

$$i(s) = \frac{1}{Ls + R}[v(s) - K_e \omega(s)] = \frac{1}{Ls + R} v_e(s)$$

$$\omega(s) = \frac{1}{Js} \tau(s)$$

设 $v_e(s) \equiv v(s) - K_e \omega(s)$，并表示成方框图，如图 2.6.3(a)所示。从式(2.6.4)～式(2.6.6)可得 v 和 i 之间的传递函数为：

$$\frac{i(s)}{v(s)} = \frac{Js}{JLs^2 + JRs + K_e K_t} \tag{2.6.7}$$

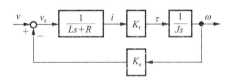

（a）电动机的方框图

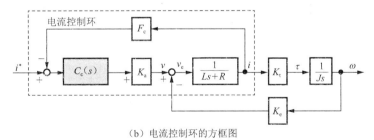

（b）电流控制环的方框图

图 2.6.3　电流(转矩)控制系统方框图

在此，为了构成如图 2.6.3(b)所示的电流控制系统，检测电流并利用电流控制器 $C_c(s)$ 实施反馈控制。当系统中实际安装模拟式电流控制器 $C_c(s)$ 时，由于电流指令信号 i^* 是由信号水平的小幅值电压提供的，所以 F_c 为电压-电流转换系数。$C_c(s)$ 的输出也是信号水平的电压信号。这个信号经放大器放大 K_a 倍后，成为电动机的实际外加电压 v。

在此，设 $C_c(s)$ 为 PI 调节器(参照 7.3.1 小节)，令其传递函数为：

$$C_c(s) = \frac{T_{c2}s + 1}{T_{c1}s} \qquad (2.6.8)$$

其中，T_{c1} 和 T_{c2} 是设计参数。考虑到增加电流控制系统带宽时，可以忽略反电动势项 $-K_e\omega$ 的情况，令 $T_{c2} = L/R$，则 i^* 和 i 之间的开环传递函数（参照 3.6 节）$L_c(s)$ 为：

$$L_c(s) = \frac{K_a}{RT_{c1}s} \qquad (2.6.9)$$

故闭环传递函数（参照 3.6 节）$G_c(s)$ 为：

$$G_c(s) = \frac{1}{F_c(T_c s + 1)} \qquad (2.6.10)$$

其中，$T_c = RT_{c1}/(K_a F_c)$。根据这个结果，可通过 T_{c1} 设计电流控制系统的带宽（参照 7.2.1 小节的带宽）$1/T_c$，而且对应电流指令的电流 i 为一阶惯性系统（参照 3.5 节）的输出响应，易于控制。在此由于转矩与电流成正比，因此，可以构成如图 2.6.3(b) 所示的转矩控制系统。

【速度控制模式】

把电流控制模式中所述的 i^* 和 i 之间的闭环传递函数式(2.6.10)重写，即

$$G_c(s) = \frac{1}{F_c(T_c s + 1)} \qquad (2.6.11)$$

在此，忽略了反电动势项 $-K_e\omega$，则 i^* 和 ω 之间的传递函数为：

$$\frac{\omega(s)}{i^*(s)} = G_c(s) \cdot K_t \cdot \frac{1}{Js} = \frac{K_t}{F_c(T_c s + 1)} \cdot \frac{1}{Js} \qquad (2.6.12)$$

称为速度控制环的被控对象。如同电流控制环一样，在速度控制环先检测速度，用速度控制器 $C_s(s)$ 实施反馈控制。图 2.6.4 所示为速度控制系统的方框图，其中 d 为从外部加入的转矩干扰信号。

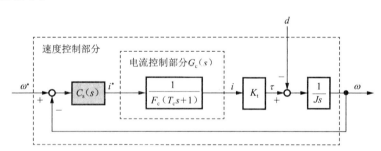

图 2.6.4　速度控制系统的方框图

下面介绍 $C_s(s)$ 的设计方法。在此，以 PI 调节器为例进行说明。为了简单起见，图 2.6.4 中的各个参数假定为 $F_c = 1, K_t = 1, J = 1$。另外，设 $T_c = 1/100$，即电流控制环的带宽为 100 rad/s。此时，式(2.6.12)所表示的被控对象的传递函数 $P_s(s)$ 为：

$$P_s(s) = \frac{\omega(s)}{i^*(s)} = \frac{1}{s(0.01s + 1)} \qquad (2.6.13)$$

其频率特性（波特图，参照 5.2 节）如图 2.6.5 所示。

当 $C_s(s)$ 设计为 PI 调节器时，其传递函数设定为：

$$C_s(s) = \frac{T_{s2}s + 1}{T_{s1}s} \qquad (2.6.14)$$

则开环传递函数 $L_s(s)$ 为:

$$L_s(s) = C_s(s)P_s(s) = \frac{T_{s2}s + 1}{T_{s1}s} \cdot \frac{1}{s(0.01s + 1)} \qquad (2.6.15)$$

且波特图在低频段,具有双重积分 $(1/s^2)$ 特性。因为波特图上低频段的负极性特性表示对干扰敏感(参照 7.5 节),所以尽量使低频段的增益高为好。

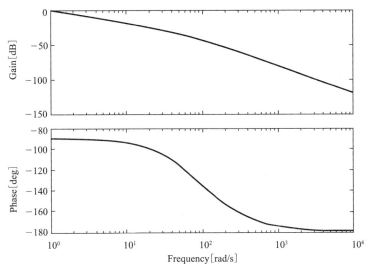

图 2.6.5 速度环被控对象 $P_s(s)$ 的波特图

因此,当速度控制环的带宽为 ω_s 时,低频段转折频率 $1/T_{s2}$ 可取为 ω_s 的 $1/3\sim1/5$。中频段设计为一重积分特性,且通过 T_{s1} 调整开环增益,使得此时的幅值穿越频率(参照 6.3.2 小节)恰好等于速度控制环的带宽 ω_s。另外,由于高频特性表示对噪声和模型化误差的灵敏度,增益越小越好。基于这种观点,考虑到高频段的转折频率为 $1/T_c = 100$ rad/s,为了使 $\omega_s = 10$ rad/s,分别取 $T_{s1} = 0.031\,6$, $T_{s2} = 3/\omega_s = 0.3$。图 2.6.6 所示为此时的 $L_s(s)$ 的波特图。

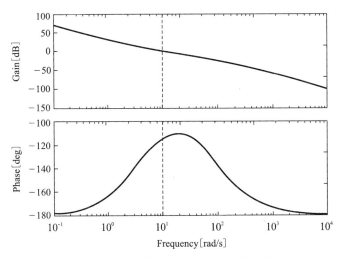

图 2.6.6 开环传递函数 $L_s(s)$ 的波特图

作为所设计的速度控制系统的目标值，施加 $\omega^* = 1\ \mathrm{rad/s}$ 的单位阶跃指令（参照 3.4 节），此时的速度 ω 和电流设定值 i^* 的时域响应（参照第 4 章）如图 2.6.7 所示。2 s 后，外加转矩干扰 $d = 3$。由于 PI 调节器的作用，不论是阶跃速度给定还是阶跃转矩干扰，稳态误差（参照 4.3 节）都等于零，即精确跟踪。

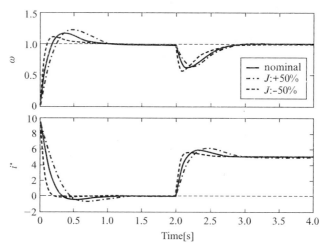

图 2.6.7　针对阶跃给定和阶跃干扰的速度响应波形（考虑转动惯量变化）

下面讨论被控对象有变动的情况。转动惯量 J 有 $\pm 50\%$ 变化时的时域响应波形在图 2.6.7 中以重叠形式表示。显然参数变动会导致响应特性变差。有时模型化误差或参数变动会使控制系统不稳定（参照 7.5.1 小节）。这种当外加干扰和参数变化时控制系统能够保持稳定并保持所希望的控制性能的特性，称为系统的鲁棒性（参照 7.5 节）。针对假想的干扰和变动，保持鲁棒性，满足控制性能指标（参照 7.1 节），也是在控制系统设计中应该考虑的重要内容。

【位置控制模式】

转速 ω 和电动机位置 θ 的关系为：

$$\omega(t) = \frac{\mathrm{d}}{\mathrm{d}t}\theta(t) \tag{2.6.16}$$

因此，根据拉普拉斯变换可得下式：

$$\theta(s) = \frac{1}{s}\omega(s) \tag{2.6.17}$$

与速度控制系统一样，在位置控制系统中，先检测位置并利用位置控制器 $C_\mathrm{p}(s)$ 进行反馈控制，其方框图如图 2.6.8 所示。位置控制系统的基本设计过程与速度控制系统相同，在此省略。

如上所述，电动机控制系统的设计是按照电流控制环→速度控制环→位置控制环的顺序进行的，即多环系统的设计。只需要位置控制的场合也多采用多环设计。其理由是，若设计时内环的频带足够宽，则设计外环时不用考虑内环的动态特性。其结果是：① 外环的控制器设计更加简便；② 在内环发生的干扰和模型化误差的影响，可用内环反馈控制效果进行补偿或纠正，外环几乎不受影响，即外环的稳定性和鲁棒性显著提高，结果外环也可实现宽频带。由于上述原因，当电流和速度控制环采用 PI 调节时，位置控制环多采用 P 调节。

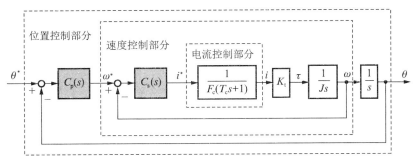

图 2.6.8 位置控制系统方框图

2.6.2 压电陶瓷马达的控制

为了实现半导体制造装置、光学工作台及硬盘等
的精确定位,可应用微动型马达或粗动型和微动型组
合在一起的粗微动型马达。在此,使用的微动型马达
为具有 DC 特性的压电陶瓷马达。如图 2.6.9 所示,
压电陶瓷马达设计成直接接触并驱动精密工作台(被
控对象),其输入、输出动态特性与工作台的质量和结
构有关,因此,需要用户自己测量特性及设计控制器。

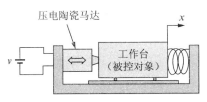

图 2.6.9 应用压电陶瓷马达的
精密工作台

可以用正弦扫描法或系统辨识法等方法获取压电陶瓷马达的频率特性。在此,简要介绍
已知被控对象频率特性情况下的设计方法。

图 2.6.10 所示为压电陶瓷马达的输入电压幅值 v 和输出位移 x 比值的频率特性的
例子。其低频段斜率为 0 dB/dec,x 与 v 成正比。另外,其固有角频率(阻尼比小的时候与
谐振频率几乎一致,参照习题 5.4)大约为 100 rad/s,而高频段特性为衰减,因此其特性为
二次振荡系统,与图 2.4.3 所示的开关电源的频率特性类似。

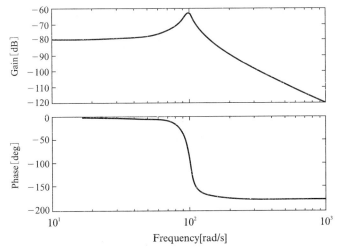

图 2.6.10 压电陶瓷马达驱动的工作台波特图

为了设计控制器,用传递函数近似表示图 2.6.10 所示的波特图,则被控对象 $P(s)$ 为:

$$P(s) = \frac{x}{v} = \frac{1}{s^2 + 2 \cdot 0.07 \cdot 100s + 100^2} \qquad (2.6.18)$$

其固有角频率(无阻尼自然振荡角频率)为 100 rad/s,在控制系统设计中是非常重要的参数。若设计指标允许控制系统带宽 ω_c(rad/s)(参照 7.2 节)比固有角频率(参照 3.5 节)充分小,则可以采用积分调节器(I 补偿)进行设计;若控制系统带宽接近或大于固有角频率,则因为设计时需要考虑谐振,所以设计较为困难。

下面基于 I 控制器(积分补偿)设计 ω_c 为 10 rad/s 的位置控制系统。控制系统的方框图如图 2.6.11 所示。其中,x^* 为目标位置指令值,d 为被控对象输入端外加的干扰。I 调节器的传递函数可表示为:

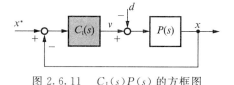

图 2.6.11　$C_1(s)P(s)$ 的方框图

$$C_1(s) = \frac{k_1}{s} \qquad (2.6.19)$$

因此,开环传递函数 $C_1(s)P(s)$ 的频率特性:在小于固有角频率的频段为 -20 dB/dec 的积分环节特性,在大于固有角频率的频段为 -60 dB/dec 的三重积分环节特性。$k_1 = 1$ 时的频率特性如图 2.6.12 所示。为了使斜率为 -20 dB/dec 的积分特性的幅值穿越频率(参照 6.3.2 节)等于带宽,使 $k_1 = 10^{100/20}$,则幅值恰好增加 100 dB(因为 100 dB $= 20\lg|k_1|$),幅值穿越频率就等于 10 rad/s。在图 2.6.12 中,表示了两种情况下的频率特性。

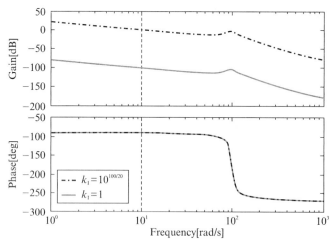

图 2.6.12　$C_1(s)P(s)$ 的波特图

给 x^* 施加单位阶跃给定时,x 的时域响应如图 2.6.13 所示。图中显示,过 2 s 后给 d 施加单位阶跃干扰。无论目标值响应还是干扰的响应,均受谐振频率的影响,产生振荡。另外,控制系统对于给定干扰呈现 I 型(参照 4.3.1 小节)系统特性,对于外加干扰呈现稳态误差等于零的响应。

在图 2.6.13 中,重叠显示了为满足控制系统带宽为 5 rad/s 而进行的增益设计的响应。显然,当控制系统带宽比谐振频率低时,所受的振荡影响变弱;反之,控制系统带宽越接近谐振频率,振荡就越大,当带宽超过 20 rad/s 时,系统发散。

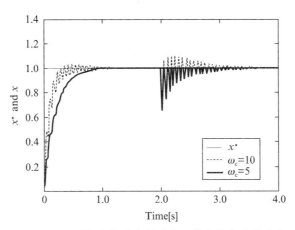

图 2.6.13 压电陶瓷马达驱动的工作台单位阶跃响应

2.6.3 超声波马达的控制

在非磁性、摩擦驱动型马达中,有利用压电元件的压电陶瓷马达。由于是非磁性的,所以在使用电子射线的半导体制造领域中被广泛应用。同时,由于是摩擦驱动型,所以断电时还有由静止摩擦作用产生的保持力。2.6.2 小节所述的压电陶瓷马达是应用压电元件的 DC 特性制造的。在此,介绍采用同样压电元件的 AC 特性,即应用其高频超声波振荡的超声波马达。

图 2.6.14 所示为超声波马达的驱动原理图。利用压电元件的超声波振动变形,在其尖端产生椭圆运动,由此椭圆运动和摩擦力驱动被控对象。虽然这种超声波马达的驱动半径至多有几微米左右,但利用其谐振频率的高频且大振幅输出的特性,能高速且无行程限制地驱动被控对象。

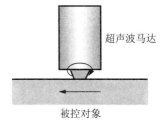

超声波马达

被控对象

图 2.6.14 超声波马达的驱动原理图

如图 2.6.15(a)所示,超声波马达的输入信号为电压 e。图 2.6.15(b)所示为给 e 施加幅值为 91 V 的阶跃信号时的输出速度 v 的时域响应。可以确定,随着驱动频率的不同,其响应速度也不同,而且其响应特性基本上就是一阶滞后(惯性)系统。

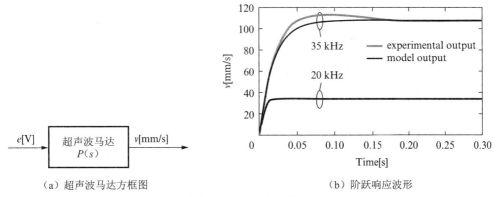

(a)超声波马达方框图 　　　　　　　　　　(b)阶跃响应波形

图 2.6.15 超声波马达

在此,设驱动频率为 35 kHz,根据阶跃响应波形的上升时间和稳态值(参照 3.4.4 小节),可以求得如下式所示的作为被控对象的输入、输出之间的近似传递函数 $P(s)$。

$$P(s) = \frac{v(s)}{e(s)} = \frac{52.6}{s + 53.2} \tag{2.6.20}$$

图 2.6.16 所示为 $P(s)$ 的波特图。

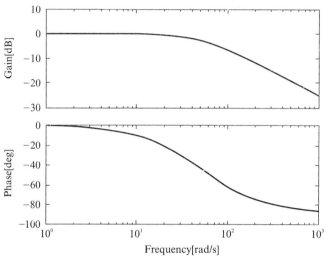

图 2.6.16　被控对象 $P(s)$ 的波特图

针对此被控对象,设计速度控制系统。因为低频段为水平(0 dB/dec)的频率特性,所以与 2.6.2 小节相同,利用如下的 I 调节器 $C_1(s)$ 构成速度控制系统。

$$C_1(s) = \frac{k_1}{s} \tag{2.6.21}$$

在此,设速度控制系统带宽为 10 rad/s,则有 $k_1 = 10$。图 2.6.17 所示为开环传递函数 $P(s)C_1(s)$ 的波特图,可以确认图中的幅值穿越频率为 10 rad/s。

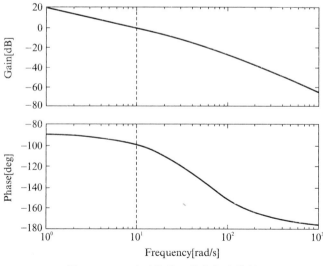

图 2.6.17　开环传递函数的频率特性

图 2.6.18 所示的是作为速度指令 v^*，施加单位阶跃给定时的速度响应曲线，是没有超调（参照 4.1 节）的理想的一阶惯性系统的响应。接着，增大积分系数 k_I，以扩大带宽 ω_s。图 2.6.18 中重叠表示了 $\omega_s=50$ 及 100 rad/s 时的响应波形。可以看到，随着 k_I 的增大，开环传递函数的幅值穿越频率点的斜率，由 -20 dB/dec 变化为接近 -40 dB/dec，导致相位稳定裕量减小，超调增加，输出响应振荡。

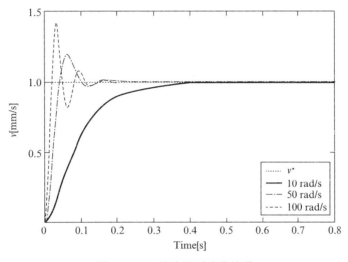

图 2.6.18　速度阶跃响应波形

下面介绍一种既没有超调还能增大控制系统频带的方法。此时，给原速度控制系统串入相位超前校正（参照 7.4 节），设相位超前补偿的传递函数为：

$$C_{PL}(s) = \frac{aTs+1}{Ts+1} \tag{2.6.22}$$

其中，$a>1$。考虑使图 2.6.17 中转折频率（53.2 rad/s）处的零点、极点抵消（参照 5.4 节），使被控对象的极点（参照 3.5 节）-53.2 等于 $C_{PL}(s)$（参照 3.5 节）的零点，即

$$53.2 = \frac{1}{aT} \tag{2.6.23}$$

另外，设 $C_{PL}(s)$ 分母的极点为比 ω_s 大得多的高频值，比如 ω_s 的 10 倍，即

$$\frac{1}{T} = 10\omega_s \tag{2.6.24}$$

则当 ω_s 扩大到 $\omega_s=100$ rad/s 时，开环传递函数的幅值穿越频率就变为 100 rad/s，$k_I=100$。另外，根据式（2.6.23）和式（2.6.24），有 $a=18.8$，$T=0.001$。此时的速度阶跃响应波形如图 2.6.19 所示。可以看出，没有超调，是期望的时域响应波形。如此，利用相位超前校正，可以在过渡过程响应特性不受影响的情况下增加控制系统的带宽。

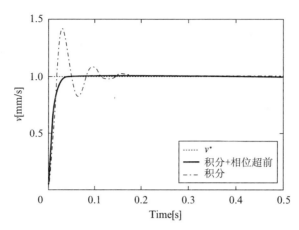

图 2.6.19　速度的阶跃响应波形（积分＋相位超前校正）

第3章

控制系统的方框图表示

通过第 2 章的举例已经认识到:① 反馈控制广泛应用于各种领域;② 为了提高控制性能,需要应用控制理论。从第 3 章开始,依次介绍基于控制理论的各种方法手段。本章主要介绍基于方框图的图形表示方法,首先描述方框图的特点,然后介绍方框图的绘制方法。本章中,要学习控制理论中常用的工具,包括方框图、微分方程、拉普拉斯变换及传递函数。

3.1 ›› 方框图的优点

在 2.2 节"激光头的位置控制"中,通过反复观察确认机器的动作,理解系统的结构和功能,并根据经验和试凑法调整了控制器。该例是应用较少的控制理论知识而实施的反馈控制。在 2.3 节"磁力轴承的控制"、2.5 节"大型超重结构体(半导体光刻装置)的辨识与控制"及 2.6 节"电动机的控制"等节中,则应用控制理论及技术,提升了装置的性能。上述内容均为先由设计人员绘制被控对象的控制系统方框图(block diagram,框图),比如图 2.3.4(c)。

那么,为什么用方框图? 回答这一问题之前我们先回想图 2.2.4 叙述的聚焦伺服系统。从图 2.2.4 的上图可知,这个系统是由电子电路构成的。如果对此比较熟悉,就会很容易地通过电路图理解控制系统的结构。但是,如果是大规模、复杂的系统,则电路元器件数量很多,识读电路图是很困难的。

于是,为了明确系统中哪些部分有哪些功能,把电路图按功能划分成几块。如图 2.2.4 的下图所示,把聚焦伺服系统划分为驱动器、相位超前补偿器、聚焦信号检测器、聚焦机械系统(被控对象)等功能模块,并用方框记述,而且用箭头连接各功能模块,以表示信号的流动。利用这些符号,可以便于理解控制系统的结构。

此外,在控制技术中,为了定量评价性能,用数学式表示各功能模块,并记入方框中。例如,从电动机控制系统(图 2.6.3)中单独拿出电气电路部分,则如图 3.1.1 所示。在该图中,用式子 $1/(Ls+R)$ 表示这个电路的功能(其中的含义参照 3.5 节),可以解释为当外加输入电压 v_e 时,输出电流 i,这样的图就称为方框图。

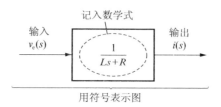

用符号表示图

图 3.1.1　方框图表示法举例

从以上叙述可知,方框图的优点是:

(1) 利用一些符号用图形形式明确表示系统的功能和信号的流动。

(2) 用数学表达式描述各功能,以定量地评价控制性能。

本章中将讨论如何为已知控制系统绘制方框图,并从下节开始介绍方框图的绘制步骤。另外,本章中针对初学者容易忽视的内容设置了【注意】栏目,需引起注意。

3.2 ›› 基于微分方程的控制系统建模

方框图内的数学表达式是根据系统的数学模型(mathematical model,也称为数理模式)记述的。这里所说的数学模型,是根据系统运动所遵循的物理定律推导而得的,不论是机械系统还是电气系统均用微分方程(differential equation)表示。例如,在 2.6.1 节(电磁型电动机的控制)中,作为其数学模型推导了电动机的电路方程式(2.6.1)和运动方程式(2.6.3)。下面再看其他例子。

【例题 3.2.1】　电气系统举例

图 3.2.1 所示为电阻与电感的串联电路。其中,i,v,R,L 分别为电流、电压、电阻及线圈的电感。当电路中有电流通过时,线圈产生自感电动势 $L\mathrm{d}i(t)/\mathrm{d}t$,有如下的回路电压方程:

$$L\frac{\mathrm{d}}{\mathrm{d}t}i(t)+Ri(t)=v(t) \tag{3.2.1}$$

【例题 3.2.2】　机械系统举例

图 3.2.2 所示为由质量块、弹簧、阻尼器组成的系统。其中,u,m,k,c 分别为外力、质量、弹簧系数及黏性阻尼系数。设 x 为从平衡位置开始的位移,则对质量块而言,存在弹簧的恢复力 $-kx$ 和阻尼器产生的阻力 $-c\mathrm{d}x/\mathrm{d}t$。此时的运动方程式为:

$$m\frac{\mathrm{d}^2}{\mathrm{d}t^2}x(t)+c\frac{\mathrm{d}}{\mathrm{d}t}x(t)+kx(t)=u(t) \tag{3.2.2}$$

从式(3.2.2)可知,系统的数学模型可以描述为关于位移 x 的线性微分方程。

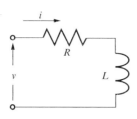

图 3.2.1　RL 串联电路

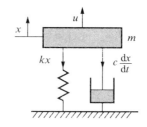

图 3.2.2　质量块-弹簧-阻尼器系统

像例题 3.2.1 和例题 3.2.2 一样,用微分方程描述的系统称为动态系统(dynamical system),特别地,用线性微分方程表示的系统称为线性系统(linear system)。相反,不是线性的系统称为非线性系统(nonlinear system)。另外,系统的参数(如例题 3.2.1 中的 R,L)恒定的系统称为时不变系统(time-invariant system,也称为定常系统),参数为时间函数的系统称为时变系统(time-varying system)。

表 3.2.1 所示为这种分类方法的例子。像机械手等很多实际的被控对象以非线性系统描述,若再考虑其老化等因素,则严格来说应看成是时变系统。若系统的动作范围比较狭窄,则在其工作点附近可以把系统做近似的线性化处理。另外,若参数的变化缓慢,则可看成为时不变系统。因此,本书主要讨论线性时不变系统(Linear Time-Invariant system,LTI system)。

表 3.2.1 系统分类

	线 性	非线性
时不变	**本书主要涉及的系统** 例:$\dfrac{d^2}{dt^2}y(t) + a_1\dfrac{d}{dt}y(t) + a_2 y(t) = u(t)$	例:$\dfrac{d^2}{dt^2}y(t) + a_1\sin[y(t)] = u(t)$ * 含非线性项 $\sin y$
时 变	例:$\dfrac{d^2}{dt^2}y(t) + a_1(t)\dfrac{d}{dt}y(t) + a_2(t)y(t) = u(t)$ * 参数 a_1,a_2 为时变	例:$\dfrac{d^2}{dt^2}y(t) + a_1(t)\sin[y(t)] = u(t)$

综上,用微分方程式表示系统的数学模型。但在绘制方框图时,不采用微分方程,而是用传递函数(详细说明参照 3.5 节)绘制。为此,需要把微分方程转换为传递函数来描述,这时要利用拉普拉斯变换。此外,当利用物理定律建立数学模型比较困难时,可以利用系统辨识(参照 2.4 和 2.5 节)求得传递函数。归纳起来,绘制方框图的流程如图 3.2.3 所示。

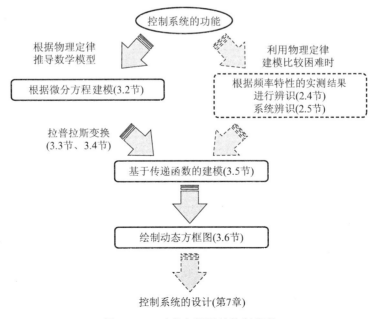

图 3.2.3 动态方框图的绘制流程

3.3 >> 微分方程的解法及拉普拉斯变换

如图 3.2.3 所示,绘制方框图时,先把控制系统中各功能模块用微分方程模型化,然后进行拉普拉斯变换。在本节中,从求解微分方程的角度来说明进行拉普拉斯变换的理由。

以 2.6.1 节的电磁型电动机的控制为例,为扩大控制系统的带宽,忽略反电动势的影响,则式(2.6.1)变成:

$$v(t) = L \frac{\mathrm{d}}{\mathrm{d}t} i(t) + R i(t) \tag{3.3.1}$$

在此,把上式改写为:

$$\frac{\mathrm{d}}{\mathrm{d}t} i(t) + \frac{R}{L} i(t) = \frac{1}{L} v(t) \tag{3.3.2}$$

微分方程式(3.3.2)的解法有常数变换法和基于拉普拉斯变换的解法,下面比较这两种解法。

• 解法 1:常数变换法

式(3.3.2)代表的电磁型电动机被控对象可用非齐次线性定常微分方程(inhomogeneous linear differential equation)描述。此时,该方程的一般解(general solution)是 $v = 0$ 时的一般解和式(3.3.2)的特解(particular solution)的代数和。

因此,首先考虑 $v = 0$ 的情况。此时,可以把式(3.3.2)整理成:

$$\frac{\mathrm{d}}{\mathrm{d}t} i(t) \frac{1}{i(t)} = -\frac{R}{L} \tag{3.3.3}$$

对上式两边取关于时间 t 的积分,则有:

$$\int_0^t \frac{\mathrm{d}}{\mathrm{d}t} i(t) \frac{1}{i(t)} \mathrm{d}t = \int_{i(0)}^{i(t)} \frac{1}{i(t)} \mathrm{d}i(t) = -\int_0^t \frac{R}{L} \mathrm{d}t \quad \rightarrow \quad \lg |i(t)| = -\frac{R}{L} t + C \tag{3.3.4}$$

其中,C 为积分常数。根据上式,有:

$$|i(t)| = \mathrm{e}^C \mathrm{e}^{-\frac{R}{L}t} \quad \rightarrow \quad i(t) = \pm \mathrm{e}^C \mathrm{e}^{-\frac{R}{L}t} \tag{3.3.5}$$

令 $\pm \mathrm{e}^C = C$,则上式变为:

$$i(t) = \mathrm{e}^{-\frac{R}{L}t} C \tag{3.3.6}$$

当 $t = 0$ 时,有:

$$i(0) = \mathrm{e}^{-\frac{R}{L} \cdot 0} C = C \tag{3.3.7}$$

因此,当 $v = 0$ 时,有:

$$i(t) = \mathrm{e}^{-\frac{R}{L}t} i(0) \tag{3.3.8}$$

在常数变换法中,式(3.3.6)中的常数 C 可用时间函数 $C(t)$ 代替,即

$$i(t) = \mathrm{e}^{-\frac{R}{L}t} C(t) \tag{3.3.9}$$

利用上式可求满足方程式(3.3.2)的 $C(t)$。对式(3.3.9)两边取微分,则有:

$$\frac{\mathrm{d}}{\mathrm{d}t} i(t) = -\frac{R}{L} \mathrm{e}^{-\frac{R}{L}t} C(t) + \mathrm{e}^{-\frac{R}{L}t} \frac{\mathrm{d}}{\mathrm{d}t} C(t) = -\frac{R}{L} i(t) + \mathrm{e}^{-\frac{R}{L}t} \frac{\mathrm{d}}{\mathrm{d}t} C(t) \tag{3.3.10}$$

根据式(3.3.2)和式(3.3.10)可得:

$$\frac{1}{L}v(t) = e^{-\frac{R}{L}t} \frac{\mathrm{d}}{\mathrm{d}t} C(t) \tag{3.3.11}$$

根据上式可得：

$$C(t) = \frac{1}{L} \int_0^t e^{\frac{R}{L}\tau} v(\tau)\mathrm{d}\tau + C(0) \tag{3.3.12}$$

此时，根据式(3.3.9)有 $i(0) = C(0)$。因此，根据式(3.3.9)和式(3.3.12)，可得微分方程式(3.3.2)的解为：

$$i(t) = \frac{1}{L} \int_0^t e^{-\frac{R}{L}(t-\tau)} v(\tau)\mathrm{d}\tau + e^{-\frac{R}{L}t} i(0) \tag{3.3.13}$$

上式右边的第一、第二项分别对应着微分方程式(3.3.2)的特解和 $v=0$ 时的一般解。特别地，当 $i(0)=0$ 时，有：

$$i(t) = \frac{1}{L} \int_0^t e^{-\frac{R}{L}(t-\tau)} v(\tau)\mathrm{d}\tau \tag{3.3.14}$$

- **解法** 2：拉普拉斯变换

对微分方程式(3.3.2)进行拉普拉斯变换，则有：

$$si(s) + \frac{R}{L}i(s) = \frac{1}{L}v(s) \tag{3.3.15}$$

其中，$i(s)$ 和 $v(s)$ 分别为 $i(t)$ 和 $v(t)$ 的拉普拉斯变换，均为复数 s 的函数。令 $t=0$ 时 $i(t)=0$，则上式可整理成：

$$i(s) = \frac{1}{Ls+R}v(s) \tag{3.3.16}$$

对上式取拉普拉斯反变换，则有：

$$i(t) = \frac{1}{L} \int_0^t e^{-\frac{R}{L}(t-\tau)} v(\tau)\mathrm{d}\tau \tag{3.3.17}$$

上式同微分方程式的解(3.3.14)一致。

在解法 2 中应该注意的是拉普拉斯变换微分方程可以用代数方程式(关于 s 的)描述。据此可知，在解法 1 中要进行复杂的微积分运算，而在解法 2 中只需代数运算(四则运算)，容易求解。例如，对于微分方程式(3.3.2)的解法来说，只需要把式(3.3.15)变为式(3.3.16)而已。图 3.3.1 所示为微分方程式的求解步骤。另外，利用在下节描述的变换表等，也可容易地进行拉普拉斯反变换运算。由此可见，利用拉普拉斯交换可以简洁地解开微分方程式。

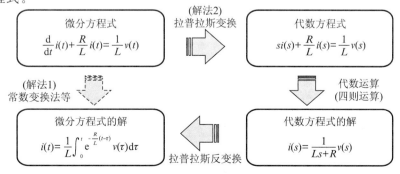

图 3.3.1　微分方程式的求解步骤

3.4 >> 拉普拉斯变换基础

设 $f(t)$ 为在 $t \geqslant 0$ 范围内所定义的实数或复数函数。若对于复数 s 存在如下积分：

$$F(s) \equiv \int_0^\infty f(t) \mathrm{e}^{-st} \mathrm{d}t \qquad (3.4.1)$$

则 $F(s)$ 称为 $f(t)$ 的拉普拉斯变换（Laplace transformation），标记为 $F(s) = \mathcal{L}[f(t)]$。式（3.4.1）的运算称为拉普拉斯变换。另外，s 称为拉普拉斯算子（Laplace operator）。从式（3.4.1）可知，拉普拉斯变换就是从时域函数 $f(t)$ 到复数域函数 $F(s)$ 的变换。

另外，从 $F(s)(=\mathcal{L}[f(t)])$ 反推 $f(t)$ 的运算称为拉普拉斯反变换（inverse Laplace transformation）。拉普拉斯反变换定义为：

$$f(t) \equiv \frac{1}{2\pi\mathrm{j}} \int_{c-\mathrm{j}\infty}^{c+\mathrm{j}\infty} F(s) \mathrm{e}^{st} \mathrm{d}s \qquad (3.4.2)$$

标记为 $f(t) = \mathcal{L}^{-1}[F(s)]$，其中 j 为虚数单位。

在 3.3 节已经介绍，利用拉普拉斯（反）变换可以不用复杂的微积分运算即可求解微分方程。另外，单从式（3.4.1）和式（3.4.2）来看，发现进行变换时还需要积分运算，结果运算还是很复杂。但事实上，利用拉普拉斯变换表或其基本性质，在多数场合下不需要微积分运算。本节首先介绍拉普拉斯变换表及其基本性质，进而叙述利用它们进行拉普拉斯变换及拉普拉斯反变换的方法。

3.4.1 拉普拉斯变换表

在 3.3 节的例子中，为解微分方程（3.3.2），对输入、输出信号 $v(t)$ 和 $i(t)$ 进行了拉普拉斯变换。表 3.4.1 中列出了典型时域函数 $f(t)$ 的拉普拉斯变换 $F(s)$。

表 3.4.1　拉普拉斯变换表

	时域函数 $f(t)$, $t \geqslant 0$	拉普拉斯变换 $F(s)$
（1）单位脉冲函数	$\delta(t)$	1
（2）单位阶跃函数	1	$\dfrac{1}{s}$
（3）斜坡函数	t	$\dfrac{1}{s^2}$
（4）时间 t 的乘方	$\dfrac{1}{n!}t^n \quad n=1,2,\cdots$	$\dfrac{1}{s^{n+1}}$
（5）指数函数	$\mathrm{e}^{-at}\left(\text{通常为}\dfrac{1}{n!}t^n\mathrm{e}^{-at}\right)$	$\dfrac{1}{s+a}\left[\text{通常为}\dfrac{1}{(s+a)^{n+1}}\right]$
（6）正弦函数	$\sin(\omega t)$	$\dfrac{\omega}{s^2+\omega^2}$
（7）余弦函数	$\cos(\omega t)$	$\dfrac{s}{s^2+\omega^2}$
（8）指数函数与正弦函数乘积	$\mathrm{e}^{-at}\sin(\omega t)$	$\dfrac{\omega}{(s+a)^2+\omega^2}$
（9）指数函数与余弦函数乘积	$\mathrm{e}^{-at}\cos(\omega t)$	$\dfrac{s+a}{(s+a)^2+\omega^2}$

（1）单位脉冲函数

表 3.4.1 中（1）的 $\delta(t)$ 为单位脉冲函数（unit impulsive function），对于任意连续函数 $g(t)$，有：

$$\int_{-\infty}^{\infty} g(t)\delta(t)\mathrm{d}t = g(0) \tag{3.4.3}$$

$$\delta(t) = 0 \quad (t \neq 0) \tag{3.4.4}$$

则根据式（3.4.3），当 $g(t)=1$ 时，有：

$$\int_{-\infty}^{\infty} \delta(t)\mathrm{d}t = 1 \tag{3.4.5}$$

因为面积为 1，所以称为单位脉冲。

根据式（3.4.3）～式（3.4.5），对于如图 3.4.1 所示的宽度为 Δt、高度为 $1/\Delta t$ 的矩形波，当 $\Delta t \to 0$ 时变为 $\delta(t)$，且有：

$$\delta(t) = \infty \quad (t = 0)$$

将用 $\delta(t)$ 表示的信号称为单位脉冲信号。

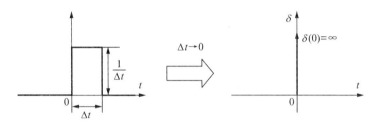

图 3.4.1 单位脉冲函数

另外，就像在其他书中的详细说明一样，不能从单位脉冲函数 $\delta(t)$ 的性质确定式（3.4.1）的运算能否存在。于是，改变式（3.4.1）的积分区间，则有：

$$\mathcal{L}_{-}[f(t)] \equiv \lim_{\substack{\varepsilon \to 0 \\ \varepsilon > 0}} \int_{-\varepsilon}^{\infty} f(t)\mathrm{e}^{-st}\mathrm{d}t = \int_{0^{-}}^{\infty} f(t)\mathrm{e}^{-st}\mathrm{d}t \tag{3.4.6}$$

把式（3.4.6）定义为另一种拉普拉斯变换。此时，根据式（3.4.3）和式（3.4.4），有：

$$\mathcal{L}_{-}[\delta(t)] = \int_{0^{-}}^{\infty} \delta(t)\mathrm{e}^{-st}\mathrm{d}t = \mathrm{e}^{0} = 1 \tag{3.4.7}$$

所以，在表 3.4.1 中，对 $\delta(t)$ 的拉普拉斯变换采用的是式（3.4.6）的运算结果，而不是式（3.4.1）。

（2）单位阶跃函数

表 3.4.1 中（2）的单位阶跃函数（unit step function）（图 3.4.2）可以用下式定义：

$$u_{\mathrm{s}}(t) = \begin{cases} 0 & (t < 0) \\ 1 & (t \geqslant 0) \end{cases} \tag{3.4.8}$$

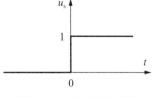

图 3.4.2 单位阶跃函数

可用函数 $u_{\mathrm{s}}(t)$ 表示的信号称为单位阶跃信号。

【例题 3.4.1】 单位阶跃函数的拉普拉斯变换

根据式（3.4.1）有：

$$\mathcal{L}[u_{\mathrm{s}}(t)] = \int_{0}^{\infty} u_{\mathrm{s}}(t)\mathrm{e}^{-st}\mathrm{d}t = \int_{0}^{\infty} 1 \cdot \mathrm{e}^{-st}\mathrm{d}t = \left[\frac{-\mathrm{e}^{-st}}{s}\right]_{0}^{\infty} = \frac{1}{s} \tag{3.4.9}$$

且根据欧拉公式(参见附录 B)有:

$$\lim_{t \to \infty} e^{-st} = \lim_{t \to \infty}(e^{-ct} e^{-j\omega t}) = \lim_{t \to \infty}\{e^{-ct}[\cos(\omega t) - j\sin(\omega t)]\} = 0, \quad s \equiv c + j\omega$$

$$(3.4.10)$$

式(3.4.9)中利用了上式的结果,其中 $c > 0, \omega$ 为常数。

【注意】 阶跃信号的大小

单位阶跃信号的"单位"是其幅值为 1 的意思,常作为仿真时的目标值和干扰。但是,对于 100 kg 以上的大型物体,施加 1 N 的阶跃干扰,它的响应几乎不受影响。也就是说,施加阶跃信号时,多数场合下其幅值不一定取 1,要根据控制对象的结构和特征采用合适的幅值大小(图 3.4.3)。

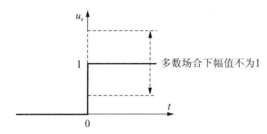

图 3.4.3 阶跃信号的幅值大小

【例题 3.4.2】 阶跃信号的拉普拉斯变换

下面求 $t \geq 0$,幅值为 5 的阶跃信号的拉普拉斯变换。

解: 此时的阶跃信号可表示为 $5u_s$,根据式(3.4.1)有:

$$\mathcal{L}[5u_s(t)] = \int_0^\infty 5u_s(t)e^{-st}\,dt = 5\int_0^\infty u_s e^{-st}\,dt = \frac{5}{s} \tag{3.4.11}$$

(3) 斜坡函数

表 3.4.1 中(3)的斜坡函数(ramp function)(图 3.4.4)可以用下式定义:

$$u_r(t) = \begin{cases} 0 & (t < 0) \\ t & (t \geq 0) \end{cases} \tag{3.4.12}$$

可用函数 $u_r(t)$ 表示的信号称为斜坡信号。

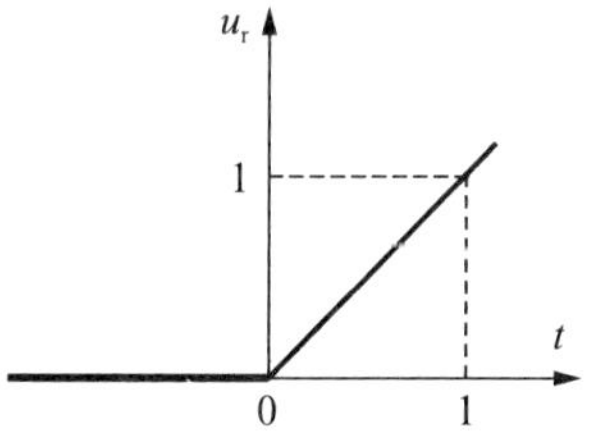

图 3.4.4 斜坡函数

【例题 3.4.3】 斜坡函数的拉普拉斯变换

根据分部积分,有:

$$\mathcal{L}[u_r] = \int_0^\infty t\,e^{-st}\,dt = \left[-t \cdot \frac{e^{-st}}{s}\right]_0^\infty + \int_0^\infty \frac{e^{-st}}{s}\,dt = \frac{1}{s}\int_0^\infty e^{-st}\,dt = \frac{1}{s} \cdot \left[\frac{-e^{-st}}{s}\right]_0^\infty = \frac{1}{s^2}$$

$$(3.4.13)$$

另外,作为典型信号,除了单位脉冲信号、单位阶跃信号和斜坡信号外,还有 $f(t) = (1/2)t^2$ 的加速度信号,根据表 3.4.1 中的(4)可知其拉普拉斯变换为 $\mathcal{L}[(1/2)t^2] = 1/s^3$。

3.4.2 拉普拉斯变换的基本性质

表 3.4.2 所示为有关拉普拉斯变换的基本性质。

表 3.4.2 拉普拉斯变换基本性质

(1) 线性	$\mathcal{L}[af(t)+bg(t)]=a\,\mathcal{L}[f(t)]+b\,\mathcal{L}[g(t)]=aF(s)+bG(s)$ $*a,b$ 为常数
(2) 导数	$\mathcal{L}\left[\dfrac{\mathrm{d}}{\mathrm{d}t}f(t)\right]=sF(s)-f(0)$ $\left(n\text{ 阶导数}\quad \mathcal{L}\left[\dfrac{\mathrm{d}^n}{\mathrm{d}t^n}f(t)\right]=s^nF(s)-\displaystyle\sum_{k=1}^{n}s^{n-k}\dfrac{\mathrm{d}^{k-1}}{\mathrm{d}t^{k-1}}f(0)\right)$
(3) 定积分	$\mathcal{L}\left[\displaystyle\int_0^t f(\tau)\mathrm{d}\tau\right]=\dfrac{1}{s}F(s)$ $\left(n\text{ 重积分}\quad \mathcal{L}\left[\displaystyle\int_0^t\int_0^t\cdots\int_0^t f(\tau)(\mathrm{d}\tau)^n\right]=\dfrac{1}{s^n}F(s)\right)$
(4) 推移定理	$\mathcal{L}[f(t-T)]=\mathrm{e}^{-Ts}F(s)$ $\mathcal{L}[\mathrm{e}^{at}F(t)]=F(s-a)$ $*\,T(>0),a$ 为常数
(5) 卷积(合成积分)	$\mathcal{L}\left[\displaystyle\int_0^t g(t-\tau)f(\tau)\mathrm{d}\tau\right]=\mathcal{L}\left[\displaystyle\int_0^t g(\tau)f(t-\tau)\mathrm{d}\tau\right]=G(s)F(s)$

注：$F(s)\equiv\mathcal{L}[f(t)],G(s)\equiv\mathcal{L}[g(t)]$。

(1) 线性

令 $F(s)\equiv\mathcal{L}[f(t)],G(s)\equiv\mathcal{L}[g(t)]$，则下式成立：

$$\mathcal{L}[af(t)+bg(t)]=a\,\mathcal{L}[f(t)]+b\,\mathcal{L}[g(t)]=aF(s)+bG(s) \tag{3.4.14}$$

其中，a,b 为常数。

(2) 导数

对于 1 阶到 n 阶的导数，下列式子成立：

$$\mathcal{L}\left[\frac{\mathrm{d}}{\mathrm{d}t}f(t)\right]=sF(s)-f(0) \tag{3.4.15}$$

$$\mathcal{L}\left[\frac{\mathrm{d}^2}{\mathrm{d}t^2}f(t)\right]=s^2F(s)-sf(0)-\frac{\mathrm{d}}{\mathrm{d}t}f(0) \tag{3.4.16}$$

$$\vdots$$

$$\mathcal{L}\left[\frac{\mathrm{d}^n}{\mathrm{d}t^n}f(t)\right]=s^nF(s)-\sum_{k=1}^{n}s^{n-k}\frac{\mathrm{d}^{k-1}}{\mathrm{d}t^{k-1}}f(0) \tag{3.4.17}$$

特别地，当 $f(0)=\mathrm{d}f(0)/\mathrm{d}t=\cdots=\mathrm{d}^{n-2}f(0)/\mathrm{d}t^{n-2}=\mathrm{d}^{n-1}f(0)/\mathrm{d}t^{n-1}=0$ 时，有：

$$\mathcal{L}\left[\frac{\mathrm{d}^n}{\mathrm{d}t^n}f(t)\right]=s^nF(s) \tag{3.4.18}$$

由此可知，导数的拉普拉斯变换相当于 $F(s)\cdot s$。

(3) 定积分

1 到 n 重积分的拉普拉斯变换可表示为：

$$\mathcal{L}\left[\int_0^t f(\tau)\mathrm{d}\tau\right]=\frac{1}{s}F(s) \tag{3.4.19}$$

$$\mathcal{L}\left[\int_0^t\int_0^t f(t)\mathrm{d}\tau\mathrm{d}\tau\right]=\frac{1}{s^2}F(s) \tag{3.4.20}$$

$$\vdots$$

$$\mathcal{L}\left[\int_0^t\int_0^t\cdots\int_0^t f(\tau)(\mathrm{d}\tau)^n\right]=\frac{1}{s^n}F(s) \tag{3.4.21}$$

由此可知,积分的拉普拉斯变换相当于 $F(s)/s$。

(4)推移定理

$$\mathcal{L}\left[f(t-T)\right]=\mathrm{e}^{-Ts}F(s) \tag{3.4.22}$$

$$\mathcal{L}\left[\mathrm{e}^{at}f(t)\right]=F(s-a) \tag{3.4.23}$$

其中,$T(>0)$,a 为常数。观察时域函数 $f(t)$ 的信号时,可知 $f(t-T)$ 相当于 $f(t)$ 延迟了时间 T 的信号输出(图 3.4.5)。根据式(3.4.22),此信号的拉普拉斯变换等于 $F(s)$ 乘以指数函数 e^{-Ts}(参照 3.5.2 节)。

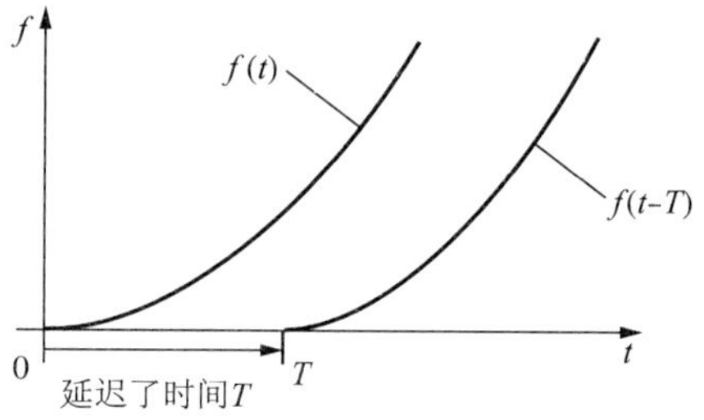

(5)卷积

下式的运算称为卷积(convolution,convolu-tion integral,也称为合成积分):

图 3.4.5 伴随时间延迟的输出信号

$$\int_0^t g(t-\tau)f(\tau)\mathrm{d}\tau=\int_0^t g(\tau)f(t-\tau)\mathrm{d}\tau \tag{3.4.24}$$

根据拉普拉斯变换,有:

$$\mathcal{L}\left[\int_0^t g(t-\tau)f(\tau)\mathrm{d}\tau\right]=\mathcal{L}\left[\int_0^t g(\tau)f(t-\tau)\mathrm{d}\tau\right]=G(s)F(s) \tag{3.4.25}$$

这一性质在利用拉普拉斯反变换解微分方程时应用(参照 3.4.3 节)。根据式(3.4.25)可知,拉普拉斯变换的乘积相当于时域中的卷积。

综上,介绍了拉普拉斯变换表及其基本性质。在电磁型电动机的例子中,根据拉普拉斯变换,把微分方程(3.3.2)用式(3.3.15)表示时,就利用了基本性质(图 3.4.6)。

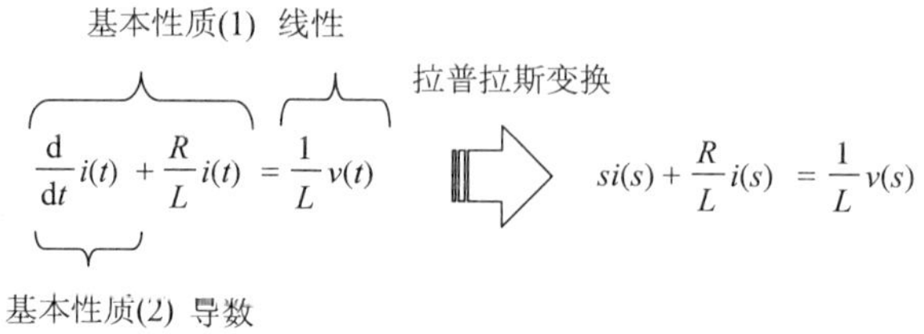

图 3.4.6 微分方程式的拉普拉斯变换

首先,对式(3.3.2)两边取拉普拉斯变换,有:

$$\mathcal{L}\left[\frac{\mathrm{d}}{\mathrm{d}t}i(t)+\frac{R}{L}i(t)\right]=\mathcal{L}\left[\frac{1}{L}v(t)\right] \tag{3.4.26}$$

然后对上式利用基本性质(1),可得:

$$\mathcal{L}\left[\frac{\mathrm{d}}{\mathrm{d}t}i(t)\right]+\frac{R}{L}\mathcal{L}\left[i(t)\right]=\frac{1}{L}\mathcal{L}\left[v(t)\right] \tag{3.4.27}$$

最后,利用基本性质(2)及初始条件 $i(0)=0$,可得式(3.3.15)。

3.4.3 拉普拉斯反变换

这里介绍拉普拉斯反变换的应用方法,它不像普拉斯变换那样直接采用定义式(3.4.2),而是利用变换表 3.4.1 和表 3.4.2 的基本性质。首先看下面的例题。

【例题 3.4.4】 拉普拉斯反变换

求下面函数的拉普拉斯反变换。

(1) $F_1(s) = \dfrac{s}{s^2 + 9}$ (2) $F_2(s) = \dfrac{3}{s^2 + 100}$ (3) $F_3(s) = \dfrac{20}{s^3}$

解:参照拉普拉斯变换表 3.4.1 及表 3.4.2 的基本性质进行解答。

(1) 根据变换表的(7)有:

$$\mathscr{L}^{-1}\big[F_1(s)\big] = \mathscr{L}^{-1}\left[\frac{s}{s^2 + 3^2}\right] = \cos(3t) \tag{3.4.28}$$

(2) 根据变换表的(6)及基本性质(1)有:

$$\mathscr{L}^{-1}\big[F_2(s)\big] = \mathscr{L}^{-1}\left[\frac{3}{10} \cdot \frac{10}{s^2 + 10^2}\right] = \frac{3}{10}\mathscr{L}^{-1}\left[\frac{10}{s^2 + 10^2}\right] = \frac{3}{10}\sin(10t) \tag{3.4.29}$$

(3) 根据变换表的(4)及基本性质(1)有:

$$\mathscr{L}^{-1}\big[F_3(s)\big] = \mathscr{L}^{-1}\left[20\,\frac{1}{s^{2+1}}\right] = 20\,\mathscr{L}^{-1}\left[\frac{1}{s^{2+1}}\right] = 20\,\frac{1}{2!}t^2 = 10t^2 \tag{3.4.30}$$

在 3.3 节的微分方程式解法中,为了从拉普拉斯变换式(3.3.16)求出式(3.3.17),应用了拉普拉斯反变换。图 3.4.7 所示为其详细求解过程。从该图可知,式(3.3.16)可表示为拉普拉斯变换 $1/(Ls + R)$ 和 $v(s)$ 的乘积,可运用表 3.4.2 的基本性质(5)卷积性质。另外,根据变换表 3.4.1 中的(5),有:

$$\mathscr{L}^{-1}\left[\frac{1}{Ls + R}\right] = \frac{1}{L}\mathrm{e}^{-\frac{R}{L}t} \tag{3.4.31}$$

利用上式,则可得微分方程式的解[式(3.3.17)]。

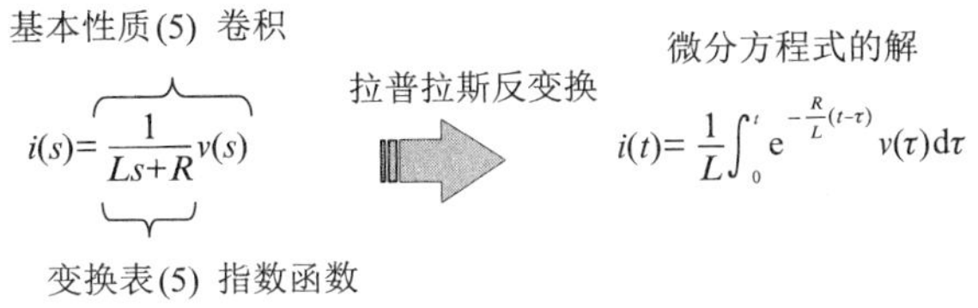

图 3.4.7 利用拉普拉斯反变换求出微分方程的解

另外,当拉普拉斯变换 $F(s)$ 表示为如下关于 s 的有理函数时:

$$F(s) = \frac{b_m s^m + b_{m-1} s^{m-1} + \cdots + b_1 s + b_0}{s^n + a_{n-1} s^{n-1} + \cdots + a_1 s + a_0}, \quad m < n \tag{3.4.32}$$

有时不能直接利用变换表,此时可按照下面步骤应用拉普拉斯反变换。

(i) 求出式(3.4.32)的拉普拉斯变换 $F(s)$ 的分母多项式

$$s^n + a_{n-1} s^{n-1} + \cdots + a_1 s + a_0 \tag{3.4.33}$$

的根,即分母多项式=0 的解。

(ii) 写出式(3.4.32)的部分分数展开式(partial fractions expansion)。

(iii) 运用变换表及基本性质,求出原时间函数 $f(t)$。

下面对于步骤(i)~(iii)的详情,按分母多项式(3.4.33)的根的不同情况加以说明。

(1) 不同的实根(全部根不相同)的情况

步骤(i) 分母多项式(3.4.33)的根标记为 $\lambda_1, \lambda_2, \cdots, \lambda_n$ 时,下式成立:

$$s^n + a_{n-1} s^{n-1} + \cdots + a_1 s + a_0 = (s - \lambda_1)(s - \lambda_2)\cdots(s - \lambda_n) \tag{3.4.34}$$

步骤(ii) 式(3.4.32)的部分分数展开式为:

$$F(s) = \frac{b_m s^m + b_{m-1} s^{m-1} + \cdots + b_1 s + b_0}{(s-\lambda_1)(s-\lambda_2)\cdots(s-\lambda_n)} = \frac{c_1}{s-\lambda_1} + \frac{c_2}{s-\lambda_2} + \cdots + \frac{c_n}{s-\lambda_n} \tag{3.4.35}$$

$$c_i = \lim_{s \to \lambda_i}[(s-\lambda_i)F(s)], \quad i = 1, 2, \cdots, n \tag{3.4.36}$$

步骤(iii) 对于式(3.4.35),利用变换表 3.4.1 中的(5),有以下拉普拉斯反变换(参照例题 3.4.5):

$$f(t) = \mathcal{L}^{-1}\left[\frac{c_1}{s-\lambda_1}\right] + \mathcal{L}^{-1}\left[\frac{c_2}{s-\lambda_2}\right] + \cdots + \mathcal{L}^{-1}\left[\frac{c_n}{s-\lambda_n}\right] = c_1 e^{\lambda_1 t} + c_2 e^{\lambda_2 t} + \cdots + c_n e^{\lambda_n t}$$

$$\tag{3.4.37}$$

(2) 有实数重根(有两个以上重复根)的情况

步骤(i) 分母多项式(3.4.33)可以表示为:

$$s^n + a_{n-1} s^{n-1} + \cdots + a_1 s + a_0 = (s-\lambda_1)^{n_1}(s-\lambda_2)^{n_2}\cdots(s-\lambda_l)^{n_l} \tag{3.4.38}$$

$$\lambda_i \neq \lambda_j, \quad i \neq j, \quad n_i \geqslant 1, \quad \sum_{i=1}^{l} n_i = n \tag{3.4.39}$$

其中,$n_1, n_2, \cdots, n_l$ 分别为 $\lambda_1, \lambda_2, \cdots, \lambda_l$ 的重根数。

步骤(ii) 此时式(3.4.32)可以写成如下的部分分数展开式:

$$F(s) = \sum_{k=1}^{n_1} \frac{c_{1k}}{(s-\lambda_1)^k} + \sum_{k=1}^{n_2} \frac{c_{2k}}{(s-\lambda_2)^k} + \cdots + \sum_{k=1}^{n_l} \frac{c_{lk}}{(s-\lambda_l)^k} \tag{3.4.40}$$

$$c_{ik} = \frac{1}{(n_i-k)!} \lim_{s \to \lambda_i}\left\{\frac{d^{n_i-k}}{ds^{n_i-k}}[(s-\lambda_i)^{n_i} F(s)]\right\}, \quad k = 1, 2, \cdots, n_i, \quad i = 1, 2, \cdots, l$$

$$\tag{3.4.41}$$

步骤(iii) 利用变换表 3.4.1 中的(5),则有(参照例题 3.4.6):

$$f(t) = \mathcal{L}^{-1}\left[\sum_{k=1}^{n_1} \frac{c_{1k}}{(s-\lambda_1)^k}\right] + \mathcal{L}^{-1}\left[\sum_{k=1}^{n_2} \frac{c_{2k}}{(s-\lambda_2)^k}\right] + \cdots + \mathcal{L}^{-1}\left[\sum_{k=1}^{n_l} \frac{c_{lk}}{(s-\lambda_l)^k}\right]$$

$$= \sum_{k=1}^{n_1} \frac{c_{1k}}{(k-1)!} t^{k-1} e^{\lambda_1 t} + \sum_{k=1}^{n_2} \frac{c_{2k}}{(k-1)!} t^{k-1} e^{\lambda_2 t} + \cdots + \sum_{k=1}^{n_l} \frac{c_{lk}}{(k-1)!} t^{k-1} e^{\lambda_l t}$$

$$\tag{3.4.42}$$

另外,当每个根的重根数为 1,即令 $n_1 = n_2 = \cdots = n_l = 1$ 时,多项式(3.4.33)有 n 个不同根,式(3.4.38)可表示成式(3.4.34)。因此,当多项式(3.4.33)无重根时,对应单根的情况(1),而部分分数展开式(3.4.40)是把(1)的情况[式(3.4.35)]变为一般情况时的形式。

(3) 复数根(根为复数)的情况

如同实根情况(1)和(2)一样展开成部分分式,取拉普拉斯反变换,可得式(3.4.42),该式中包含复数。此时,可以利用以下所述的任意方法描述为实变函数 $f(t)$。

• 欧拉公式的应用

事实上对于分母多项式(3.4.33)存在复数根 λ_{pq} 时,其共轭复数 $\bar{\lambda}_{pq}$ 也是根。由此可知,若式(3.4.42)中含复数项 $c_{pq} e^{\lambda_{pq} t}$,则同样含复数项 $\bar{c}_{pq} e^{\bar{\lambda}_{pq} t}$。当令 $c_{pq} = a_{pq} + jb_{pq}$,$\lambda_{pq} = \alpha_{pq} + j\beta_{pq}$ 时,可得:

$$c_{pq} e^{\lambda_{pq} t} + \bar{c}_{pq} e^{\bar{\lambda}_{pq} t} = 2\mathrm{Re}(c_{pq} e^{\lambda_{pq} t}) = 2\mathrm{Re}\{(a_{pq} + jb_{pq}) e^{\alpha_{pq} t}[\cos(\beta_{pq} t) + j\sin(\beta_{pq} t)]\}$$

$$= 2 e^{\alpha_{pq} t}[a_{pq}\cos(\beta_{pq} t) - b_{pq}\sin(\beta_{pq} t)] \tag{3.4.43}$$

其中,$\mathrm{Re}(x)$ 表示复数 x 的实部。另外,在式(3.4.43)的展开中利用了欧拉公式 $\mathrm{e}^{\lambda_{pq}t} = \mathrm{e}^{\alpha_{pq}t}[\cos(\beta_{pq}t)+\mathrm{j}\sin(\beta_{pq}t)]$。与此相比,式(3.4.42)表示成不含复数的实变函数(参照例题 3.4.7)。

- 拉普拉斯变换表的应用

进行步骤(ii)时,若式(3.4.42)[或者式(3.4.35)]中含有复数项,则下式成立:

$$\frac{c_{pq}}{s-\lambda_{pq}} + \frac{\bar{c}_{pq}}{s-\bar{\lambda}_{pq}} = \frac{c_{pq}(s-\bar{\lambda}_{pq}) + \bar{c}_{pq}(s-\lambda_{pq})}{(s-\lambda_{pq})(s-\bar{\lambda}_{pq})} = \frac{c_{pq}s - c_{pq}\bar{\lambda}_{pq} + \bar{c}_{pq}s - \bar{c}_{pq}\lambda_{pq}}{(s-\lambda_{pq})(s-\bar{\lambda}_{pq})}$$

$$= \frac{s(c_{pq}+\bar{c}_{pq}) - c_{pq}\bar{\lambda}_{pq} - \bar{c}_{pq}\lambda_{pq}}{(s-\lambda_{pq})(s-\bar{\lambda}_{pq})} = \frac{s(c_{pq}-\bar{c}_{pq}) - 2\mathrm{Re}(c_{pq}\bar{\lambda}_{pq})}{(s-\lambda_{pq})(s-\bar{\lambda}_{pq})}$$

$$= 2a_{pq}\frac{s-\alpha_{pq}}{(s-\alpha_{pq})^2+\beta_{pq}^2} - 2b_{pq}\frac{\beta_{pq}}{(s-\alpha_{pq})^2+\beta_{pq}^2} \tag{3.4.44}$$

对于上式,分别应用拉普拉斯变换表 3.4.1 中的(8)和(9),可以把拉普拉斯反变换 $f(t)$ 表示为实变函数(参照例题 3.4.7)。

【例题 3.4.5】 具有实数单根的函数的拉普拉斯反变换

求如下函数的拉普拉斯反变换:

$$F(s) = \frac{s+7}{s^2+3s+2}$$

解:

$$F(s) = \frac{s+7}{(s+2)(s+1)} \tag{3.4.45}$$

从上式可知,其根为互不相同的,因此根据步骤(ii),有:

$$c_1 = \lim_{s\to-2}\left[(s+2)\frac{s+7}{(s+2)(s+1)}\right] = -5, \quad c_2 = \lim_{s\to-1}\left[(s+1)\frac{s+7}{(s+2)(s+1)}\right] = 6 \tag{3.4.46}$$

因此,拉普拉斯反变换为:

$$\mathcal{L}^{-1}\left[\frac{s+7}{s^2+3s+2}\right] = \mathcal{L}^{-1}\left[\frac{-5}{s+2}+\frac{6}{s+1}\right] = -5\mathrm{e}^{-2t} + 6\mathrm{e}^{-t} \tag{3.4.47}$$

【例题 3.4.6】 具有实数重根的传递函数的拉普拉斯反变换

求如下函数的拉普拉斯反变换:

$$(1)\ F_1(s) = \frac{1}{(s+3)^2(s+2)} \qquad (2)\ F_2(s) = \frac{1}{(s+1)^2(s-2)^2}$$

解:

(1) 因为具有 $s=-3$ 的重根,所以有:

$$c_{11} = \frac{1}{(2-1)!}\lim_{s\to-3}\left\{\frac{\mathrm{d}^{2-1}}{\mathrm{d}s^{2-1}}\left[(s+3)^2\frac{1}{(s+3)^2(s+2)}\right]\right\}$$

$$= \lim_{s\to-3}\left[\frac{-1}{(s+2)^2}\right] = -1 \tag{3.4.48}$$

$$c_{12} = \frac{1}{(2-2)!}\lim_{s\to-3}\left[(s+3)^2\frac{1}{(s+3)^2(s+2)}\right] = -1 \left.\vphantom{\frac{1}{1}}\right\}$$

$$c_{21} = \lim_{s\to-2}\left[(s+2)\frac{1}{(s+3)^2(s+2)}\right] = 1 \tag{3.4.49}$$

根据以上两式,得拉普拉斯反变换为:

$$\mathcal{L}^{-1}\left[\frac{1}{(s+3)^2(s+2)}\right]=\mathcal{L}^{-1}\left[-\frac{1}{s+3}-\frac{1}{(s+3)^2}+\frac{1}{s+2}\right]=-e^{-3t}-te^{-3t}+e^{-2t}$$

$$(3.4.50)$$

(2) 因为分别具有 $s=-1$ 及 $s=2$ 的重根,则有:

$$c_{11}=\frac{1}{(2-1)!}\lim_{s\to-1}\left\{\frac{d^{2-1}}{ds^{2-1}}\left[(s+1)^2\frac{1}{(s+1)^2(s-2)^2}\right]\right\}$$

$$=\lim_{s\to-1}\left[\frac{-2(s-2)}{(s-2)^4}\right]=\frac{2}{27} \tag{3.4.51}$$

$$c_{12}=\frac{1}{(2-2)!}\lim_{s\to-1}\left[(s+1)^2\frac{1}{(s+1)^2(s-2)^2}\right]=\frac{1}{9} \tag{3.4.52}$$

$$c_{21}=\frac{1}{(2-1)!}\lim_{s\to2}\left\{\frac{d^{2-1}}{ds^{2-1}}\left[(s-2)^2\frac{1}{(s+1)^2(s-2)^2}\right]\right\}$$

$$=\lim_{s\to2}\left[\frac{-2(s+1)}{(s+1)^4}\right]=-\frac{2}{27} \tag{3.4.53}$$

$$c_{22}=\frac{1}{(2-2)!}\lim_{s\to2}\left[(s-2)^2\frac{1}{(s+1)^2(s-2)^2}\right]=\frac{1}{9} \tag{3.4.54}$$

根据上述四式,得拉普拉斯反变换为:

$$\mathcal{L}^{-1}\left[\frac{1}{(s+1)^2(s-2)^2}\right]=\mathcal{L}^{-1}\left[\frac{2}{27}\frac{1}{(s+1)}+\frac{1}{9}\frac{1}{(s+1)^2}-\frac{2}{27}\frac{1}{(s-2)}+\frac{1}{9}\frac{1}{(s-2)^2}\right]$$

$$=\frac{2}{27}e^{-t}+\frac{1}{9}te^{-t}-\frac{2}{27}e^{2t}+\frac{1}{9}te^{2t} \tag{3.4.55}$$

【例题 3.4.7】 具有复数的函数的拉普拉斯反变换

求如下函数的拉普拉斯反变换:

$$F(s)=\frac{2}{s^2+6s+10}$$

解:
$$F(s)=\frac{2}{(s+3-j)(s+3+j)} \tag{3.4.56}$$

根据上式有:

$$c_{11}=\lim_{s\to-3+j}\left[(s+3-j)\frac{2}{(s+3-j)(s+3+j)}\right]=-j \tag{3.4.57}$$

$$c_{21}=\lim_{s\to-3-j}\left[(s+3+j)\frac{2}{(s+3-j)(s+3+j)}\right]=j \tag{3.4.58}$$

因此,有:

$$\mathcal{L}^{-1}\left[\frac{2}{s^2+6s+10}\right]=\mathcal{L}^{-1}\left[-j\frac{1}{s+3-j}+j\frac{1}{s+3+j}\right]=-je^{-(3-j)t}+je^{-(3+j)t}$$

$$=2\text{Re}[-je^{-(3-j)t}]=2e^{-3t}\sin t \tag{3.4.59}$$

另解:

根据拉普拉斯变换表 3.4.1 中的(8),有:

$$\mathcal{L}^{-1}\left[\frac{2}{s^2+6s+10}\right]=2\mathcal{L}^{-1}\left[\frac{1}{(s+3)^2+1}\right]=2e^{-3t}\sin t \tag{3.4.60}$$

3.4.4 初值和终值

在电磁型电动机的例子(参照 3.3 节)中,一方面,利用拉普拉斯反变换,可以求出电路方程式(3.3.2)的解,即电动机电路的输出电流;另一方面,不进行拉普拉斯反变换,可以求出输出状态(初值和稳态值)。

首先,关于初值,根据时域函数 $f(t)$ 及其拉普拉斯变换 $F(s)$ 可知下式成立:

$$f(0) = \lim_{s \to \infty} sF(s) \tag{3.4.61}$$

上式称为初值定理(initial value theorem)。在此,$f(0)$ 为 $t=0$ 时的右极限,即 $f(0) \equiv \lim_{\varepsilon \to +0} f(\varepsilon)$,是使一个大于零的 ε 无限趋近零时的极限。

例如,以 $v(t)$ 作为回路方程式(3.3.2)的输入电压,并考虑施加阶跃信号为:

$$v(t) = \begin{cases} 0 & (t < 0) \\ 1 & (t \geqslant 0) \end{cases} \tag{3.4.62}$$

的情况。此时,根据变换表 3.4.1 中的(2),式(3.3.16)可写成:

$$i(s) = \frac{1}{Ls + R} \frac{1}{s} \tag{3.4.63}$$

根据初值定理式(3.4.61),其初值为:

$$i(0) = \lim_{s \to \infty} si(s) = \lim_{s \to \infty} s \frac{1}{Ls + R} \frac{1}{s} = 0 \tag{3.4.64}$$

与初值条件 $i(0) = 0$ 相一致(图 3.4.8)。

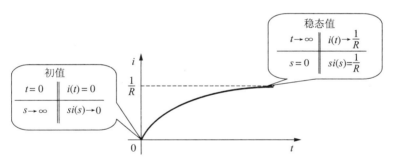

图 3.4.8 初值定理及终值定理

其次,对于稳态值来说,应用终值定理(final value theorem):

$$\lim_{t \to \infty} f(t) = \lim_{s \to 0} sF(s) \tag{3.4.65}$$

此时假定 $sF(s)$ 为稳定的[即 $sF(s)$ 的分母多项式的根的实部全部为负数(参照 6.1 节)]。根据本定理,输出电流 $i(t)$ 的稳态值为:

$$\lim_{t \to \infty} i(t) = \lim_{s \to 0} si(s) = \lim_{s \to 0} \frac{1}{Ls + R} = \frac{1}{R} \tag{3.4.66}$$

当输入信号为式(3.4.62)时,根据式(3.3.14),输出 $i(t)$ 为:

$$i(t) = \frac{1}{L} \int_0^t e^{-\frac{R}{L}(t-\tau)} d\tau = \frac{e^{-\frac{R}{L}t}}{L} \left[\frac{L}{R} e^{\frac{R}{L}\tau} \right]_0^t = \frac{1}{R}(1 - e^{-\frac{R}{L}t}) \tag{3.4.67}$$

其稳态值为:

$$\lim_{t \to \infty} i(t) = \frac{1}{R} \tag{3.4.68}$$

即与式(3.4.66)相一致(在图 3.4.8 中有标记)。

另外,如同前述,应用终值定理时,$sF(s)$ 必须稳定。在下面的例题中将确认这一点。

【例题 3.4.8】 终值定理的适用条件

已知输出信号 y_1, y_2 的拉普拉斯变换为:

$$y_1(s) = \frac{1}{s^2 + 4} \tag{3.4.69}$$

$$y_2(s) = \frac{1}{100(s-1)} \tag{3.4.70}$$

试求其稳态值。

错解:

$$\lim_{s \to 0} s y_1(s) = \lim_{s \to 0} \frac{s}{s^2 + 4} = 0 \tag{3.4.71}$$

$$\lim_{s \to 0} s y_2(s) = \lim_{s \to 0} \frac{s}{100(s-1)} = 0 \tag{3.4.72}$$

即根据终值定理[式(3.4.65)],稳态值均为零。

上述方法乍一看正确,但实际上式(3.4.69)和式(3.4.70)的拉普拉斯反变换分别为:

$$y_1(t) = \frac{1}{2}\sin(2t) \tag{3.4.73}$$

$$y_2(t) = \frac{1}{100}e^t \tag{3.4.74}$$

且 $y_1(t), y_2(t)$ 的极限不收敛于某一定值。从图 3.4.9 也可知,不存在 $y_1(t), y_2(t)$ 的稳态值,与式(3.4.71)式(3.4.72)的结果相矛盾。

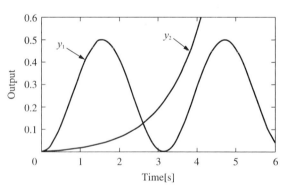

图 3.4.9 不适用终值定理的例子

严格来说,终值定理[式(3.4.65)]要求 $sF(s)$ 为正则,此时系统才是稳定的,即对于 $sF(s)$ 的分母多项式的全部根而言,其实部均为负数的场合才能适用终值定理。

为了证明上述内容,求取 $sy_1(s), sy_2(s)$ 的分母多项式的根 λ_1, λ_2,根据式(3.4.69)和式(3.4.70),有:

$$\lambda_1^2 + 4 = 0 \quad \rightarrow \quad \lambda_1 = \pm 2\mathrm{j} \tag{3.4.75}$$

$$\lambda_2 - 1 = 0 \quad \rightarrow \quad \lambda_2 = 1 \tag{3.4.76}$$

显然,终值定理不适用。

【注意】 根据物理现象确定初值和终值

到此为止,介绍了利用控制理论知识来判断系统的行为,但实际上根据对象的物理特征也容易判断。作为例子,考虑如图 3.4.10 所示的 RC 串联电路,其中 $e_{in}(t)$ 和 $e_{out}(t)$ 分别为电路的输入、输出电压。在此,求作为输入给系统施加幅值为 E 的阶跃信号 $Eu_s(t)$ 时 $e_{out}(t)$ 的初值和稳态值。

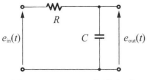

图 3.4.10 RC 串联电路

运用本节中所学的初值定理和终值定理,则电路方程为:

$$C \frac{\mathrm{d}}{\mathrm{d}t} e_{out}(t) = \frac{e_{in}(t) - e_{out}(t)}{R} \tag{3.4.77}$$

对上式取拉普拉斯变换,则有:

$$e_{out}(s) = \frac{1}{RCs + 1} e_{in}(s) \tag{3.4.78}$$

如表 3.4.3 所示,运用定理求解时,一方面,其初值 $e_{out}(0) = 0$,稳态值 $e_{out}(\infty) = E$;另一方面,在突加阶跃信号的瞬间,电容器相当于短路,初始电压为零。另外,经过充分的时间,电容器的充电结束,电流等于零。也就是说,相当于电容器开路,输出电压为 E。

表 3.4.3 初值和终值

初值 $e_{out}(0)$	稳态值 $e_{out}(\infty)$
初值定理	终值定理
$\lim\limits_{s \to \infty} s e_{out}(s) = \lim\limits_{s \to \infty} s \dfrac{1}{RCs+1} \dfrac{E}{s} = 0$	$\lim\limits_{s \to 0} s e_{out}(s) = \lim\limits_{s \to 0} s \dfrac{1}{RCs+1} \dfrac{E}{s} = E$

3.5 >> 基于传递函数的建模

在 3.2 节中,用微分方程式描述了控制系统的性能。另外,在动态方框图中,用传递函数的数学模型来表示控制系统性能,并运用了拉普拉斯变换(图 3.5.1)。在此,以 2.6.1 小节电磁型电动机为例,叙述传递函数的推导过程及其典型举例。

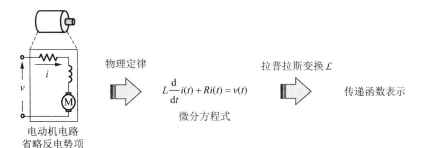

图 3.5.1 传递函数表示的流程

3.5.1 传递函数的推导及方框图

回顾电磁型电动机的例子,通过拉普拉斯变换把微分方程式(3.3.1)表示成式(3.3.15)。此时,运用表 3.4.2 中的基本性质(1)和(2)的详情在 3.4.2 节中有叙述。在此,变换式(3.3.15)的形式:

$$\frac{i(s)}{v(s)} = \frac{1}{Ls + R} \tag{3.5.1}$$

设电压 v、电流 i 分别为电动机电路的输入和输出,式(3.5.1)中的 $1/(Ls+R)$ 相当于从 v 到 i 的传递函数(transfer function)。所谓传递函数,是指在系统的初值全部为零的状态下,拉普拉斯变换后的输出和输入之比 $i(s)/v(s)$。

对前述的定义进行标准化,则对于输入为 u、输出为 y 的线性定常系统,其数学模型为线性定常微分方程:

$$\frac{\mathrm{d}^n}{\mathrm{d}t^n}y(t) + a_{n-1}\frac{\mathrm{d}^{n-1}}{\mathrm{d}t^{n-1}}y(t) + \cdots + a_1\frac{\mathrm{d}}{\mathrm{d}t}y(t) + a_0y(t)$$

$$= b_m\frac{\mathrm{d}^m}{\mathrm{d}t^m}u(t) + b_{m-1}\frac{\mathrm{d}^{m-1}}{\mathrm{d}t^{m-1}}u(t) + \cdots + b_1\frac{\mathrm{d}}{\mathrm{d}t}u(t) + b_0u(t) \tag{3.5.2}$$

对于式(3.5.2),令初值为 $\mathrm{d}^{n-1}y(0)/\mathrm{d}t^{n-1} = \mathrm{d}^{n-2}y(0)/\mathrm{d}t^{n-2} = \cdots = y(0) = 0$,进行拉普拉斯变换,则有:

$$s^n y(s) + a_{n-1}s^{n-1}y(s) + \cdots + a_1sy(s) + a_0y(s)$$

$$= b_ms^mu(s) + b_{m-1}s^{m-1}u(s) + \cdots + b_1su(s) + b_0u(s) \tag{3.5.3}$$

整理式(3.5.3),则传递函数 $G(s)$ 为:

$$G(s) = \frac{y(s)}{u(s)} = \frac{b_ms^m + b_{m-1}s^{m-1} + \cdots + b_1s + b_0}{s^n + a_{n-1}s^{n-1} + \cdots + a_1s + a_0} \tag{3.5.4}$$

式(3.5.4)的分母多项式的根为:

$$s^n + a_{n-1}s^{n-1} + \cdots + a_1s + a_0 = 0 \tag{3.5.5}$$

上式的解称为系统的极点(pole)。

式(3.5.4)的分子多项式的根为:

$$b_ms^m + b_{m-1}s^{m-1} + \cdots + b_1s + b_0 = 0 \tag{3.5.6}$$

上式的解称为系统的零点(zero)。

式(3.5.5)称为系统的特征方程式(characteristic equation),该式左边 $s^n + a_{n-1}s^{n-1} + \cdots + a_1s + a_0$[传递函数(3.5.4)的分母多项式]称为特征多项式(characteristic polynomial)。

再次回顾电磁型电动机的例子,输入电压 v 到输出电流 i 之间的传递函数可用式(3.5.1)来表示。另外,在图 3.1.1 的动态方框图中标记了同传递函数完全相同的数学式子,即通过推导可以将传递函数用动态方框图表示。表 3.5.1 所示为传递函数与方框图之间的对应关系。

表 3.5.1　基于动态方框图的图形表示

传递函数	动态方框图
$\dfrac{i(s)}{v(s)} = \dfrac{1}{Ls+R}$	$v(s) \longrightarrow \boxed{\dfrac{1}{Ls+R}} \longrightarrow i(s)$

【例题 3.5.1】 传递函数的推导

试求出例题 3.2.2 所示的质量块-弹簧-阻尼器系统中,外力 u 和位移 x 之间的传递函数 $G(s)$,并绘制动态方框图。另外,求出当 $m=1,c=3,k=2$ 时的 $G(s)$ 的极点及零点。

解:对式(3.2.2)取拉普拉斯变换,则有:

$$ms^2 x(s) + cs x(s) + k x(s) = u(s) \qquad (3.5.7)$$

设 $x(t)$ 的初值为 $x(0)=\mathrm{d}x(0)/\mathrm{d}t=0$,并整理上式,则可得:

$$\frac{x(s)}{u(s)} = \frac{1}{ms^2 + cs + k} \qquad (3.5.8)$$

因此,传递函数为:

$$G(s) = \frac{1}{ms^2 + cs + k} \qquad (3.5.9)$$

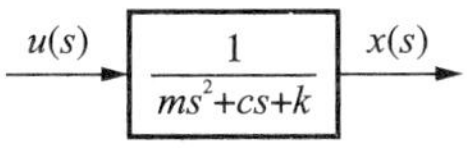

图 3.5.2 所示为此时的方框图。

$$u(s) \rightarrow \boxed{\dfrac{1}{ms^2+cs+k}} \rightarrow x(s)$$

图 3.5.2 方框图

另外,当 $m=1,c=3,k=2$ 时,有:

$$ms^2 + cs + k = s^2 + 3s + 2 = 0 \iff (s+1)(s+2) = 0 \iff s = -1, -2$$
$$(3.5.10)$$

根据定义,极点为 $-1,-2$。因为 $G(s)$ 的分子为 1,没有满足式(3.5.6)的根,故没有零点。

3.5.2 典型环节的传递函数

在此,以表 3.5.2 所列典型传递函数为例加以说明。

表 3.5.2 传递函数的例子

环节名称	传递函数(复数域)	时 域
(1) 比例环节	$u(s) \rightarrow \boxed{K} \rightarrow y(s)$	$y(t) = Ku(t)$ ＊K 为常数
(2) 微分环节	$\rightarrow \boxed{s} \rightarrow$	$y(t) = \dfrac{\mathrm{d}}{\mathrm{d}t}u(t)$
(3) 积分环节	$\rightarrow \boxed{\dfrac{1}{s}} \rightarrow$	$y(t) = \displaystyle\int_0^t u(\tau)\mathrm{d}\tau$
(4) 一阶惯性环节	$\rightarrow \boxed{\dfrac{K}{Ts+1}} \rightarrow$	$T\dfrac{\mathrm{d}}{\mathrm{d}t}y(t) + y(t) = Ku(t)$ ＊T,K 为常数
(5) 二次振荡环节	$\rightarrow \boxed{\dfrac{K\omega_n^2}{s^2+2\zeta\omega_n s+\omega_n^2}} \rightarrow$	$\dfrac{\mathrm{d}^2}{\mathrm{d}t^2}y(t) + 2\zeta\omega_n\dfrac{\mathrm{d}}{\mathrm{d}t}y(t) + \omega_n^2 y(t) = \omega_n^2 Ku(t)$ ＊ζ,ω_n,K 为常数
(6) 延迟环节	$\rightarrow \boxed{e^{-Ts}} \rightarrow$	$y(t) = u(t-T)$ ＊$T(>0)$ 为常数

(1) 比例环节

传递函数表示为:

$$G(s) = K \tag{3.5.11}$$

输入信号为 $u(s)$ 时,输出信号为 $y(s) = Ku(s)$。其中,常数 K 称为比例放大系数(gain,或增益)。从时域角度来说,对应于表 3.4.2 中的基本性质(1),相当于输出为输入 $u(t)$ 的 K 倍。

(2)微分环节

传递函数为:

$$G(s) = s \tag{3.5.12}$$

输入信号为 $u(s)$ 时,输出信号为 $y(s) = su(s)$。从时域角度来说,可根据表 3.4.2 中的基本性质(2),进行输入信号 $u(t)$ 的微分运算。

(3)积分环节

传递函数为:

$$G(s) = \frac{1}{s} \tag{3.5.13}$$

输入信号为 $u(s)$ 时,输出信号为 $y(s) = u(s)/s$。根据表 3.4.2 中的基本性质(3)可知,在时域中相当于对输入信号 $u(t)$ 的积分运算。另外,在 2.1 节的基于 PID 的温度控制功能中,实际安装了比例-微分-积分环节的运算器,其运算结果决定加热器的加热量。

(4)一阶惯性环节:

传递函数为

$$G(s) = \frac{K}{Ts+1} \tag{3.5.14}$$

的环节,称为一阶惯性环节,对应的系统称为一阶惯性系统(first order lag system)。其中,T 称为惯性时间常数(time constant)。

例如,图 2.3.4(c)的电流驱动装置的传递函数为:

$$G(s) = \frac{k_i}{T_d s + 1} \tag{3.5.15}$$

与一阶惯性环节的一般表达式(3.5.14)完全相同。又如,考虑例题 3.2.1 的 RL 串联电路,对其数学模型[式(3.2.1)]取拉普拉斯变换,有:

$$sLi(s) + Ri(s) = v(s) \tag{3.5.16}$$

令电阻 R 的电压降为 $v_R(t) \equiv Ri(t)$,取拉普拉斯变换可得:

$$v_R(s) = Ri(s) \tag{3.5.17}$$

根据式(3.5.16)和式(3.5.17)消去中间变量 $i(s)$ 并整理,可得电压 $v(s)$ 与 $v_R(s)$ 之间的传递函数为:

$$\frac{v_R(s)}{v(s)} = \frac{1}{\dfrac{L}{R}s + 1} \tag{3.5.18}$$

令 $K=1, T=L/R$,则 RL 串联电路也可用一阶惯性环节的式(3.5.14)表述。

(5)二次振荡环节

传递函数为:

$$G(s) = \frac{K\omega_n^2}{s^2 + 2\zeta\omega_n s + \omega_n^2} \tag{3.5.19}$$

的环节,称为二次振荡环节,对应的系统称为二次振荡系统(second order lag system)。ω_n 称为自然振荡角频率[natural angular frequency,单位为 rad/s。若单位用 Hz 表示,则称为固有频率(natural frequency)或固有振荡数];ζ 称为衰减系数(damping factor)或衰减比(damping ratio,有时称为阻尼比)。

对例题 3.2.2 的质量块-弹簧-阻尼器系统的传递函数式(3.5.8),可改写为如下形式:

$$\frac{x(s)}{u(s)} = \frac{\dfrac{1}{m}}{s^2 + \dfrac{c}{m}s + \dfrac{k}{m}} = \frac{\dfrac{1}{k}\left(\sqrt{\dfrac{k}{m}}\right)^2}{s^2 + 2 \cdot \left(\dfrac{c}{2\sqrt{mk}}\right)\left(\sqrt{\dfrac{k}{m}}\right)s + \left(\sqrt{\dfrac{k}{m}}\right)^2} \tag{3.5.20}$$

若令 $K = 1/k$,$\omega_n = \sqrt{k/m}$,$\zeta = c/(2\sqrt{mk})$,则与二次振荡系统的一般表达式(3.5.19)完全一致。

(6) 延迟环节

传递函数为:

$$G(s) = e^{-Ts} \tag{3.5.21}$$

的环节,称为延迟环节或纯滞后环节。其中 $T(>0)$ 称为延迟时间常数(time delay,dead time)。根据表 3.4.2 中的基本性质(4)可知,在时域中把输入 $u(t)$ 延迟 T 后,所输出的信号为 $u(t-T)$。

3.6 » 动态方框图

在 3.5.1 节介绍了用单个方框图描述系统的方法。但是,如第 2 章所介绍的实际控制系统,多数情况下系统被表示成以被控对象、驱动机构、滤波器等多个环节组成的形式。本节中将介绍这种基于方框图的系统表示方法。

下面以图 2.6.11 所示的压电陶瓷马达控制系统为例进行介绍。此控制系统由控制器 $C_1(s)$ 及被控对象 $P(s)$ 两个环节组成,同时为了实现反馈控制,利用了方框、信号的综合点(summing junction,summing point)、信号的引出点(takeoff point)(参照图 3.6.1)等。

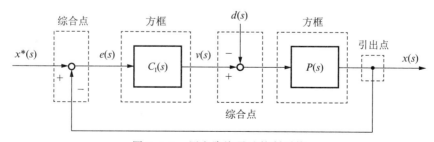

图 3.6.1 压电陶瓷马达控制系统

由表 3.6.1 可知,用方框图表示系统的输入、输出关系时,方框图由标记传递函数 $G(s)$ 的方框与表示输入、输出信号的拉普拉斯变换 $x(s)$ 和 $y(s)$ 的箭头等组成。另外,有时省略表示传递函数 $G(s)$ 及输入 $x(s)$ 和输出 $y(s)$ 中的 s,分别标记为 G,x,y。

表 3.6.1　动态方框图符号

名　称	方　框	综合点	引出点
标　记	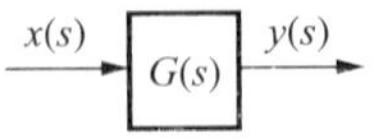 $\xrightarrow{x(s)}\boxed{G(s)}\xrightarrow{y(s)}$	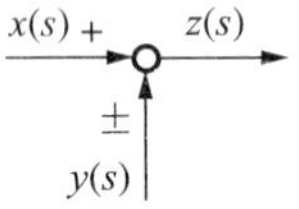 $x(s)+\ \bigcirc\ z(s)$　$\pm$　$y(s)$	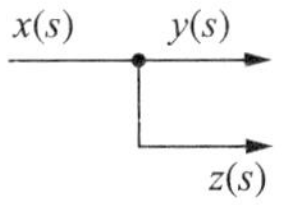 $x(s)\quad y(s)$　$z(s)$
表　示	$y(s)=G(s)x(s)$	$z(s)=x(s)\pm y(s)$	$z(s)=y(s)=x(s)$

【注意】　输入及输出

有时有意地把控制量和被控量简单地表示为输入及输出,但有可能引起误解。明确叙述的话,在图 3.6.2 中控制量 u 及被控量 y 分别为被控对象 P 的输入及输出。但是对于控制器 C 而言,偏差 e 为输入,控制量 u 为输出。因此,表述为输入、输出时,有必要明确是对应哪个方框的输入或输出。

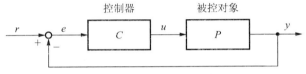

图 3.6.2　反馈控制系统

表 3.6.1 的综合点意味着信号 x 和 y 的加法运算($z=x+y$)或减法运算($z=x-y$)。例如,图 3.6.1 的偏差($x^{*}-x$)表示运用了综合点的减法运算。

引出点指的是信号 x 的分岔点,分岔前后信号的大小没有变化,即 $x=y=z$。另外,虽不是正式的标记方法,但如图 3.6.3 所示,若在信号线的交叉点不标记"·",则通常不被认为是分岔点,信号 x,y 为各自不同的信号,可以想象为电气线路图中配线相互交错而过,没有互相连在一起的情况。

x,y 为不同的信号

图 3.6.3　不是引出点的例子

【注意】　单位换算

在图 3.6.1 所示的控制系统中,求算偏差时,使被控量 x 的值反馈到输入端,与目标值 x^{*} 进行了减法运算($x^{*}-x$)。此时,要保证在方框图的综合点处参与运算的两个信号的单位一致。下面以图 3.6.4(a)所示的空压式除振装置为例进行讨论。

图 3.6.4 所示的是一个内部搭载了空气弹簧,通过控制器输出的电压值实现伺服阀的开闭以调节对弹簧的空气供给量,以便保持弹簧内的气压恒定,抑制弹簧的恢复力以获取除尘效果的装置。空气压缩器部分中,所注入的压力 $p[\mathrm{Pa}]$ 被反馈且与 $G_{q}w[\mathrm{m}^{3}/\mathrm{s}]$ 进行偏差计算。此时,考虑流导 $c[\mathrm{m}^{3}/(\mathrm{s}\cdot\mathrm{Pa})]$,在反馈环里追加流导框,则变为 $cp[\mathrm{m}^{3}/\mathrm{s}]$,同 $G_{q}w$ 的单位一致。对于 $A_{0}\dot{x}[\mathrm{m}^{3}/\mathrm{s}]$ 也是相同的。

上述为基于方框图的表示方法,但当系统规模变大时,因方框数目增大,控制系统结构变得复杂、不明了。因此,为了进行容易让人识读的设计,需要进行方框图化简。比如,将图 2.6.3(b)的电流控制部分改写为图 2.6.4 所示的单一方框图。在保持控制系统性质不变的基础上改变方框图的形状,称为方框图等效变换。变换时,需要求出与具有多个方框的复杂系统等效的传递函数(图 2.6.4 为 $1/[F_{c}(T_{c}s+1)]$),其典型方法有代数法和等效变换法。

（1）代数法

在本方法中,先定义各方框的输入、输出变量,求出各变量相关的联立方程的解,以便求出等效变换后的传递函数。下面用例子加以说明。

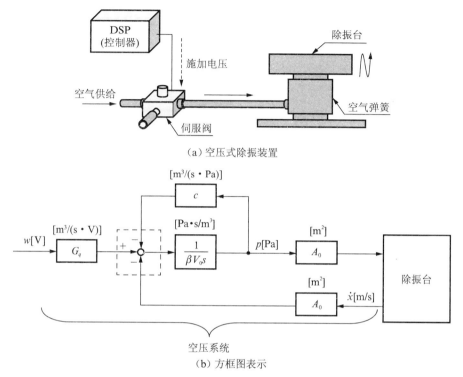

（a）空压式除振装置

（b）方框图表示

图 3.6.4　除尘装置的空压系统模型

$w[V]$—伺服阀的输入电压;$p[Pa]$—压力;$G_q[m^3/(s \cdot V)]$—阀门的流量增益;$\beta[1/Pa]$—压缩率;

$V_0[m^3]$—空气弹簧容量;$c[m^3/(s \cdot Pa)]$—流导;$A_0[m^2]$—有效受压面积;$\dot{x}[m/s]$—除振台与机体振荡的相对速度

【例题 3.6.1】　基于代数法的等效变换

把图 2.6.3 所示的电流控制部分等效变换成图 2.6.4 的方框图。其中,忽略反电势项 $-K_e\omega$。

解:如图 3.6.5 所示,分配各方框的输入、输出变量。

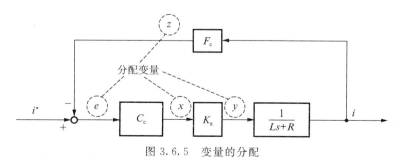

图 3.6.5　变量的分配

此时,以下式子成立:

$$e = i^* - z \tag{3.6.1}$$

$$x = C_c e \tag{3.6.2}$$

$$y = K_a x \tag{3.6.3}$$

$$i = \frac{1}{Ls + R} y \tag{3.6.4}$$

$$z = F_c i \tag{3.6.5}$$

为了求取 i^* 到 i 之间的传递函数,根据上式消去其他变量 e, x, y, z。首先根据式 $(3.6.2) \sim$ 式 $(3.6.4)$,有:

$$i = \frac{1}{Ls + R} K_a C_c e \tag{3.6.6}$$

根据式 $(3.6.1)$、式 $(3.6.5)$、式 $(3.6.6)$,有:

$$\frac{i}{i^*} = \frac{\dfrac{C_c K_a}{Ls + R}}{1 + \dfrac{C_c K_a F_c}{Ls + R}} \tag{3.6.7}$$

在式 $(2.6.8)$ 中,置换 C_c 并整理后可得等效变换后的传递函数为:

$$\frac{i}{i^*} = \frac{\dfrac{(T_{c2}s + 1)K_a}{Ls + R}}{T_{c1}s + \dfrac{(T_{c2}s + 1)K_a F_c}{Ls + R}} \tag{3.6.8}$$

根据 $T_{c2} = L/R$,$T_c = RT_{c1}/(K_a F_c)$ 可知,上式与式 $(2.6.10)$ 一致,用方框图表示则对应图 $2.6.4$ 的电流控制部分。

【注意】 等效传递函数的推导

这里强调推导等效变换后的传递函数过程中需要注意的事项。以图 $3.6.6$ 所示的反馈控制系统为例进行讨论。

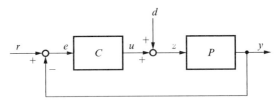

图 3.6.6　反馈系统

利用前述的代数法时,根据 $e = r - y$,$u = Ce$,$z = d + u$,$y = Pz$,有:

$$y = \frac{CP}{1 + PC} r + \frac{P}{1 + PC} d, \quad e = \frac{1}{1 + PC} r + \frac{-P}{1 + PC} d \tag{3.6.9}$$

这里应注意的是,因为有目标值 r 及扰动 d 两种外输入信号,所以传递函数也有多个。根据图 $3.6.6$ 所示,有 r 与被控量 y 之间的传递函数 G_{yr},以及 d 和 y 之间的传递函数 G_{yd}。另外,考虑控制系统内部的信号,有 r, d 与内部信号 e 之间的传递函数 G_{er},G_{ed} 等。

由于传递函数表示系统的输入、输出关系,根据式 $(3.6.9)$,G_{yr} 为除去扰动项(右边第 2 项)后的 $CP/(1 + PC)$,而 G_{yd} 为除去右边第 1 项后的 $P/(1 + PC)$,即可表示为 $y = G_{yr}r + G_{yd}d$。同理,$G_{er} = 1/(1 + PC)$,$G_{ed} = -P/(1 + PC)$。此时,各传递函数的分母均为 $1 +$

PC,这是由闭环系统具有的性质决定的。

（2）等效变换法

表 3.6.2 所示为典型等效变换表。

表 3.6.2 动态方框图的等效变换

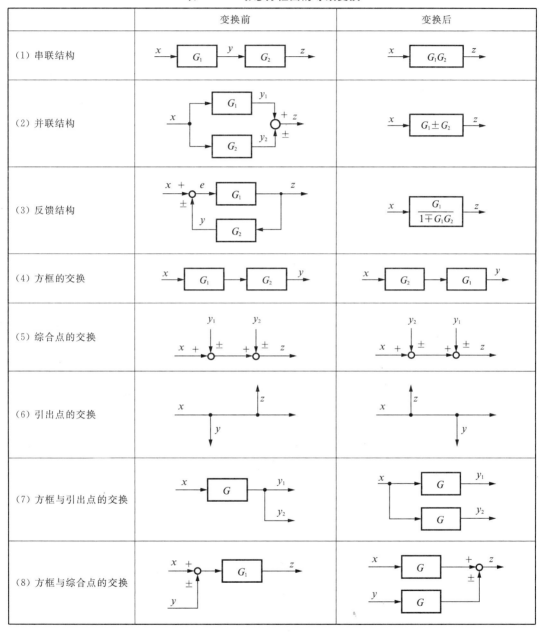

	变换前	变换后
（1）串联结构		
（2）并联结构		
（3）反馈结构		
（4）方框的交换		
（5）综合点的交换		
（6）引出点的交换		
（7）方框与引出点的交换		
（8）方框与综合点的交换		

① 串联结构(series connection 或 cascade connection 或 cascade form)。

根据等效变换表 3.6.2 中的(1),有:

$$y = G_1 x \qquad (3.6.10)$$

$$z = G_2 y \qquad (3.6.11)$$

根据式(3.6.10)和式(3.6.11)消去 y,则有 $z = G_2 G_1 x$。因此,等效变换后的 x 与 z 的

传递函数为 G_2G_1。另外,根据变换表 3.6.2 中的(4),有 $G_2G_1=G_1G_2$ 成立。

② 并联结构(parallel connection 或 parallel form)。

根据表 3.6.2 中的(2),有:

$$y_1=G_1x \tag{3.6.12}$$

$$y_2=G_2x \tag{3.6.13}$$

$$z=y_1\pm y_2 \tag{3.6.14}$$

根据式(3.6.12)~式(3.6.14),有:

$$z=(G_1\pm G_2)x \tag{3.6.15}$$

即变换后的传递函数为 $G_1\pm G_2$。

③ 反馈结构(feedback connection 或 feedback form)。

根据表 3.6.2 中的(3),有:

$$e=x\pm y \tag{3.6.16}$$

$$z=G_1e \tag{3.6.17}$$

$$y=G_2z \tag{3.6.18}$$

式(3.6.16)两边乘以 G_1,根据式(3.6.17)消去 e,则有:

$$z=G_1x\pm G_1y \tag{3.6.19}$$

把式(3.6.18)代入式(3.6.19),消去 y,则有:

$$z=G_1x\pm G_1G_2z \quad \rightarrow \quad z=\frac{G_1}{1\mp G_1G_2}x \tag{3.6.20}$$

因此,变换后的传递函数为 $G_1/(1\mp G_1G_2)$,称为闭环传递函数(closed loop transfer function)。

另外,图 3.6.7 所示的沿反馈回环一周的传递函数 G_1G_2 称为闭环系统的开环传递函数(loop transfer function 或 open loop transfer function)。当 $G_2=1$ 时,称为直接反馈系统(unity feedback system,或单位反馈系统)。

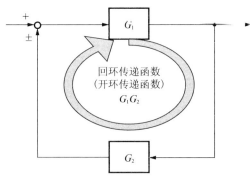

图 3.6.7　开环传递函数

【例题 3.6.2】　应用变换表的等效变换

利用变换表 3.6.2 将例题 3.6.1 的动态方框图等效变换为单一的。

解:首先根据表 3.6.2 中的(1)(串联结构),把图 3.6.8(a)转换成图 3.6.8(b)的方框图。接着利用等效变换表中的(3)(反馈结构),把图 3.6.8(b)转换成图 3.6.8(c),可获得等效变换后的传递函数[式(3.6.7)]。以下步骤与例题 3.6.1 的步骤相同。

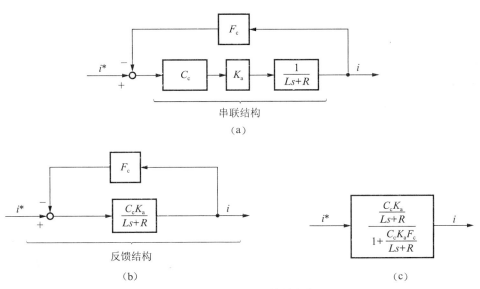

串联结构

(a)

反馈结构

(b)

(c)

图 3.6.8 方框图的等效变换

【**习题 3.1**】 对于习题图 3.1 所示的相位超前补偿电路（参照 5.3.2 节），其中 C 为电容，R_1 和 R_2 为电阻，试求 e_{in} 和 e_{out} 之间的传递函数 $G(s)$，并绘制动态方框图。

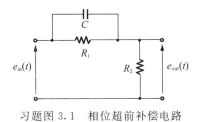

习题图 3.1 相位超前补偿电路

【**习题 3.2**】 对于习题图 3.2 所示的方框图，试回答下面几个问题。

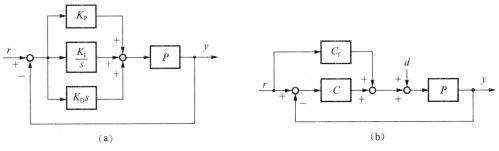

(a)   (b)

习题图 3.2 方框图

（1）习题图 3.2(a)为针对被控对象 P，采用 PID 调节器（参照第 7 章）时的方框图。试求目标值 r 和被控量 y 之间的传递函数 G_{yr}。

（2）习题图 3.2(b)为针对被控对象 P，同时采用控制器 C_f 和 C 的二自由度控制系统（参照第 8 章）。试求目标值 r 和被控量 y 之间的传递函数 G_{yr} 及扰动 d 和 y 之间的传递函数 G_{yd}。

【习题 3.3】 试证明表 3.4.1 中的拉普拉斯变换(4)～(9)。

【习题 3.4】 试证明表 3.4.2 中的拉普拉斯变换的基本性质(1)～(5)。

第 **4** 章

时域响应

掌握系统特性的手段有时域响应、频率响应、传递函数等。本章将介绍时域响应。可以说，时域响应是直观且易于理解的系统特性之一。我们的日常生活与时间共同变化，正是时域响应的一种表现。

所谓系统的时域响应，是指针对某种输入信号的时域输出。在控制工程中，很多时候以脉冲信号或阶跃信号作为输入信号。系统的状态有施加输入后紧接着持续变化的过渡过程（动态或暂态）和没有变化（或变化小）的稳态。关于传递函数及频率响应，请分别参照第 3 章及第 5 章。

4.1 ›› 时域响应相关术语

例如，安装在较偏僻地方的装置可能发生了故障，急派年轻的技术人员 A 到现场进行处理，他用带来的示波器测量装置的状态，却判断不出到底是故障还是正常，于是询问公司的熟练技术人员 B。以下分别为不使用技术用语和使用技术用语的对话，通过这个场景的对话来了解技术用语的重要性。

【不使用技术用语的对话】

A：为了弄清装置的状态，输入急剧的直流电压并观测输出响应。

B：怎么样？

A：输出信号的波形一开始变大，接着变小，逐渐平稳。

B：波形经过多长时间后开始平稳？

A：波形大约经过 1 s 后变大，接着波形的波头小了一点，到这里经过的时间约 2 s。

B：到"收敛"的时间是多少？

A：工作没有"停息"，仍然在工作。

B：嗯，我说的是波形"收敛"。

【使用技术用语的对话】

A：为了弄清装置的状态，输入阶跃信号，观测输出响应。

B:怎么样?

A:输出信号波形是具有 20%超调的衰减振荡,调整时间为 8 s。

B:明白了。调整时间是正常情况的 2 倍,明显是故障。

由上述对话可以看出,使用技术用语时对话简洁明了,而且相互不易产生误解。

下面将详细介绍输出响应波形中有关"时间"和"形状"的术语的定义。设给某一系统施加阶跃信号时的响应波形如图 4.1.1 所示。关于时间的技术用语的定义如下。

(1) 上升时间(rise time)T_r:阶跃响应值从稳态值的 10%上升到 90%所需的时间。但是,严格使用 10%~90%的数值来讨论系统性能的情况很少。

(2) 延迟时间(delay time)T_d:阶跃响应值达到稳态值的 50%所需的时间。类似的指标有"死区时间"(参照 3.5 节),是指系统从施加输入到有输出响应的时间。

(3) 峰值时间(peak time)T_p:响应达到第一个峰值所需的时间。

(4) 调整时间(settling time)T_s:输出响应进入稳态值的 ±5%范围所需的时间。有时也采用 ±1%或 ±3%。

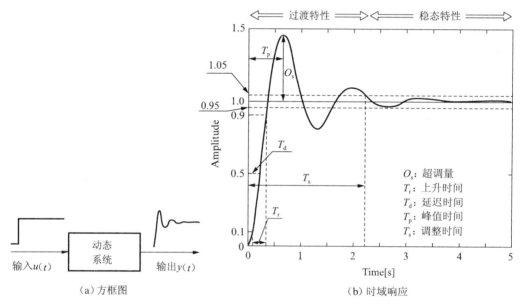

(a)方框图　　　　　　　　　　　(b)时域响应

图 4.1.1　动态系统的阶跃响应及特性值

在图 4.1.1 所示的阶跃响应波形中,从输出响应开始变化到稳态值为止的特性称为过渡特性(transient characteristics,也称为暂态特性或动态特性),响应值达到稳态值后的特性称为稳态特性(steady-state characteristics,也称为静态特性),即到调整时间为止的特性就是过渡过程特性,其后的特性就是稳态特性。评价控制系统性能时,应用上述(1)~(4)的时域指标评价过渡特性,而应用将在 4.3 节描述的稳态误差评价稳态特性。

在上述(1)~(4)中,工业生产现场常用的技术术语为(4)调整时间。几乎所有的教材都把调整时间定义成上述的(4),并把它看成是定位控制物体停止所需的时间,即定位时间。但是,在工业应用场合测量定位设备的定位时间时,并不是按照调整时间的定义判断是否达到稳态值(±1%~±5%)来确定定位时间的,这是因为定位设备一般都有定位精度为 ±20 nm 的数值规格要求,达到这个数值即意味着功能的实现。

可根据统计处理来计算定位精度和定位时间。在此,以实际装置稳态时的定位波形(参照图 4.1.2)来说明统计处理的必要性。用人眼观察测试时,可移动物体似乎停止运动,但从高分辨率位置传感器的输出图 4.1.2 来判断,物体还在摇动。摇动的原因有干扰振荡的混入以及闭环系统稳定性等几个因素。由于存在这样的摇动,即使把落入±2%以内的时刻定义为"调整时间=定位时间",接下来的时间也会超出±2%的范围。因此,需要引入统计处理。

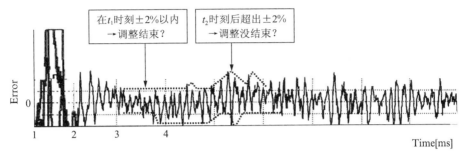

图 4.1.2　实际装置调整期间的定位波形

图 4.1.3 所示为针对偏差信号的统计处理画面。对于这种情况,将为实现定位而进行的移动终了后的位置偏差落入指定精度范围所需的时间称为调整时间。为了评价调整结束后的定位精度,通常设置两个指标:一是基于偏差信号平均值的偏移;二是偏差信号的分散(deviation)。在图 4.1.3 的右下方,用直方图表示偏差。据此可知,偏移用来表示定位的正确性,而分散则用来表示振荡的大小,即误差。偏移值和分散值进入指定的数值范围内时,定位结束。于是,定位时间包括偏移值和分散值的统计计算时间。要注意的是,随着偏差信号的采样周期以及采样数目的不同,定位时间也不同,即针对包含在偏差信号中的振荡周期,用较长的采样周期和用较短的采样周期求得偏移和发散时,其值是

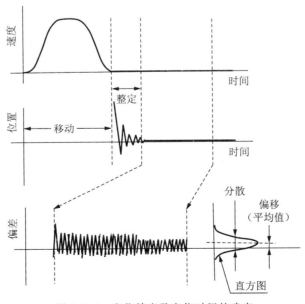

图 4.1.3　定位精度及定位时间的确定

不同的。因此,即使定位控制时的偏差信号完全一样,依据指定的判断规则所进行的定位时间随着采样周期的不同也不同。

下面定义有关波形形状的技术用语。

(1) 对数衰减比(decay ratio)δ:因为是表示控制系统稳定性的指标之一,有时从实测波形求出衰减比。表示波形衰减特性的参数除衰减比外还有对数衰减比及损耗系数等。在这些参数中,常用的是从实测的衰减波形读取振幅并容易取得衰减特性数值的对数衰减比δ。参照图4.1.4,具体某一时刻的峰值的振幅a_n及下一个时刻峰值的振幅a_{n+1}的对数衰减比δ定义为:

$$\delta = \ln \frac{a_n}{a_{n+1}} \tag{4.1.1}$$

采用从a_n开始到第m个时刻的峰值的振幅a_{n+m}时,有:

$$\delta = \frac{1}{m} \ln \frac{a_n}{a_{n+m}} \tag{4.1.2}$$

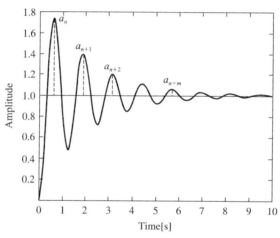

图 4.1.4　对数衰减比的计算

(2) 超调量(overshoot)O_s:输出响应最大时的峰值和目标值的差值与目标值比值的百分比,用O_s表示[式(4.1.3)]。例如,在定位装置上,如果不考虑超调,则会导致机械撞击。或者说,在制造厚度一定的钢材的轧钢作业(过程控制)中,若容许超调,就会生产出必须废弃的不合格钢材。因此,必须注意O_s。

$$O_s = \frac{\text{输出响应变化的绝对值} - \text{目标值变化的绝对值}}{\text{目标值变化的绝对值}} \times 100\% \tag{4.1.3}$$

在各种特性值中,超调量如定义式(4.1.3)所示,指的是输出信号的超出(超调)量与目标值的变化量(绝对变化量)的百分比。

然而,式(4.1.3)有时表示为"相对于稳态值的超出量比值",但易引起误解。虽然对图4.1.1所示的阶跃响应定义成"相对于稳态值"没有问题,但并非所有控制系统的输出都从0开始。例如图4.1.5所示的例子,电机轴的角度从$-45°$到$+45°$变化,其绝对变化量为$90°$,而(正方向的)稳态值为$45°$,因此会导致错误的超调计算。也就是说,即使在语言上能够理解超调,但很多情况下在实际现象中也不好理解。只要理解由于"输入值(目标值)的变化"导致"输出值超出"这样的结果,就不难计算超调量。根据式(4.1.3)实际计算图 4.1.5 所示的超调量,则有 $O_s = [(100° - 90°)/90°] \times 100\% = 11.1\%$。

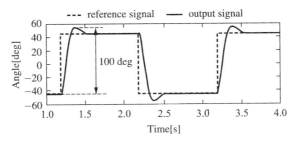

图 4.1.5 稳态值与变化量不同的阶跃响应的例子(目标值的绝对变化量为 90°)

4.2 >> 时域响应的计算

在控制理论中涉及的系统,通常限定为线性定常动态系统。该系统有因果关系,给系统施加激励(输入)时,有对应的响应(输出),将对应于"脉冲信号"输入的输出称为"脉冲响应"(impulse response)。对于阶跃信号也一样,在控制理论教材中,"脉冲响应"和"阶跃响应"(step response)这两个词出现得尤其频繁,应注意区别使用。

在本节中,利用拉普拉斯反变换(参照 3.4 节)计算系统的响应。通过这些计算,观察零点、极点对时域响应的影响。

考察图 4.2.1 所示的系统,此时的输入、输出关系是 $y(s) = G(s)u(s)$。根据此关系,时域响应为:

$$y(t) = \mathcal{L}^{-1}[y(s)] = \mathcal{L}^{-1}[G(s)u(s)] \tag{4.2.1}$$

根据表 3.4.2 的拉普拉斯变换基本性质,拉普拉斯变换的乘积对应于时域中的卷积。其所表示的意义为:现在时刻 t 的输出值 $y(t)$ 为比现在早 τ 时的输入 $u(t-\tau)$ 乘以 $g(\tau)$,对乘积进行积分运算到现在时刻为止。

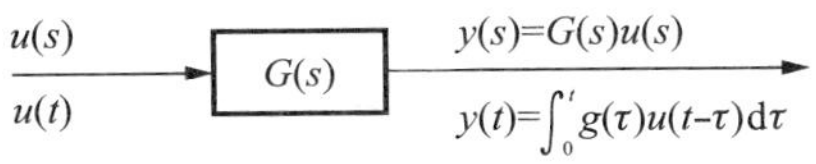

$$\xrightarrow[\quad u(t) \quad]{\quad u(s) \quad} \boxed{G(s)} \xrightarrow[\quad y(t) = \int_0^t g(\tau)u(t-\tau)\mathrm{d}\tau \quad]{\quad y(s) = G(s)u(s) \quad}$$

图 4.2.1 复频域及时域的输入、输出关系

4.2.1 一阶惯性环节的脉冲响应

在 3.4.3 节已介绍根据拉普拉斯反变换可计算时域函数,利用此内容,可以从传递函数计算时域响应。下面具体计算几个脉冲响应、阶跃响应等。

因为一阶惯性环节 $G(s) = K/(Ts+1)$ 的脉冲响应相当于定义式(4.2.1)中 $u(s) = 1$ 的情况,所以有:

$$y(t) = \mathcal{L}^{-1}\left[\frac{K}{Ts+1}\right] = \frac{K}{T}\mathrm{e}^{-\frac{t}{T}} \tag{4.2.2}$$

图 4.2.2 中显示了时间常数 T 变化时脉冲响应的变化。可以看出,随着 T 的变小,响应快速地收敛到零。这是因为 T 变小相当于转折角频率(参照 5.4 节)增大,即对应于系统响应速度加快。

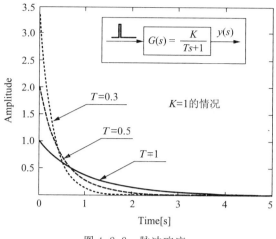

图 4.2.2　脉冲响应

脉冲函数 $\delta(t)$ 如图 3.4.1 右侧所示,从数学上来说是一个时间宽度为 $\Delta t = 0$,幅值为 ∞,脉冲的面积为 1 的实际上不存在的信号。以这种信号的输入为前提的式(4.2.2)没有实际应用意义。现实中不可能生成与定义完全一致的 $\delta(t)$,并输入给系统,但是可以采用模拟脉冲信号并把它施加于系统。在这里,所谓模拟指的是图 3.4.1 左侧所示的具有有限时间宽度和有限幅值,且拥有脉冲形状的信号。

下面通过三个例子来了解脉冲信号的应用。

【例题 4.2.1】　判断西瓜是否熟透

在购买整个西瓜的时候,大家都期待它完全熟透。为此,多数人会在西瓜的表面敲打,当然力度不能大,否则会把西瓜敲碎,通过听此时的回响来判断西瓜是否美味。这是一个以脉冲状的敲打来判断物体好坏的例子。若把这个应用背景用数学公式记载,则在式(4.2.1)中为 $u(s)=1$。

【例题 4.2.2】　锤击试验

由于长时间的过度使用,电车、火车等的轴会发生疲劳破坏,若不能及时发现将引起大灾难。因此,熟练工人往往用铁锤击打轮轴和螺栓,称为锤击试验。可以通过铁锤击打时的震动声音是否异常,判断轮轴有无肉眼难以发现的损伤或螺栓有无松动。对于锤击试验,根据式(4.2.1),当 $u(s)=1$ 时,有 $y(t)=\mathcal{L}^{-1}[y(s)]=\mathcal{L}^{-1}[G(s)]$,因此施加脉冲信号便可获取 $G(s)$。

【例题 4.2.3】　结构体模型分析

所谓模型分析,指的是从实测出来的频率特性推定模型参数,以确定表示结构体振荡特性的数学模型。具体参照图 4.2.3,完成击打动作的铁锤的尖端装有力传感器,可把脉冲形状的击打波形转换成电信号;作为被测对象的钢板上装有加速度传感器,以测量对铁锤击打的响应。由式(4.2.1)当 $u(s)=1$ 时的情况可知,得到的频率响应就是以 $G(s)$ 表示的钢板本身的特性。

4.2.2　一阶惯性环节的阶跃响应

现在讨论如下的一阶惯性环节:

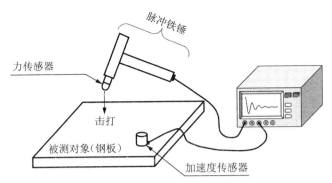

图 4.2.3 用于结构体模型分析的击打试验

$$G(s) = \frac{K}{Ts+1} \tag{4.2.3}$$

此控制系统的单位阶跃响应 $y(t)$ 可以按以下方式确定。如 3.4.3 小节所述的拉普拉斯反变换,对传递函数与阶跃信号的拉普拉斯变换 $1/s$ 的乘积取拉普拉斯反变换,可以求得微分方程式的解,即可求得如下的时域响应:

$$y(t) = \mathcal{L}^{-1}\left[\frac{K}{Ts+1}\frac{1}{s}\right] = K(1 - e^{-\frac{t}{T}}) \tag{4.2.4}$$

图 4.2.4 所示为时间常数 T 变化时的单位阶跃响应。由图可知,T 越小,响应速度越快,即调整时间越短。

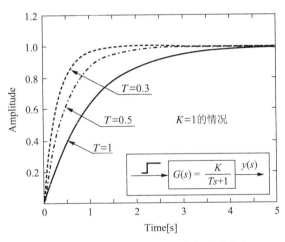

图 4.2.4 一阶惯性环节的单位阶跃响应

3.5 节所定义的时间常数为阶跃响应达到稳态值的 63.2% 所需的时间。例如,在图 4.2.4 所示的三种响应中,当 $K=1$, $T=1$ 时,就变为图 4.2.5 所示的那样。在此,针对用式(4.2.4)表示的输出信号,在原点处引出切线,并令与稳态值相交处的时刻为 t_1,则有 $t_1 = T$。此时的输出 $y(T)$ 为:

$$y(T) = K(1 - e^{-\frac{T}{T}}) = 0.632K \tag{4.2.5}$$

并可知达到稳态值的 63.2% 所需的时间恰好为时间常数。通常,调整时间约为时间常数的 3 倍。

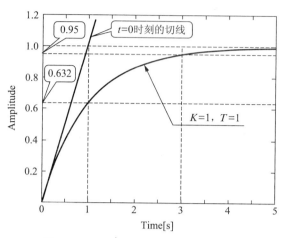

图 4.2.5　阶跃响应与时间常数的关系

下面以具体的例子来讨论时间常数。为了使电动机旋转,在电动机的电枢两端施加电压,当然电动机不可能一开始就稳速旋转,为了达到一定的转速需要加速。如 2.6 节所述,DC 电动机的基本原理是当给电枢绕组通以电流 i 时,会产生与之成比例的转矩 τ,若令转矩系数为 K_t,则有下式成立:

$$\tau = K_t i \tag{4.2.6}$$

由于电枢绕组是由线圈绕制的,除电阻以外还有电感成分。电感具有阻碍电流急剧变化的性质,所以从施加电压以后开始,电流缓慢增加,需要一定的时间才能达到恒定速度。这个时间常数称为电气时间常数(electrical time constant)。

电动机的电枢回路如图 4.2.6 所示。给此电路施加阶跃电压信号 e_{in} 时的输出电压 e_{out} 为图 4.2.5 所示的响应。如用电阻值和电感值表示,则电气时间常数 T_e 为:

$$T_e = \frac{L}{R_a} \tag{4.2.7}$$

其单位为 s。对于小型 DC 电动机来说,其电气时间常数为 0.1~1 ms。

另外,还有一个时间常数 T_m,称为机械时间常数(mechanical time constant)。首先,讨论电气-机械系统的等效变换。当电路中流过电流而产生转矩时,转子及连接于电动机的负载开始旋转。转子的旋转惯量 J 与电气系统的电容 C_M 的关系为:

$$C_M = \frac{J}{K_t K_e} \tag{4.2.8}$$

其中,K_e 为反电动势常数。根据式(4.2.8),DC 电动机的绕组电阻和旋转惯量可以表示成图 4.2.7 所示的 RC 电路。这样,既可以用机械系统表示电路,也可以用电路表示机械系统,称为电气系统和机械系统的相似性(analogy)。表 4.2.1 所示为电气系统和机械系统的相似性关系。

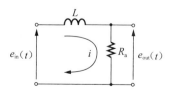

图 4.2.6　电动机的电枢回路

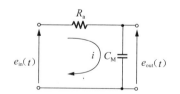

图 4.2.7　绕组电阻和旋转惯量的电路表示

表 4.2.1 电气系统和机械系统的相似性

电气系统	机械系统
电压 $v(t)$	外力 $f(t)$
电荷 $q(t)$	位移 $x(t)$
电流 $i(t) = \dfrac{\mathrm{d}q(t)}{\mathrm{d}t}$	速度 $v(t) = \dfrac{\mathrm{d}x(t)}{\mathrm{d}t}$
电阻 R	黏性比例系数 D
电感 L	质量 M
电容 C	弹簧系数的倒数 $\dfrac{1}{K}$

若给此电路施加阶跃电压信号,则电容电压缓慢上升,即负载缓慢加速。电压上升时的时间常数可表示为:

$$T_{\mathrm{m}} = C_{\mathrm{M}} R_{\mathrm{a}} \tag{4.2.9}$$

其中,T_{m} 为机械时间常数。

电气时间常数和机械时间常数的关系通常为 $T_{\mathrm{e}} < T_{\mathrm{m}}$。对于小型 DC 电动机来说,电动机本身的机械时间常数为 $1 \sim 10 \ \mathrm{ms}$。

4.2.3 二次振荡环节的阶跃响应

下面考虑二次振荡环节的阶跃响应。由 3.5 节的定义,二次振荡环节可由下式给出:

$$G(s) = \frac{K\omega_{\mathrm{n}}^2}{s^2 + 2\zeta\omega_{\mathrm{n}}s + \omega_{\mathrm{n}}^2} \tag{4.2.10}$$

通常为了求出二次振荡环节的响应,有必要根据衰减系数(阻尼比)ζ,分成几种不同的情况加以讨论。直觉告诉我们,ζ 值越小,衰减越弱,即响应越振荡。令式(4.2.10)中的两个极点分别为 s_1,s_2,则有:

$$\left. \begin{array}{l} s_1 = -\zeta\omega_{\mathrm{n}} + \omega_{\mathrm{n}}\sqrt{\zeta^2 - 1} \\ s_2 = -\zeta\omega_{\mathrm{n}} - \omega_{\mathrm{n}}\sqrt{\zeta^2 - 1} \end{array} \right\} \tag{4.2.11}$$

下面根据 ζ 分为三种不同的情况加以讨论。

(1) 当 $0 \leqslant \zeta < 1$ 时

此时,两个极点为共轭复数,即

$$\left. \begin{array}{l} s_1 = -\zeta\omega_{\mathrm{n}} + \mathrm{j}\omega_{\mathrm{n}}\sqrt{1 - \zeta^2} \\ s_2 = -\zeta\omega_{\mathrm{n}} - \mathrm{j}\omega_{\mathrm{n}}\sqrt{1 - \zeta^2} \end{array} \right\} \tag{4.2.12}$$

也可以把上式简写成:

$$\left. \begin{array}{l} s_1 = -\alpha + \mathrm{j}\beta \\ s_2 = -\alpha - \mathrm{j}\beta \end{array} \right\} \tag{4.2.13}$$

现在,由于输入为阶跃信号,所以输出的拉普拉斯变换为:

$$y(s) = G(s)u(s) = \frac{K\omega_{\mathrm{n}}^2}{(s + \alpha - \mathrm{j}\beta)(s + \alpha + \mathrm{j}\beta)} \frac{1}{s} \tag{4.2.14}$$

根据上式,二次振荡环节的单位阶跃响应 $y(t)$ 为:

$$y(t) = \mathcal{L}^{-1}[y(s)] = \mathcal{L}^{-1}\left\{K\left[\frac{1}{s} - \frac{s+\alpha}{(s+\alpha)^2 + \beta^2} - \frac{\alpha}{\beta}\frac{\beta}{(s+\alpha)^2 + \beta^2}\right]\right\}$$

$$= K\left[1 - e^{-\alpha t}\cos(\beta t) - \frac{\alpha}{\beta}e^{-\alpha t}\sin(\beta t)\right] \tag{4.2.15}$$

（2）当 $\zeta = 1$ 时

此时，两个根为 $s_1 = s_2 = -\omega_n$，是负实数重根。如同（1）的情况，其阶跃响应为：

$$y(s) = G(s)u(s) = \frac{K\omega_n^2}{(s+\omega_n)^2}\frac{1}{s} \tag{4.2.16}$$

将上式展开成部分分式，并取拉普拉斯反变换，则有：

$$y(t) = \mathcal{L}^{-1}[y(s)] = \mathcal{L}^{-1}\left\{K\left[\frac{1}{s} - \frac{1}{s+\omega_n} - \frac{\omega_n}{(s+\omega_n)^2}\right]\right\}$$

$$= K\left[1 - e^{-\omega_n t}(1 + \omega_n t)\right] \tag{4.2.17}$$

（3）当 $\zeta > 1$ 时

此时，两个根为大小不相同的负实根，其阶跃响应为：

$$y(s) = G(s)u(s) = \frac{K\omega_n^2}{(s-s_1)(s-s_2)}\frac{1}{s} \tag{4.2.18}$$

将上式的最右边项展开成部分分式，并取拉普拉斯反变换，则可得：

$$y(t) = \mathcal{L}^{-1}[y(s)] = \mathcal{L}^{-1}\left[\frac{k_0}{s} + \frac{k_1}{s-s_1} + \frac{k_2}{s-s_2}\right]$$

$$= K\left(1 + \frac{s_2}{s_1-s_2}e^{s_1 t} + \frac{s_1}{s_2-s_1}e^{s_2 t}\right) \tag{4.2.19}$$

其中，各分子系数为：

$$k_0 = \frac{K\omega_n^2}{s_1 s_2}, \quad k_1 = \frac{K\omega_n^2}{s_1(s_1-s_2)}, \quad k_2 = \frac{K\omega_n^2}{s_2(s_2-s_1)}$$

其中，s_1, s_2 由式（4.2.11）给出。

图 4.2.8 所示为当 $0 < \zeta \leqslant 1$ 时的几个单位阶跃响应。相比于 $\zeta = 1$ 时没有振荡地收敛于目标值，ζ 越小，振荡越剧烈。表 4.2.2 和图 4.2.9 表示了二次振荡环节的根（极点位置）与衰减系数的关系。当 $\zeta = 0$ 时，根为虚轴上的共轭复数，且随着 ζ 的增大，当其接近 1

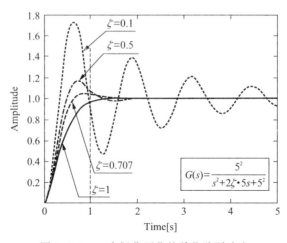

图 4.2.8　二次振荡环节的单位阶跃响应

时,两个互为共轭复数的根沿着以原点为中心的圆周向实轴方向移动;当 $\zeta=1$ 时,极点为两个重根;当 ζ 继续向大于 1 的方向变化时,根为两个大小不同的负实根,一个向实轴原点方向移动,另一个向远离原点方向移动。

另外,图 4.2.8 中显示了 $\zeta=0.707=1/\sqrt{2}$ 时的单位阶跃响应,这相当于波特图(参照第 5 章)中的稳态增益下降 3 dB(=带宽)时的衰减系数。0.707 或 $1/\sqrt{2}$ 是控制理论中常见的值,需要好好记住。

表 4.2.2   二次振荡环节的衰减系数与极点位置的关系

名　　称	衰减系数范围	极点位置
等幅振荡	$\zeta=0$	虚轴上(共轭复数)
欠阻尼	$0<\zeta<1$	左半平面(共轭复数)
临界阻尼	$\zeta=1$	重　根
过阻尼	$\zeta>1$	实根(原点附近和远处)

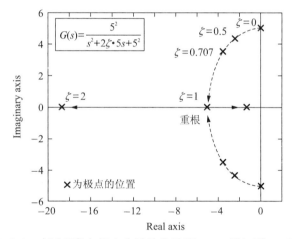

图 4.2.9   衰减系数与极点位置的关系(从 $\zeta=0$ 增加到 $\zeta=2$ 时)

4.2.4 极点配置与响应波形

时域响应波形因传递函数的极点及零点的配置不同而受到各种各样的影响。在此所说的极点(零点)配置,指的是在复平面[s 平面(s plane)]上的极点(零点)的坐标。高阶系统可以近似为二次振荡系统或三阶延迟系统,以大致了解其特性,即通过观察时域响应中起主导作用的极点配置,可以了解系统的特性,这种方法称为主导极点法(dominant roots)。图 4.2.10 所示为二次振荡环节的极点及与其相关的特性值。

若此复数极点表示为式(4.2.13),则式(4.2.10)的传递函数为:

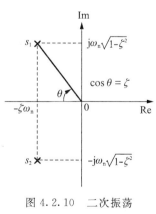

图 4.2.10   二次振荡环节的极点配置

$$G(s) = \frac{K(\alpha^2 + \beta^2)}{s^2 + 2\alpha s + (\alpha^2 + \beta^2)} \qquad (4.2.20)$$

即在 s 平面上,离原点的距离 $\sqrt{\alpha^2 + \beta^2}$ 相当于固有角频率 ω_n;连接原点和极点的直线与实轴的夹角为 $\theta(< 90°)$ 时,$\cos\theta$ 相当于 ζ。离原点的距离越近,频率越低;若距离相同,则离虚轴越近,振荡响应衰减越小。

图 4.2.11 所示为 s 平面上的极点配置与脉冲响应波形的关系。在左半平面有极点的响应中,把(1)极点远离原点($s = -5$)的情况和(2)位于原点附近($s = -0.2$)的情况相比较,可知距离相对较远时,收敛所需时间较短;(3)左半平面上有共轭复数根时,边振荡边收敛,且离虚轴越近,衰减越小;(4)虚轴上有共轭复数根时,$\zeta = 0$,系统等幅振荡。此外,在右半平面上有根时,系统不稳定(参照第 6 章);(5)有正实部的共轭复数根时,其响应边振荡边发散。

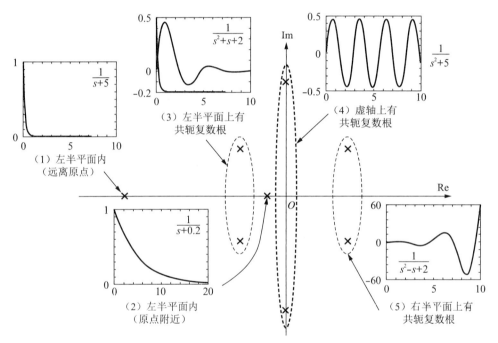

图 4.2.11 极点配置与脉冲响应波形的关系

图 4.1.1 所定义的阶跃响应的特性值可利用图 4.2.10 所示的典型根近似计算。表 4.2.3 所示为计算内容。

表 4.2.3 用典型根表示的特性值

上升时间	$T_r = \dfrac{2.16\zeta + 0.6}{\omega_n}$
延迟时间	$T_d = \dfrac{0.7\zeta + 1}{\omega_n}$
峰值时间	$T_p = \dfrac{\pi}{\omega_n\sqrt{1 - \zeta^2}}$
超调量	$O_s = e^{-\frac{\pi\zeta}{\sqrt{1-\zeta^2}}} \times 100\%$
调整时间($\pm 5\%$)	$T_s = \dfrac{3}{\zeta\omega_n}$

4.2.5　零点配置与响应波形

在上一小节比较了极点配置不同所导致的响应波形的差异,根据极点位置可知收敛的快慢、稳定性以及有无振荡。但关于系统的零点到这里还没有介绍,下面简单地加以叙述。

零点与极点一样,有在 s 平面的左半平面,也有在右半平面的,其中右半平面的零点称为不稳定零点(unstable zero)。不稳定零点有以下特征:

(1) 时域响应中产生所谓反向响应(inverse response,又称逆向响应)的负尖峰。

(2) 若构成逆系统(inverse system),则变为不稳定。

(3) 由于系统的稳定性是取决于极点的,即便存在不稳定零点,只要不存在不稳定极点,系统仍是稳定的。

另外,在极点附近的零点会抵消极点的作用。关于稳定、不稳定问题将在第 6 章详述。

【例题 4.2.4】 由不稳定零点引起的反向响应

确认用以下传递函数表示系统单位阶跃响应的反向响应。

$$G(s) = \frac{1 - Ts}{2s^2 + 3s + 10} \quad (T > 0) \tag{4.2.21}$$

解:由于该系统的极点为 $s_{1,2} = -0.7500 \pm j2.1065$,是稳定极点,但有一个不稳定零点 $+1/T$。图 4.2.12 所示为改变 T 时的单位阶跃响应。另外,图 4.2.13 所示为系统的零点和极点配置。据此可知,系统的不稳定零点越接近原点,由此引起的反向响应越剧烈,负尖峰越大。

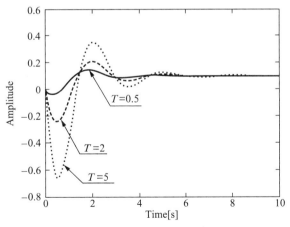

图 4.2.12　具有不稳定零点系统的单位阶跃响应

在此,以具体的例子确认不稳定零点。反向响应并非从开始就直接向着终止位置移动,而是开始向反向移动,然后改变方向移动,最终到达终止位置。从数学公式可以理解有零点在右半平面时会产生反向响应的情况,但问题是究竟是否存在有不稳定零点的实际系统。

图 4.2.14 所示为引起反向响应的示例。图 4.2.14(a)所示为给棒状物体的 A 点正下方外加驱动力时,从初始位置到最终位置的运动情况。用安装在 A 点上方垂直位置的传

感器观测移动过程时,随着时间从 $t=0 \rightarrow t_1 \rightarrow t_2$,图中的标志"•"的移动呈现出从初始位置到最终位置的正常动作。但是,如图 4.2.14(b)所示,用 B 点观察这一同样的物理现象时,图中的标志"○"的动作为反向响应。

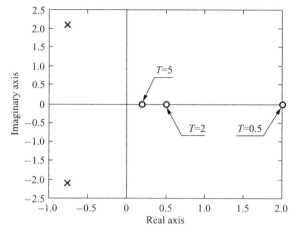

图 4.2.13　具有不稳定零点系统的零点和极点配置(×:极点;○:零点)

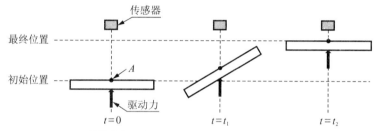

(a)给棒状物体的中心施加驱动力时中心的位移

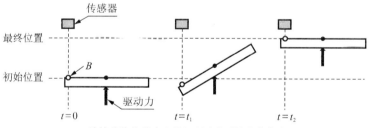

(b)给棒状物体的中心施加驱动力时端点的位移

图 4.2.14　表示不稳定零点的实际系统示例

　　这种现象是由执行机构与传感器的位置关系产生的。从理论上讨论系统时,通过反馈施加到执行机构的信号大小取决于传感器的测量精度,并且根据传感器的检测信号来驱动执行机构。因此,如果传感器和与其对应的执行机构的安装位置有距离,就会完全失去控制的意义。在实际系统中,不太可能把这些安装在完全相同的地方。把传感器和执行机构安装在看起来几乎是同一位置的方式,称为同位配置(collocation);相反,不在同一位置配置的情况称为非同位配置(non-collocation)。

　　在结构体的振荡控制中,多采用测量速度并反馈以实施控制的直接速度反馈控制(Direct Velocity Feedback Control,DVFC),这种场合应考虑采用传感器与执行机构安装在同一位置的配置,这一点很重要。

4.3 >> 稳态误差

在进行控制系统的时域性能评价时,应用图 4.1.1 所示的各种特性值。直到调整时间为止的特性就是所谓的过渡特性(暂态或动态特性),其为控制系统发生变化时,评价这种变化所表现的特性的指标。另外,评价控制系统的时域性能优劣时,判断响应是否收敛也很重要。这种收敛以后的特性称为稳态特性(静态特性)。除调整时间外,很多情况下可根据稳态误差来判断。本节中将介绍稳态误差的定义及其计算实例。

4.3.1 稳态位置误差

在介绍稳态位置误差的具体定义之前,先举例说明稳态误差(steady-state error)。图 4.3.1 所示为施加单位阶跃信号时的响应。稳态误差指的是对应于某种输入的响应达到"稳态"后的"目标值和稳态输出的差值"。

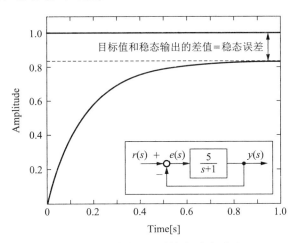

图 4.3.1 单位阶跃响应的稳态误差

在图 4.3.2 所示的单回路反馈系统中,误差 $e(s)$ 可由下式求得:

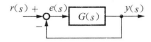

图 4.3.2 单回路反馈系统

$$e(s) = \frac{1}{1+G(s)}r(s) \tag{4.3.1}$$

即经过足够长时间后目标值和输出的差值为:

$$\lim_{t\to\infty} e(t) = \lim_{t\to\infty}[r(t)-y(t)] \tag{4.3.2}$$

在此,图 4.3.2 的开环传递函数 $G(s)$ 的一般表达式为:

$$G(s) = \frac{K}{s^j}\frac{b_m s^m + b_{m-1}s^{m-1} + b_{m-2}s^{m-2}+\cdots+b_1 s+b_0}{s^n + a_{n-1}s^{n-1}+\cdots+a_1 s+a_0} \tag{4.3.3}$$

通过把传递函数表示成这种形式,根据积分环节 $1/s$ 的数目 j,可把控制系统分为 $j=0$ 的 0 型、$j=1$ 的 1 型、$j=2$ 的 2 型等类型。

稳态位置误差(steady-state position error)指的是对应阶跃信号($1/s$)的稳态误差。

根据 3.4 节介绍的拉普拉斯变换的终值定理,稳态位置误差可由下式求得:

$$e_{\mathrm{p}} = \lim_{s \to 0} s \, \frac{1}{1+G(s)} \, \frac{1}{s} = \lim_{s \to 0} \frac{1}{1+G(s)} \tag{4.3.4}$$

即

$$e_{\mathrm{p}} = \frac{1}{1+\lim\limits_{s \to 0} G(s)} = \frac{1}{1+K_{\mathrm{p}}} \tag{4.3.5}$$

此时

$$K_{\mathrm{p}} = \lim_{s \to 0} G(s) \tag{4.3.6}$$

称为位置误差系数(position error constant)。在此,因为式(4.3.3)开环传递函数所拥有的积分环节的数目不同,稳态误差也不同。对于 1 型及以上系统,因 $K_{\mathrm{p}} = \infty$,$e_{\mathrm{p}} = 0$。另外,当系统为 0 型时,$K_{\mathrm{p}} = K b_0 / a_0$,残留着稳态误差,且随着开环传递函数增益 K 的增大,稳态误差变小。但是,由于随着增益 K 的增大,系统的稳定性下降,所以需要折中这两者。

图 4.3.3 所示的是开环传递函数为一阶惯性环节 $K/(s+1)$ 时的单位阶跃响应。因为该系统不存在积分环节,所以产生稳态误差。其稳态位置误差为 $e_{\mathrm{p}} = 1/(1+K)$,由此可知,当取足够大的增益 K 时,可以使 e_{p} 很小,但不能等于 0。

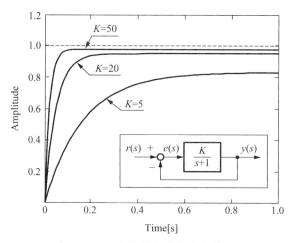

图 4.3.3   随增益变化的稳态误差

4.3.2   稳态速度误差

针对阶跃信号的稳态误差为稳态位置误差。与此相对应,当输入信号为斜坡信号 $(1/s^2)$ 时的稳态误差称为稳态速度误差(steady-state velocity error),由下式定义:

$$e_{\mathrm{v}} = \lim_{s \to 0} s \, \frac{1}{1+G(s)} \, \frac{1}{s^2} = \lim_{s \to 0} \frac{1}{s+sG(s)} \tag{4.3.7}$$

即

$$e_{\mathrm{v}} = \frac{1}{\lim\limits_{s \to 0} sG(s)} = \frac{1}{K_{\mathrm{v}}} \tag{4.3.8}$$

此时

$$K_v = \lim_{s \to 0} sG(s) \tag{4.3.9}$$

称为速度误差系数(velocity error constant)。当控制系统为 0 型时,因 $K_v = 0$, $e_v = \infty$;当控制系统为 1 型时,因 $K_v = Kb_0/a_0$, $e_v = 1/K_v$;当控制系统为 2 型及以上时,因 $K_v = \infty$, $e_v = 0$。

4.3.3 稳态加速度误差

对应于加速度信号输入$(1/s^3)$的稳态误差称为稳态加速度误差(steady-state acceleration error),由下式定义:

$$e_a = \lim_{s \to 0} s \frac{1}{1+G(s)} \frac{1}{s^3} = \lim_{s \to 0} \frac{1}{s^2 + s^2 G(s)} \tag{4.3.10}$$

即

$$e_a = \frac{1}{\lim\limits_{s \to 0} s^2 G(s)} = \frac{1}{K_a} \tag{4.3.11}$$

此时

$$K_a = \lim_{s \to 0} s^2 G(s) \tag{4.3.12}$$

称为加速度误差系数(acceleration error constant)。当控制系统为 0 型及 1 型时,因 $K_a = 0$, $e_a = \infty$;当控制系统为 2 型时,因 $K_a = Kb_0/a_0$, $e_a = 1/K_a$;当控制系统为 3 型及以上时,因 $K_a = \infty$, $e_a = 0$。

根据以上内容,开环传递函数中含有尽量多的积分环节,可以使稳态误差变为 0。但是,又不希望增加积分环节,因为每增加一个积分环节,首先相位滞后 90°,控制系统的稳定性降低,超调增加或衰减性能变差。有关相位的稳定性问题将在第 6 章详述。

以上根据系统的型别分类讨论了其稳态误差,概括表示如表 4.3.1 所示。由表 4.3.1 可见,当开环传递函数 $G(s)$ 所含的积分环节 $1/s$ 的数目 j 与目标值 $r(s)$ 的积分环节的数目相同或比其更多时,可以实现稳态误差为零。即参照表 4.3.1 中系统为 0 型的行,给 $G(s)$ 中不含积分环节的 0 型闭环系统施加有一个积分环节的阶跃输入时,有稳态误差。当施加积分环节为两个的斜坡输入及积分环节为三个的加速度输入时,也有稳态误差。但是,对于含有一个积分环节的表 4.3.1 中的 1 型系统,当输入为阶跃信号时,其稳态误差为零。另外,因闭环系统只有一个积分环节,当输入信号为 $1/s^2$ 或 $1/s^3$ 时,有稳态误差。这类性质称为内部模型原理(internal model principle)。此外,内部模型原理的性质,除对于目标值 $r(s)$ 成立外,对于干扰输入也成立。

表 4.3.1 控制系统型别与稳态误差

型别(j)	位置误差(e_p)	速度误差(e_v)	加速度误差(e_a)
0	$\dfrac{1}{1+K_p}$	∞	∞
1	0	$\dfrac{1}{1+K_v}$	∞
2	0	0	$\dfrac{1}{1+K_a}$

4.3.4 干扰引起的稳态误差

下面介绍干扰引起的稳态误差。图 4.3.4 所示为伴随干扰的控制系统的示例。此时系统总误差为：

$$e(s) = \frac{1}{1+G_1(s)G_2(s)}r(s) - \frac{G_2(s)}{1+G_1(s)G_2(s)}d(s) \qquad (4.3.13)$$

其中，右边第一项为由目标值产生的误差，第二项为由干扰导致的误差。

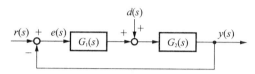

图 4.3.4 有外部干扰的反馈控制系统

因为从数学计算方法来讲，针对目标值的稳态误差计算和针对干扰的稳态误差计算本质上相同，故在此省略其计算式，仅考虑如下情况。

(1) 干扰作用于控制系统的输出侧[即 $r(s)=0$，$G_2(s)=1$]的情况。

根据式(4.3.13)，针对干扰 d 的误差为：

$$e(s) = -\frac{1}{1+G_1(s)}d(s) \qquad (4.3.14)$$

此时与 $-d(s)$ 作为目标值的情况是等价的。

(2) 干扰作用于控制系统的输入侧[即 $r(s)=0$，$G_1(s)=1$]的情况。

此时，对于干扰的误差变为：

$$e(s) = -\frac{G_2(s)}{1+G_2(s)}d(s) \qquad (4.3.15)$$

式中，分子中出现了被控对象的特性，即误差取决于被控对象的特性。比如，被控对象中是否含有积分环节，其稳态误差也不相同，这意味着干扰的作用点不同，稳态误差也不相同。

下面用简单的例子确认这一点。

【例题 4.3.1】 干扰引起的稳态误差

试求取在图 4.3.5 所示的控制系统中，施加干扰 d_1 和 d_2 时的稳态位置误差。其中，令目标值为 $r(s)=0$。

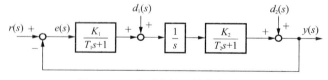

图 4.3.5 有干扰的反馈控制系统

解：

(1) 施加干扰 d_1 时($d_2=0$)。

误差为：

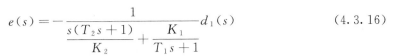

$$e(s) = -\frac{1}{\dfrac{s(T_2 s + 1)}{K_2} + \dfrac{K_1}{T_1 s + 1}} d_1(s) \qquad (4.3.16)$$

单位阶跃干扰的稳态位置误差为：

$$e = \lim_{s \to 0} se(s) = -\frac{1}{K_1} \qquad (4.3.17)$$

（2）施加干扰 d_2 时（$d_1 = 0$）。

误差为：

$$e(s) = -\frac{s}{s + \dfrac{K_1 K_2}{(T_1 s + 1)(T_2 s + 1)}} d_2(s) \qquad (4.3.18)$$

单位阶跃干扰的稳态位置误差为：

$$e = \lim_{s \to 0} se(s) = 0 \qquad (4.3.19)$$

如上所述，根据干扰作用点的不同，其稳态位置误差也不同。这是因为在图 4.3.5 所示的控制系统中，对目标值来说是 1 型系统，而对干扰来说，（1）和（2）的情况分别为 0 型和 1 型系统。

❖ 习 题 ❖

【习题 4.1】 根据习题图 4.1 所示的阶跃响应，读取系统特性值，并读取大致的振荡频率。

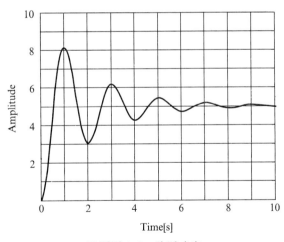

习题图 4.1　阶跃响应

【习题 4.2】 试分别求出用如下传递函数表示的系统的单位脉冲响应和单位阶跃响应，并图示之。

（1）$G_1(s) = \dfrac{1}{s+2}$　　（2）$G_2(s) = \dfrac{-s+1}{s^2+2s+2}$

【习题 4.3】 试求给开环传递函数为 $L(s)$ 的单位反馈系统施加目标值为 2 的阶跃信号时的稳态位置误差及斜率为 2 的斜坡信号时的稳态速度误差。

$$L(s) = \frac{40(s+2)}{s^3 + 7s^2 + 18s + 24}$$

【习题 4.4】 4.2.5 小节介绍了由于不稳定零点的存在会产生反向响应。当然,根据左半平面上的稳定零点的配置不同,响应波形也不同。试证明如下传递函数

$$G(s) = \frac{T_z s + 1}{T_p s + 1}$$

的阶跃响应波形在 $T_z < T_p$ 和 $T_z > T_p$ 时不同。

【习题 4.5】 试证明如下传递函数

$$G(s) = \frac{T_z s + 1}{(T_{p1} s + 1)(T_{p2} s + 1)}$$

的阶跃响应波形在 $T_z < T_{p2} < T_{p1}$,$T_{p2} < T_z < T_{p1}$,$T_{p2} < T_{p1} < T_z$ 时各不相同。

第5章

频率响应

工作台定位控制时的时域波形所显示的就是控制过程中所产生的真实动作。在第 4 章的时域响应中,介绍了表述这种现实物理现象的方法。本章中将介绍与时域响应有对应关系的频率响应。

5.1 ›› 时间与频率的关系

时域响应和频率响应有对应关系,只是观测物理现象的坐标轴不同而已。为了更好地理解这一点,参照图 5.1.1 所示进行介绍。

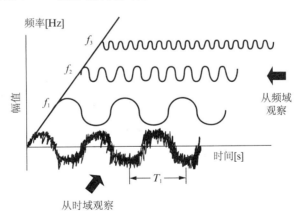

图 5.1.1　时域响应与频率响应的关系

通过示波器的屏幕可以观察到时域中的波形,由于波形中有噪声的重叠,所以显得杂乱。但是,用肉眼过滤的话,可见以周期为 T_1 的持续振荡为基波,在其上叠加高频噪声。为了了解噪声的原形,放大时间轴进行详细观测,便可知噪声的周期,如此几乎可以完全了解示波器所显示的波形的样子。为了更详细地了解时域波形到底为何物,把观测的坐标轴从时间轴改为频率轴,如此便可知作为时域中观测手段的示波器中看到的波形就是

把频率信号 $f_1, f_2, \cdots$ 全部叠加了的波形。也就是说,从时间轴改为频率轴观测时,能更清晰地理解物理现象。

下面从开发的角度介绍从频率轴观测的重要性。在过去的技术开发中,示波器是必需的测量仪器,每个人都拥有一台。在模拟示波器应用活跃的年代,为了保存所观测的波形,经常使用照相机。即使是观测成功,拍摄失败的情况也很多,所以拍摄是一项很重要的工作。目前进行开发时,一个小组只需一台示波器这种时域测量仪器。现在的开发人员经常使用的是作为频域中的观测手段的频率响应分析仪(Frequency Response Analyzer,FRA),原因是频域上的观测是重要、有用的。研究开发人员进行频率响应计算或直接观察实测结果时,往往如图 5.1.2 所示,在脑海中描绘着时域响应波形的影像;反过来,观察时域响应时,往往在脑海中描绘着频率响应波形的影像。

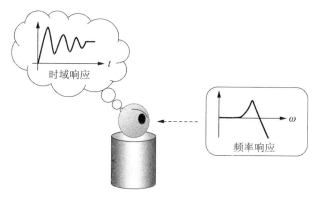

图 5.1.2　频率响应的观察及时域响应的联想

5.2 ›› 频率响应及其分类

参照图 5.2.1(a),给具有稳定传递函数 $G(s)$ 的系统施加频率为 f_1 且有适当幅值的正弦输入 u。此时,由于系统为线性系统,输出 y 也是频率为 f_1 的正弦波。把输入 u 和输出 y 同步,然后把 y 的幅值和 u 的幅值按 $20\lg|y/u|$[dB]进行计算。把这个值用"×"标记在图 5.2.1(b)上方的横轴为对数刻度的半对数图上。同样,读取以 u 的相位为基准的 y 的相位变化(即相位差)ϕ,把此相位差用"●"标记在图上。按照 f_2, f_3, f_4 的顺序改变频率继续此操作。把这些标记点圆滑连接的图形就是典型频率响应曲线的波特图(Bode diagram)。文献和相关文章中所说的频率响应或频率特性大多数情况下指的就是波特图。

可以按上述方法进行波特图的实测,即准备一个可输出正弦波的信号发生器和示波器,然后从波形上读取信息,就可以进行实测。能自动完成这些工作的仪器是频率响应分析仪,统称伺服分析仪。

已知传递函数 $G(s)$ 时,其频率特性(frequency transfer function)$G(j\omega)$(习题 5.1)为:

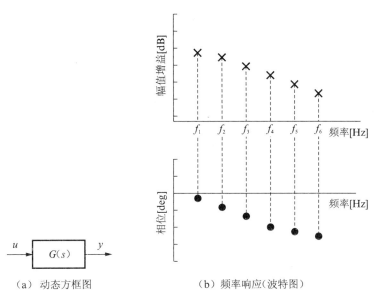

（a）动态方框图　　　　（b）频率响应（波特图）

图 5.2.1　频率响应的测量及表示

$$G(j\omega) = |G(j\omega)| e^{j\phi} \quad [\text{其中}, \phi = \angle G(j\omega)] \tag{5.2.1}$$

输出 y 和输入 u 的幅值之比为 $|G(j\omega)|$，相位差为 $\angle G(j\omega)$。在此，称 $|G(j\omega)|$ 为增益（gain），称 $\angle G(j\omega)$ 为相位（phase）。波特图由上下排列的两个图组成，上图为横轴取角频率 $\omega[\text{rad/s}]$ 或频率 $f[\text{Hz}][=\omega/(2\pi)]$，纵轴取增益 $|G(j\omega)|$ 的对数值 $20\lg|G(j\omega)|$ $[\text{dB}]$ 的幅值曲线，下图为横轴同上图，纵轴取相位 $\angle G(j\omega)[\text{deg}]$ 的相位曲线，分别称为对数幅频特性曲线和对数相频特性曲线。波特图由 Hendrik Wade Bode 于 20 世纪 30 年代提出，之后广泛应用于控制系统的设计和分析，特别在响应性能、稳定性的评判等方面是极为重要的图形。

对于频率传递函数 $G(j\omega)$（频率特性），当频率取某一值时，可用下式表示其实部 $\text{Re}(\omega)$ 和虚部 $\text{Im}(\omega)$：

$$G(j\omega) = \text{Re}(\omega) + j\text{Im}(\omega) \tag{5.2.2}$$

该式可以作为复数平面上的矢量表示。当角频率 ω 从 0 开始增大到 $+\infty$（实际是作为分析对象的角频率带宽的范围）时，在复数平面上绘出的矢量 $G(j\omega)$ 端点的轨迹称为矢量曲线图（vector diagram）或矢量轨迹（vector locus），或奈奎斯特曲线（Nyquist diagram，又称幅相频率特性曲线）。

另外，也可以分别绘出对应于（角）频率轴的式（5.2.2）的实部 $\text{Re}(\omega)$ 和虚部 $\text{Im}(\omega)$ 的变化曲线，把这两个曲线上下排列的图分别称为实频特性曲线和虚频特性曲线（统称 co-quad diagram）。利用该曲线可以方便地推测固有频率等。

如上所述，频率响应表示方法有表 5.2.1 所示的三种，只是不同的响应表示方法而已，本质上是相同的。利用波特图的计算、测量数据可以很容易地绘制矢量曲线图或实频及虚频曲线；用伺服分析仪实测时，只要启动功能按钮就能变更图形表示。

表 5.2.1　频率响应表示方法的分类

名　称	波特图 Bode diagram	矢量曲线 vector diagram	实频和虚频曲线 co-quad diagram
	$G(j\omega)$的曲线		
表达式	增益 $20\lg|G(j\omega)|$ 相位 $\angle G(j\omega)$	$G(j\omega)=\mathrm{Re}(\omega)+j\mathrm{Im}(\omega)$	$G(j\omega)=\mathrm{Re}(\omega)+j\mathrm{Im}(\omega)$
曲　线			
备　注	· 广泛应用的曲线 · 应用于控制系统稳定性、响应性的评价等	应用于奈奎斯特分析法的曲线	估算固有频率等数据有用的曲线

5.3 ≫ 频率响应的读取

在介绍频率响应数学基础之前,先介绍频率响应的计算和实测,以进行识读训练。在工业应用场合需要频繁地进行频率响应的测量和计算,即便是控制技术的初学者,也要根据这种测量结果进行各种讨论,而且必须进行讨论。比起掌握在后面 5.4 节介绍的波特图的绘制方法,根据频率响应判断控制系统的性能显得更为重要。下面介绍实现最多测量运算的频率响应曲线,即波特图。

5.3.1　频率响应和时域响应的对应关系

下面以三个不同控制系统的例子来说明频率响应和时域响应的对应关系。首先,考虑根据系统的输入、输出,通过计算获取表 5.3.1(a)左侧所示的波特图的情况。如果用语言表示这些曲线的形状,就是"在低频段的增益为水平方向,在高频段增益下降",对应的相位曲线在高频段滞后。这个系统的阶跃响应如表 5.3.1(a)右侧所示,即三条曲线时域响应的上升速度从快到慢的顺序为 c,b,a。扩大频率响应水平部分的带宽相当于提升时域响应的快速性,它们有一一对应关系。由于存在这种关系,控制技术人员频繁地进行频域的测量,并边看结果边注意观察频率响应的形状。如果设计的控制器能矫正波形形状,就相当于实现了使时域响应及时、如愿地变化。矫正频率响应波形的形状在控制技术中称为整形(shaping)。

以类似的方式,参照表 5.3.1(b)左侧的波特图,可知该系统是一个二次振荡环节。增益曲线 b 有个尖峰。应关注高出增益平直部分的尖峰的增益值。大多数情况下,要注意峰值频率和峰值。前面已用图 5.2.1 详细说明了波特图,给系统施加频率为峰值频率的正弦波比施加其他频率时的输出大得多,因此,认为时域响应起伏大。实际的阶跃响应为表 5.3.1(b)右侧所示,即峰值越大,超调也越大。因此,若波特图如曲线 a 所示,峰值被抑制,则时域响应不会发生超调。

表 5.3.1　频率响应与时域响应的对应关系

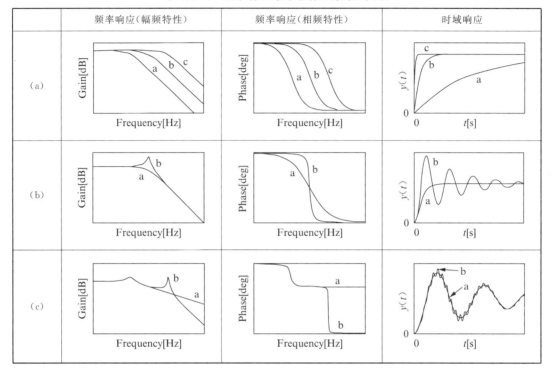

最后,参照表 5.3.1(c)左侧的波特图,曲线 a 和 b 的低频段的增益峰值在同一频率处产生,但是曲线 b 在高频段也有增益的峰值产生。因此,阶跃响应如表 5.3.1(c)右侧所示,是低频和高频信号混合而成的波形。当然,如果是高频峰值被抑制了的增益曲线 a,则其对应的时域响应中的高频振荡也被抑制。

5.3.2　频率响应的实测

根据理论计算得到的频率特性可以绘制出优美的曲线,但是如果是实测频率响应,则会有与此曲线完全一致的时候,也会有不一样的时候。下面列举几个波特图的实测例子,以便获取相关信息。

【实测例 5.3.1】　阻容相位超前补偿电路

图 5.3.1 所示为相位超前补偿电路。输入电压 e_{in} 与输出电压 e_{out} 之间的传递函数为:

图 5.3.1　相位超前补偿电路

$$\frac{e_{out}}{e_{in}} = \frac{R_2}{R_1 + R_2} \cdot \frac{1 + R_1 Cs}{1 + \dfrac{R_1 R_2}{R_1 + R_2} Cs} = \alpha \cdot \frac{1 + Ts}{1 + \alpha Ts} \tag{5.3.1}$$

其中,令 $\alpha = R_2/(R_1 + R_2)$,$T = R_1 C$,则当 $R_1 = 100$ kΩ,$R_2 = 10$ kΩ,$C = 0.044$ μF 时,有:

$$\alpha = 0.090\,9(= -20.83 \text{ dB})$$

根据分子时间常数确定的转折频率：$f = 1/(2\pi T) = 36.17$（Hz）

根据分母时间常数确定的转折频率：$f = 1/(2\pi\alpha T) = 397.89$（Hz）

由伺服分析仪完成的实测波特图如图 5.3.2 所示，原原本本地显示了测量数据，实测结果同上述计算值相同。另外，相位最"超前"的 $56.44°$ 处的频率为 119.97 Hz（习题5.3）。若是电子电路，则理论计算和实测结果几乎没有差异。另外，实测结果就是图5.2.1(b)所示的点图形。早期的伺服分析仪就是在 XY 轴绘图仪上打印这些点，后来才拥有通过在各测量点之间进行连续插补而绘制圆滑曲线的图形显示功能。另外，要注意的是相位在 $360°$ 线以下的情况，通常称为"滞后"，但是，早期的伺服分析仪中往往把低于$360°$ 线的相位定义为"超前"。

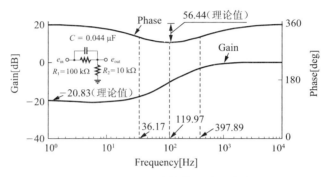

图 5.3.2　相位超前补偿电路的波特图

【实测例 5.3.2】　DC 伺服电动机的波特图

令 DC 伺服电动机的转动惯量为 J，输入转矩为 τ，传动轴的旋转角速度为 $\dot\theta$。此时从τ 到 $\dot\theta$ 的动态方框图如图 5.3.3 左侧所示。为了实测波特图，组成图 5.3.3 右侧所示的系统。电流驱动的输入 X 中，在直流电压上叠加了测量用的正弦波信号，即在稳态运行状态下，对应所加的正弦波信号其转速将变化。利用安装在非传动轴侧的作为速度检测传感器的测速发电机的信号检测电路 Y 读取该转速变化，即用伺服分析仪测出从 X 到 Y 的传递特性 Y/X。

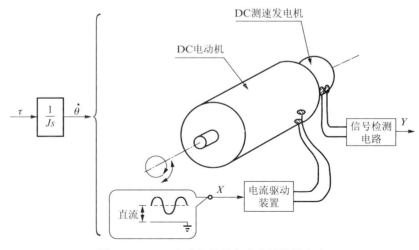

图 5.3.3　DC 电动机的频率响应的测量方法

把波特图的实测结果原样显示在图 5.3.4 中,上方的增益曲线和下方的相位曲线是一对。所谓一对,意味着不能只有一个图单独存在,大多数场合有必要将两者一起表示。

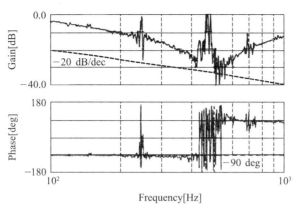

图 5.3.4　DC 电动机的波特图

增益曲线的纵轴为增益[dB],满刻度为 40 dB,四等分为 10 dB/div。相位曲线的纵轴为相位角,满刻度为 360°,四等分为 90°/div,中间线为 0°线。共同的横轴为最低频率 100 Hz,最高频率 1 kHz,宽度为 1 decade(decade 为 10 倍的意思,简写为 dec)的频率。

基于以上认识,在增益曲线图上用虚线画出了斜率为 −20 dB/dec 的斜线。在低频段,就是传递函数 $1/(Js)$ 的增益曲线本身。进而看相位曲线,几乎是 −90°的一条直线,因此就是传递函数 $1/(Js)$ 的相位曲线本身。但是,在 200～300 Hz,增益和相位曲线都有紊乱的响应,这并非是 $1/(Js)$ 的波特图里应有的。产生此问题的原因将在下面的实测例 5.3.3 中详述。

【实测例 5.3.3】　平均化处理

在实测例 5.3.2 中指出,在 200～300 Hz 范围内,增益和相位曲线均有紊乱的响应(图 5.3.4),其原因在于 DC 电动机电刷的机械脉振。由于这是一种随机现象,利用伺服分析仪绘制波特图时,因其具有平均化处理(数字滤波)功能,从波特图上看不到紊乱。

图 5.3.5 所示为 DC 电动机速度控制系统的频率响应。它是以 DC 测速发电机的输出信号作为反馈信号构成的速度控制系统的闭环响应。随着平均化次数的增加,在 200～250 Hz 之间的增益曲线上的紊乱逐渐被抑制,这是因为伺服分析仪只分析与振荡频率同步的信号成分,对不同步的信号通过平均化处理排除。

但是,应注意的是电刷的机械脉振确实存在,必然会对这个用在 DC 电动机上的装置即伺服分析仪产生影响。虽然在建模时有图 5.3.3 左侧所示的 $1/(Js)$,但在实际测量所得的波特图中却未发现。

【实测例 5.3.4】　定位装置的频率特性

把具有可移动质量 m、黏性比例系数 c、弹性系数 k 的定位工作台作为被控对象。令外力为 f,工作台位移为 x,则其传递函数 x/f 为:

$$\frac{x}{f} = \frac{1}{ms^2 + cs + k} \tag{5.3.2}$$

上式右边的参数中,多数情况下 m 值是已知的,但 c 和 k 值不确定,随设计不同而有差别,于是依据实测确定它们的值。为了实测 c 和 k 值而设计的装置如图 5.3.6 所示。

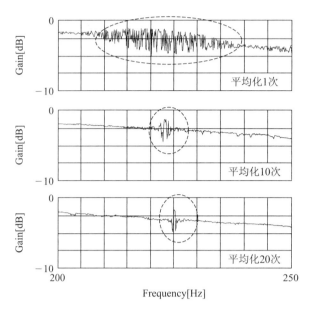

图 5.3.5　经过平均化处理的波特图的变化

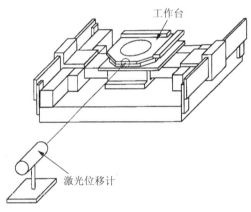

图 5.3.6　定位工作台的波特图测量

　　波特图的实测结果如图 5.3.7 所示。由于伺服分析仪的设定问题，横轴的最小值显示为 500.02 m，这意味着最小频率为 500.02 mHz（毫赫兹）。对于初学者来说，有时不太好理解这个"m"的意义。只要注意所测的最大频率为 50 Hz，且横轴为对数刻度表示，就很容易判断出最小频率为 mHz 级。纵轴的增益满刻度为 80 dB，四等分的话就是 20 dB/div。另外，相位表示范围为 $-180°\sim +180°$。

　　增益 -60 dB 和相位 $-180°$ 所处的位置与所指的刻度相比，稍微偏移了一些。由于测量仪器的画面需要显示各种各样的信息，有时可能不能显示在正确的位置，所以初级技术人员一定要注意这种移位。横轴和纵轴均标出最大值和最小值，读取数据时，需要将刻度细致地计数。

　　确认上述内容后，接着确认增益曲线在高频段开始渐渐衰落（roll-off）成一条斜线。在图 5.3.7 中，用虚线绘制斜率为 -40 dB/dec 的斜线，可以看出与实测的斜线几乎平行。由于相比 500 mHz 处的增益，在约 2.5 Hz 处增益上翘，所以具有谐振特性，即可理解为式

(5.3.2)所示的二次振荡环节的波特图。另外,还可以从相位曲线确认二次振荡环节。以 500 mHz 处的相位为基准,频率增加时,其相位变化持续滞后,最大变化为接近−180°,因此,几乎可以看成是二次振荡环节。

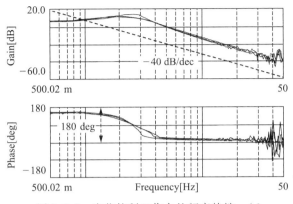

图 5.3.7 定位控制工作台的频率特性 x/f

在此应注意相位的变化。初学者尤其感觉不能理解的是,不论式(5.3.2)的测量结果如何,低频段的相位为什么都是 180°? 这是由信号检测时的极性问题等导致的。由图 5.3.6 可以看到,这取决于工作台接近激光位移计时,输出是正极性信号还是负极性信号。重要的是,以低频段的相位为基准时,高频段的相位滞后约−180°,且必须识读相位变化的全貌。另外,在频率 40～50 Hz 范围内,增益和相位曲线均杂乱无章,理论上讲根据式(5.3.2)推算不应如此。仔细观察此频段增益的大幅度下降,可以判断可能是信号的信噪比过低的缘故,也可能是在式(5.3.2)中没有体现的由机械谐振引起的高频动力学激励的缘故。另外,在图 5.3.7 中,三条曲线是重叠绘制的,虽然测量条件相同,但在实际仪器测量时还是存在分散误差。

【实测例 5.3.5】 峰谷对的频率响应

图 5.3.8(a)所示的是从低频段向高频段的方向上,首先有称为谷底的增益下降,接着产生增益峰值的波特图。谷底和峰值是成对出现的,这是在测量机械振动时经常看到的特性。图 5.3.8(a)所示的是空气压缩机的实测结果。获取这种波特图时,其峰谷里含有相关物理现象的信息,因此可以获知谷底或峰值的频率或增益。

首先,要注意频率测量的分辨率。频率测量范围为 1～100 Hz 的 2 dec(两个十倍频程),图中的 40 点、80 点表示一个十倍频程频率范围内的测量点数目,是由伺服分析仪使用者指定的数值。当然,80 点时的分辨率比 40 点时的高。参照图 5.3.8(a)可知,80 点时的谷底和峰值大,而且谷底和峰值对应的频率比 40 点时的有微小的移动。通过伺服分析仪测量施加输入时的响应,计算增益和相位并绘制曲线。

接着,在改变频率的情况下做相同的测量,继续绘制曲线。直线连接每个测量点以绘制出增益和相位曲线。但是,当频率测量的分辨率较低时,连接测量点的线为折线。有时本来应有尖尖的峰值,测量时因频率划分数目少而导致峰值较低,这对于粗略地捕捉被测对象的频率特性的情况是可以的,但若作为展示或分析目的的数据则不完善。

下面叙述有关测量范围的问题。图 5.3.8(b)为实测数据波特图(a)转换成的奈奎斯特图的表示,图 5.3.8(c)为基于数学模型的波特图,而图 5.3.8(d)为基于数学模型的奈奎斯特图。在图 5.3.8(c) 的数值计算中,用虚线表示的 1 Hz 以下的增益、相位曲线容易绘制。但是在实测的情况下,低频段的测量时间比高频段的测量时间要长很多。因此,在实测图 5.3.8(a) 中并没有进行 1 Hz 以下的测量。1 Hz 以下频率的实测是可以的,但在实际产品的研发和制造时很少进行。若实测频率不在实际应用的测量频率范围内,则即便是有用的和重要的测量也无意义。由于频率的测量范围有限,图 5.3.8(d) 的上方所显示的奈奎斯特图为整个范围内的图形,而实测的图 5.3.8(b) 中只有原点附近的测量数据和图形。由后面介绍的表 5.4.1(c) 和图 5.3.8(c),(d) 进行对比可知,低频段特性为一阶惯性环节。

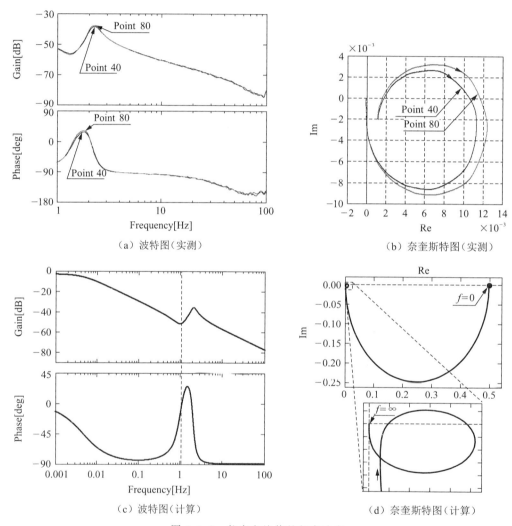

图 5.3.8　谷底和峰值的频率响应

5.4 ›› 波特图的绘制及矢量轨迹

应用控制系统分析、设计用的软件 MATLAB 可以立即绘制传递函数 $G(s)$ 的波特图。即使没有 MATLAB 软件,由于如今的计算机软、硬件环境都比较充实,计算出以波特图为代表的频率响应也毫无障碍。虽然现在是计算机绘图简便的时代,但利用近似折线绘制的波特图的重要性却没有降低。因此,所有控制技术的教材中均介绍了近似折线作图的方法,本书也不例外。在设计和分析控制系统时,技术人员或研究人员往往在桌子上面放一张半对数坐标纸或一张白纸,并基于近似折线法绘制波特图的概略图,以构思并加深对控制系统的理解,这样的设计工作很频繁。

表 5.4.1 所示为积分环节、微分环节、一阶惯性环节、一阶微分环节及二次振荡环节的波特图及矢量轨迹(奈奎斯特图)。下面依次确认两者的对应关系。

表 5.4.1 典型环节传递函数的波特图和矢量轨迹

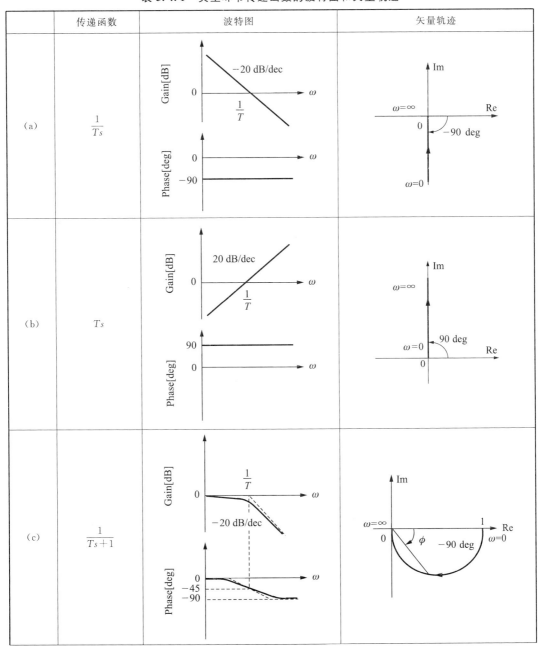

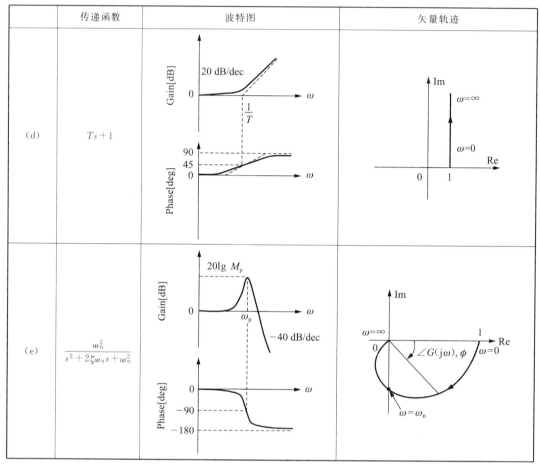

	传递函数	波特图	矢量轨迹
(d)	$Ts+1$		
(e)	$\dfrac{\omega_n^2}{s^2+2\zeta\omega_n s+\omega_n^2}$		

（1）积分环节 $1/(Ts)$ 的波特图和矢量轨迹

绘制积分环节传递函数 $G(s)=1/(Ts)$ 的波特图。频率特性为：

$$G(\mathrm{j}\omega)=\frac{1}{\mathrm{j}\omega T} \qquad (5.4.1)$$

增益可由下式计算：

$$20\lg|G(\mathrm{j}\omega)|=-20\lg|\omega T| \qquad (5.4.2)$$

所以，当 $\omega T=1$ 时，即角频率 $\omega=1/T[\mathrm{rad/s}]$，或频率为 $f=1/(2\pi T)[\mathrm{Hz}]$ 时，增益值为 0 dB。以此为基准，10 倍的频率处为 $\omega T=10$，所以增益为 -20 dB。相对于 0 dB 的频率，其 $1/10$ 倍的频率处的增益为 $+20$ dB［向式（5.4.2）中代入 $\omega T=0.1$］。所以，ω 或 f 每变化1 dec，增益变化 20 dB，此斜率标记为 -20 dB/dec。另外，相位由式（5.4.1）计算，则 $G(\mathrm{j}\omega)=-\mathrm{j}[1/(\omega T)]$，与 ω 无关，始终为常数 $-90°$。因此，波特图的形状如表 5.4.1(a) 所示。

下面绘制 $G(\mathrm{j}\omega)$ 的矢量轨迹。根据式（5.4.1）有：

$$G(\mathrm{j}\omega)=\mathrm{Re}(\omega)+\mathrm{jIm}(\omega)=0+\mathrm{j}\left(-\frac{1}{\omega T}\right) \qquad (5.4.3)$$

因此，表 5.4.1(a) 右侧所示为负虚轴上的轨迹。具体来说，当 $\omega\rightarrow0$ 时为 $-\infty$，当 $\omega\rightarrow\infty$ 时

无限趋近于 0。当 $\omega \to 0$ 时从原点到轨迹的距离(增益 $|G(j\omega)|$)为 ∞,当 $\omega \to \infty$ 时为 0,与波特图中的增益一一对应。另外,从矢量轨迹可以看出相对于正实轴的轨迹的夹角即相位为 $-90°$,当然,同波特图中的相位一样始终为 $-90°$,与 ω 无关。

(2) 微分环节 Ts 的波特图和矢量轨迹

微分环节的传递函数 $G(s) = Ts$ 的频率特性为:

$$G(j\omega) = j\omega T \tag{5.4.4}$$

增益可由下式计算:

$$20\lg|G(j\omega)| = 20\lg|\omega T| \tag{5.4.5}$$

在此,和式(5.4.2)相比较,可知两个环节只是符号相反。因此,积分环节 $1/(Ts)$ 的增益曲线是斜率为 -20 dB/dec 的斜线,而微分环节 Ts 的增益曲线则是斜率为 $+20$ dB/dec 的斜线。从式(5.4.4)可知,相位与角频率 ω 无关,恒定为 $+90°$。积分环节 $1/(Ts)$ 的相位为 $-90°$,而微分环节的相位只是符号与之相反。微分环节的波特图的形状如表 5.4.1(b) 所示。

下面绘制矢量轨迹。根据式(5.4.4)有:

$$G(j\omega) = \text{Re}(\omega) + j\text{Im}(\omega) = 0 + j(\omega T) \tag{5.4.6}$$

当 $\omega = 0$ 时,$\text{Im} = 0$;当 $\omega \to \infty$ 时,$\text{Im} \to \infty$。表 5.4.1(b) 右侧所示为正虚轴上的轨迹。另外,因相对于正实轴的正虚轴的角度为 $+90°$,所以相位为恒定的 $+90°$。矢量轨迹的增益、相位均与波特图的增益和相位相对应。

(3) 一阶惯性环节 $1/(Ts+1)$ 的波特图和矢量轨迹

一阶惯性环节的频率特性 $G(j\omega)$ 的增益和相位分别由以下两个式子表示:

增益

$$|G(j\omega)| = \frac{1}{\sqrt{1+(\omega T)^2}} \tag{5.4.7}$$

相位

$$\angle G(j\omega) = -\arctan\left(\frac{\omega T}{1}\right) = -\arctan(\omega T) \tag{5.4.8}$$

根据近似折线法绘制波特图时,分成以下[1]～[3]三个区间:

[1] $\omega T \ll 1$ 时,即低频段(最低极限频率 $\omega = 0$,即 $f = 0$ 的直流)时。

[2] $\omega T = 1$ 时,即转折频率(break point frequency) $f = 1/(2\pi T)$ 时。

[3] $\omega T \gg 1$ 时,即高频段时。

此时,增益的值如下:

[1] 时:$20\lg|G(j\omega)| \approx 20\lg 1 = 20\lg 10^0 = 0$ dB。

[2] 时:$20\lg|G(j\omega)| = 20\lg(1/\sqrt{2}) = -20\lg 2^{1/2} = -10\lg 2 = -3$ dB。

[3] 时:$20\lg|G(j\omega)| \approx -20\lg|\omega T|$,是斜率为 -20 dB/dec 的斜线。

基于以上理解,增益曲线的渐近线(近似折线)由 0 dB 和 -20 dB/dec 两条直线所组成。具体而言,从上述[1]的 $\omega T \ll 1$ 时的 0 dB 到[2]的 $\omega T = 1$ 处为止,用 0 dB 线连接。实际上,$\omega T = 1$ 处有 -3 dB 的下降,但本方法中为 0 dB 的直线(注意:不能用斜线连接 0 dB 和 -3 dB)。接着,从角频率 $\omega T = 1$、增益为 0 dB 的点开始,绘制每十倍频程下降 -20 dB 的斜线就可得到表中虚线所表示的近似折线(渐近线)图。

另外,相位 ϕ 如下式所示:

[1] 时:$\phi = -\arctan 0 = 0°$。

[2] 时:$\phi = -\arctan 1 = -45°$。

[3] 时:$\phi = -\arctan \infty = -90°$。

在绘制相位曲线时,有另外一种认为 $\omega \leqslant 0.2/T$ 时相位为 $0°$,$\omega \geqslant 5/T$ 时相位为 $-90°$,并把这两个频率点之间用直线连接的近似线画法。一般情况下把 $0°$、$-45°$、$-90°$ 这三点用手工圆滑地连接即可。

下面绘制矢量轨迹。频率特性 $G(j\omega)$ 可以写成实部 Re 和虚部 Im 分开的形式:

$$G(j\omega) = \mathrm{Re}(\omega) + j\mathrm{Im}(\omega) = \frac{1}{1+(\omega T)^2} + j\left[-\frac{\omega T}{1+(\omega T)^2}\right] \tag{5.4.9}$$

根据上式有:

$$\left(\mathrm{Re} - \frac{1}{2}\right)^2 + \mathrm{Im}^2 = \left(\frac{1}{2}\right)^2 \tag{5.4.10}$$

即曲线是中心为 $(1/2,0)$,半径为 $1/2$ 的圆周的矢量轨迹。式 (5.4.10) 为消去了角频率 ω 的式子。下面明确 ω 从 0 开始增大到 ∞ 时的对应的圆周部分。物理上不能存在负角频率 ω 或者负时间常数 T,所以根据式 (5.4.9),Re 为正,Im 为负,即只有 Re>0 且 Im<0 的半圆部分才有实际物理意义。$\omega=0$ 时的坐标 $(1,0)$ 为起始点,$\omega=\infty$ 时的坐标 $(0,0)$ 为终点。另外,当 ω 从 $0 \to \infty$ 时,轨迹的前进方向应加上一个箭头。

在此,确认与波特图的对应关系。

[1] $\omega = 0$ 时:

· 从原点 $(0,0)$ 到轨迹的起始点 $(1,0)$ 的距离为 $1(0\ \mathrm{dB})$。

· 相位为 $0°$。

[2] $\omega = 1/T$ 时:

· 从原点 $(0,0)$ 到轨迹上的坐标点 $(1/2,-1/2)$ 的距离为 $1/\sqrt{2}(-3\ \mathrm{dB})$。

· 相位为 $-45°$。

[3] $\omega = \infty$ 时:

· 轨迹收敛并终止于原点 $(0,0)$,因此与原点的距离为 $0(-\infty\ \mathrm{dB})$。

· 相位为 $-90°$。

因此,矢量轨迹与表 5.4.1(c) 中间的波特图一一对应。

(4) 一阶微分环节 $Ts+1$ 的波特图和矢量轨迹

积分环节 $1/(Ts)$ 及与其互为逆系统的微分环节 Ts 的波特图的增益和相位均具有符号相反的关系。

注意到上述一阶惯性环节 $1/(Ts+1)$ 和 $(Ts+1)$ 互为逆系统,因此一阶惯性环节 $1/(Ts+1)$ 的波特图的增益和相位各自取相反符号的曲线就变成一阶微分环节 $(Ts+1)$ 的波特图。表 5.4.1(d) 所示为虚线绘制的渐近线波特图和实线波特图。

下面绘制矢量轨迹。频率特性 $G(j\omega)$ 及其实部 Re 和虚部 Im 表示为:

$$G(j\omega) = \mathrm{Re} + j\mathrm{Im} = 1 + j\omega T \tag{5.4.11}$$

如表 5.4.1(d) 右侧所示,$\omega=0$ 时为坐标 $(1,0)$,$\omega \to \infty$ 时为坐标 $(1,\infty)$,矢量轨迹与正实轴的夹角从 $0°$ 变化到 $+90°$,与表 5.4.1(d) 中间的波特图有对应关系。

（5）二次振荡环节 $\omega_n^2/(s^2+2\zeta\omega_n s+\omega_n^2)$ 的波特图和矢量轨迹

二次振荡环节传递函数 $G(s)$ 的标准形式如下：

$$G(s) = \frac{\omega_n^2}{s^2 + 2\zeta\omega_n s + \omega_n^2} \tag{5.4.12}$$

令 $\omega_n = 1/T_n$，则上式可改写为：

$$G(s) = \frac{1}{T_n^2 s^2 + 2\zeta T_n s + 1} \tag{5.4.13}$$

根据式(5.4.13)的频率特性 $G(j\omega)$，增益和相位分别为：

增益

$$20\lg|G(j\omega)| = -20\lg\sqrt{[1-(\omega T_n)^2]^2 + (2\zeta\omega T_n)^2}$$
$$= -10\lg\{[1-(\omega T_n)^2]^2 + (2\zeta\omega T_n)^2\} \tag{5.4.14}$$

相位

$$\angle G(j\omega) = -\arctan\frac{2\zeta\omega T_n}{1-(\omega T_n)^2} \tag{5.4.15}$$

在此，分成[1] $\omega T_n \ll 1$，[2] $\omega T_n = 1$，以及[3] $\omega T_n \gg 1$ 三种情况，则增益和相位分别为：

[1] $\omega T_n \ll 1$ 时：增益为 0 dB，相位为 $0°$。

[2] $\omega T_n = 1$ 时：增益为 $-20\lg 2\zeta$，相位为 $-90°$。

[3] $\omega T_n \gg 1$ 时：增益为 -40 dB/dec 的斜线，相位为 $-180°$。

所以，其波特图的形状如表 5.4.1(e)中间所示。其中，产生谐振(resonance)的条件为 $\zeta < 1/\sqrt{2}$，固有角频率 ω_n（无阻尼自然振荡角频率）和增益最大时的谐振角频率(resonant angular frequency) ω_p 的关系为：

$$\omega_p = \omega_n\sqrt{1-2\zeta^2} \tag{5.4.16}$$

另外，此时的增益的谐振峰值(resonant value) M_p 可表示为（参照习题 5.4）：

$$M_p = \frac{1}{2\zeta\sqrt{1-\zeta^2}} \tag{5.4.17}$$

矢量轨迹如表 5.4.1(e)右侧所示。把 $G(j\omega)$ 的实部 Re 和虚部 Im 分开写成如下形式：

$$G(j\omega) = \mathrm{Re}(\omega) + j\mathrm{Im}(\omega) = \frac{1-\left(\dfrac{\omega}{\omega_n}\right)^2 - j2\zeta\dfrac{\omega}{\omega_n}}{\left[1-\left(\dfrac{\omega}{\omega_n}\right)^2\right]^2 + \left(2\zeta\dfrac{\omega}{\omega_n}\right)^2} \tag{5.4.18}$$

相位为：

$$\angle G(j\omega) = -\arctan\left[\frac{2\zeta\dfrac{\omega}{\omega_n}}{1-\left(\dfrac{\omega}{\omega_n}\right)^2}\right] \tag{5.4.19}$$

因此，对 $\omega=0$，ω_n，∞ 分别进行计算，有：

[1] $\omega=0$ 时，坐标(1,0)，增益 $|G|=1$，相位 $\angle G=0°$。

[2] $\omega=\omega_n$ 时，坐标 $[0,-1/(2\zeta)]$，增益 $|G|=1/(2\zeta)$，相位 $\angle G=-90°$。

[3] $\omega = \infty$ 时,坐标 $(0,0)$,增益 $|G| = 0$,相位 $\angle G = -180°$。

可以确认,该矢量轨迹与波特图相对应。

下面重新归纳波特图的优点。考虑传递函数为:

$$G(s) = G_1(s)G_2(s)\cdots G_n(s) \tag{5.4.20}$$

讨论上式所示系统的波特图。把频率特性 $G(j\omega)$ 改写成如下极坐标形式:

$$G(j\omega) = re^{j\theta}, \quad G_i(j\omega) = r_i e^{j\theta_i} \quad (i = 1,2,3,\cdots,n) \tag{5.4.21}$$

其中:

$$r = r_1 r_2 r_3 \cdots r_n, \quad \theta = \theta_1 + \theta_2 + \theta_3 + \cdots + \theta_n \tag{5.4.22}$$

则可得如下两式:

增益

$$20\lg |G(j\omega)| = \sum_{i=1}^{n} 20\lg r_i \tag{5.4.23}$$

相位

$$\angle G(j\omega) = \sum_{i=1}^{n} \theta_i \tag{5.4.24}$$

当 $G(s)$ 的波特图已确定时,其逆系统 $G^{-1}(s)$ 的波特图为:

增益

$$20\lg \left| \frac{1}{G(j\omega)} \right| = -20\lg |G(j\omega)| \tag{5.4.25}$$

相位

$$\angle \frac{1}{G(j\omega)} = -\angle G(j\omega) \tag{5.4.26}$$

因此,可得如下结论:

(1) 根据式(5.4.23),总传递函数 $G(s)$ 的增益等于各传递函数 $G_i(s)$ 的增益在对数坐标上的简单相加。

(2) 根据式(5.4.24),总传递函数 $G(s)$ 的相位等于各传递函数 $G_i(s)$ 的相位在代数坐标上的简单相加。

(3) 根据式(5.4.25)和式(5.4.26),逆系统 $G^{-1}(s)$ 的增益和相位可以以 $G(s)$ 的增益和相位取相反符号的方式绘制出来。

在以下的例题 5.4.1 中,先绘制渐近线,再通过将它们叠加的方式获取波特图。

【例题 5.4.1】 绘制模拟积分补偿器波特图(用渐近线方式)

图 5.4.1 所示为利用运算放大器的模拟(不完全积分)积分补偿电路,实际上是在 2.3 节的图 2.3.4 中应用的补偿器。试用渐近线法绘制波特图中的增益曲线。

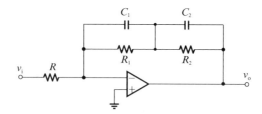

图 5.4.1 模拟积分补偿电路

利用图 5.4.1 中的符号可以写出如下的输入电压 v_i 和输出电压 v_o 之间的传递函数：

$$\frac{v_o}{v_i} = -\frac{R_1+R_2}{R} \cdot \frac{\dfrac{R_1R_2}{R_1+R_2}(C_1+C_2)s+1}{(R_1C_1s+1)(R_2C_2s+1)} \tag{5.4.27}$$

和图 2.3.4(c) 所示的模拟积分补偿器的参数 k_p, T_h, T_1 的对应关系为：

$$k_p = \frac{R_1+R_2}{R}, \quad T_h = \frac{R_1R_2}{R_1+R_2}(C_1+C_2), \quad T_1 = R_2C_2$$

在此，发现图 2.3.4(c) 中没有与式(5.4.27)右边的时间常数 R_1C_1 对应的参数。一般选定时间常数 R_1C_1 很小，所以对应转折频率在高频段可以忽略不计，这将在后面进行说明。去掉 C_1 时，式(5.4.27)同图 2.3.4(c) 中的参数 k_p, T_h, T_1 完全对应。图 5.4.1 中为何加上可以忽略的时间常数 R_1C_1？理由是通过降低高频段的增益，避免产生振荡。有时不加时间常数 R_1C_1 也可能不产生振荡，但电路设计人员的首要任务是保证电路安全可靠。

式(5.4.27)右边的负号表示相位信息。为了边考虑负号，边绘制 v_o/v_i 的增益曲线，按照如下式子分写几个组成部分：

$$\frac{R_1+R_2}{R} \cdot \frac{1}{R_1C_1s+1} \cdot \frac{\dfrac{R_1R_2}{R_1+R_2}(C_1+C_2)s+1}{1} \cdot \frac{1}{R_2C_2s+1} = g \cdot G_1(s) \cdot G_2(s) \cdot G_3(s)$$

元器件参数为 $R=390$ kΩ, $R_1=330$ kΩ, $R_2=2.2$ MΩ, $C_1=68$ pF, $C_2=22$ μF, 因此有：

$$放大系数\ g = \frac{R_1+R_2}{R} = 6.487\ (=16.24\ \text{dB})$$

$$G_1(s)\ 的转折频率 = \frac{1}{2\pi R_1C_1} = 7.09\ \text{kHz}$$

$$G_2(s)\ 的转折频率 = \frac{1}{2\pi \dfrac{R_1R_2}{R_1+R_2}(C_1+C_2)} = 0.025\ 2\ \text{Hz}$$

$$G_3(s)\ 的转折频率 = \frac{1}{2\pi R_2C_2} = 0.003\ 2\ \text{Hz}$$

g, $G_1(s)$, $G_2(s)$, $G_3(s)$ 这四个增益曲线叠加后形成总的增益曲线，即把图 5.4.2 左图中 $G_1(s)$, $G_2(s)$, $G_3(s)$ 三个增益曲线叠加后，再平行移动增益 g 大小的距离即可，或者说以图 5.4.2 右图的放大系数 g 的增益为基准，绘制 $G_1(s)$, $G_2(s)$, $G_3(s)$ 增益曲线并叠加

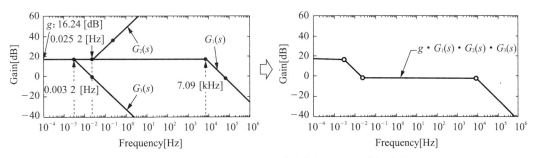

图 5.4.2　基于渐近线的增益曲线［式(5.4.27)］的绘制

即可。图 5.4.2 所示为用上述后一种方法所绘制的。另外,参照图中的 $G_1(s)$ 可知,在频率 7.09 kHz 以及相隔一个十倍频程处的 70.9 kHz 的位置标记了小黑点,用直线连接这两点,就是斜率为 -20 dB/dec 的斜线。同样,在 $G_2(s)$ 和 $G_3(s)$ 上,相隔各自转折频率一个十倍频程的频率处标上小黑点。

下面的例题 5.4.2 中,参数值不确定。这是一种在实测之前想先了解波特图形状时采用的方法。该例子介绍了一种实测之前根据严密的传递函数理论计算和近似处理以及参数的大小能大致推断波特图形状的方法。

【例题 5.4.2】 轴扭转振动的波特图形状

图 5.4.3 所示的力学模型是通过一个具有扭转刚性的轴,把编码器、电动机以及负载连接在一起。当驱动电动机时,该旋转系统的旋转角度只能从作为传感器的编码器中取得。电动机-轴的模型是能突出体现此特性的力学模型。图中各符号的下标 m,e,l 分别表示电动机、编码器以及负载。其他符号的说明为:τ—电动机的驱动转矩;θ—旋转角;$\dot{\theta}$—旋转角速度;J—转动惯量;B_{me},B_{ml}—m-e 之间、m-l 之间的黏性比例系数;K_{me},K_{ml}—m-e 之间、m-l 之间的扭转刚性。

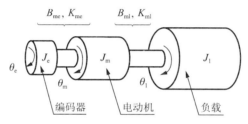

图 5.4.3　电动机-轴的模型

在此,利用所定义的符号建立如下运动方程:

$$J_m\ddot{\theta}_m + B_{me}(\dot{\theta}_m - \dot{\theta}_e) + B_{ml}(\dot{\theta}_m - \dot{\theta}_l) + K_{me}(\theta_m - \theta_e) + K_{ml}(\theta_m - \theta_l) = \tau$$

$$(5.4.28)$$

$$J_l\ddot{\theta}_l + B_{ml}(\dot{\theta}_l - \dot{\theta}_m) + K_{ml}(\theta_l - \theta_m) = 0 \qquad (5.4.29)$$

$$J_e\ddot{\theta}_e + B_{me}(\dot{\theta}_e - \dot{\theta}_m) + K_{me}(\theta_e - \theta_m) = 0 \qquad (5.4.30)$$

根据式(5.4.28)～式(5.4.30),电动机驱动转矩 τ 和编码器的角速度 $\dot{\theta}_e$ 之间的传递函数 $H(s)$ 为:

$$H(s) = \frac{1}{s} \cdot \frac{(B_{me}s + K_{me})(J_l s^2 + B_{ml}s + K_{ml})}{a_4 s^4 + a_3 s^3 + a_2 s^2 + a_1 s + a_0} \qquad (5.4.31)$$

其中:

$$a_4 = J_m J_e J_l$$

$$a_3 = B_{me}J_l(J_e + J_m) + B_{ml}J_e(J_m + J_l)$$

$$a_2 = B_{me}B_{ml}(J_m + J_e + J_l) + K_{me}J_l(J_m + J_e) + K_{ml}J_e(J_m + J_l)$$

$$a_1 = (J_m + J_e + J_l)(K_{me}B_{ml} + K_{ml}B_{me})$$

$$a_0 = (J_m + J_e + J_l)K_{me}K_{ml}$$

传递函数比较复杂,但只要知道参数值,利用合适的软件就可以容易地绘制波特图。实际上,绝大多数情况下不能立即知道具体的参数值,而且有时在弄清参数之前想要先掌握大致的 $H(s)$ 的波特图的形状,因此,为了更好地进行分析,在此取近似操作。

通常 $J_e \ll J_m$ 和 J_1,因此有:

$$\frac{J_m J_e J_1}{J_m + J_e + J_1} \approx J_e \cdot \frac{J_m J_1}{J_m + J_1} \equiv J_e \cdot J_{\text{eff}} \tag{5.4.32}$$

$$\frac{B_{me} J_1(J_e + J_m) + B_{ml} J_e(J_m + J_1)}{J_m + J_e + J_1} \approx B_{me} \cdot \frac{J_m J_1}{J_m + J_1} + B_{ml} J_e \tag{5.4.33}$$

$$\frac{K_{me} J_1(J_m + J_e) + K_{ml} J_e(J_m + J_1)}{J_m + J_e + J_1} \approx K_{me} \cdot \frac{J_m J_1}{J_m + J_1} + K_{ml} J_e \tag{5.4.34}$$

于是式(5.4.31)变为:

$$H(s) = \frac{1}{(J_m + J_e + J_1)s} \cdot \frac{\left(\frac{J_1}{K_{ml}} s^2 + \frac{B_{ml}}{K_{ml}} s + 1\right)\left(\frac{B_{me}}{K_{me}} s + 1\right)}{\left(\frac{J_{\text{eff}}}{K_{ml}} s^2 + \frac{B_{ml}}{K_{ml}} s + 1\right)\left(\frac{J_e}{K_{me}} s^2 + \frac{B_{me}}{K_{me}} s + 1\right)} \tag{5.4.35}$$

按照典型环节分解此 $H(s)$ 的形式,并把它们叠加,就可以了解波特图的形状。对式(5.4.35)右边各环节分解有:

$$H(s) = \frac{1}{(J_m + J_e + J_1)s} \cdot \left(\frac{J_1}{K_{ml}} s^2 + \frac{B_{ml}}{K_{ml}} s + 1\right) \cdot$$
$$\frac{1}{\frac{J_{\text{eff}}}{K_{ml}} s^2 + \frac{B_{ml}}{K_{ml}} s + 1} \cdot \frac{1}{\frac{J_e}{K_{me}} s^2 + \frac{B_{me}}{K_{me}} s + 1} \cdot \left(\frac{B_{me}}{K_{me}} s + 1\right) \tag{5.4.36}$$

按照式(5.4.36)右边排列的环节的顺序,可以利用表 5.4.1(a)和(e)的逆系统以及(e)和(d)的波特图,将它们叠加以获得总的波特图(习题5.5)。

接着参照表5.3.1(c)左侧b的增益曲线,其高频段存在谐振峰值,时域响应产生对应于谐振的振荡。为了抑制此振荡,经常在系统中串入一个在峰值频率附近持有负尖峰的滤波器,以降低增益。此滤波器称为陷波滤波器(notch filter)。从原理上或定性地说,陷波滤波器可以理解为用陷波抵消峰值。但是,从保证稳定性的理论层面上讲,陷波的频率设定应比峰值频率低一些。

在下面的例题 5.4.3 中将涉及陷波滤波器特征的相位曲线,同时介绍切合实际情况的陷波中心频率的设定问题。在工业现场,作为一种解决系统对机械振动过于敏感问题的措施可以利用滤波器,特别是在机械系统控制领域,这种陷波滤波器是不可或缺的。但是,它属于现场采用的临时性调节,是一种治标不治本的方法,因其不能保证系统的鲁棒性,所以也有一些负面评价。

在工业应用现场,有一种"采用陷波"的说法,意思是当不希望看见的谐振峰值导致振荡时,常采用陷波滤波器,这是一种事后处理的临时性调节方法,被人们批评为敷衍了事的方法。再加上陷波滤波器对参数变化很敏感这一缺点,有时可能一时得到良好结果,但过段时间就会变差,因此被认为是鲁棒性差,不能抵消针对应用陷波滤波器而产生的差评。但是,在机械系统控制的场合不得不采用这种滤波器,这也是事实。

在以下的例题 5.4.3 中,通过典型模拟电路的计算,介绍陷波滤波器波特图的形状,并且利用波特图的叠加确认"陷波"是怎样在增益曲线上产生增益降落的。此外,还要注意观察以陷波中心频率为界限的相位曲线的变化。

【例题 5.4.3】 陷波滤波器的传递函数

图 5.4.4 所示为典型陷波滤波器的模拟电路。利用图中所标记的符号，求解电路方程，并进行拉普拉斯变换，则有下式：

$$\frac{v_{in} - e_1}{R_1} = sC_3(e_1 - \alpha v_{out}) + \frac{e_1 - v_{out}}{R_2} \tag{5.4.37}$$

$$sC_1(v_{in} - e_2) + sC_2(v_{out} - e_2) = \frac{e_2 - \alpha v_{out}}{R_3} \tag{5.4.38}$$

$$\frac{e_1 - v_{out}}{R_2} = sC_2(v_{out} - e_2) \tag{5.4.39}$$

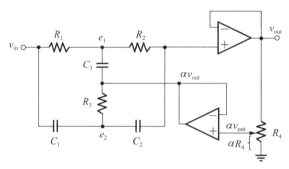

图 5.4.4 陷波滤波器模拟电路

根据式(5.4.37)～式(5.4.39)，消去 e_1, e_2，求出传递函数 v_{out}/v_{in}，则有：

$$\frac{v_{out}}{v_{in}} = [R_1 R_2 R_3 C_1 C_2 C_3 s^3 + (R_1 + R_2)R_3 C_1 C_2 s^2 + R_3(C_1 + C_2)s + 1]/\{R_1 R_2 R_3 C_1 C_2 C_3 s^3 +$$
$$[R_1 R_2 C_2 C_3(1-\alpha) + R_1 R_3 C_3(C_1 + C_2)(1-\alpha) + R_3(R_1 + R_2)C_1 C_2]s^2 +$$
$$\{(1-\alpha)[R_1 C_3 + (R_1 + R_2)C_2] + R_3(C_1 + C_2)\}s + 1\} \tag{5.4.40}$$

在此，令 $R = R_1 = R_2 = 2R_3, C = C_1 = C_2 = C_3/2$，可得下式：

$$\frac{v_{out}}{v_{in}} = \frac{R^3 C^3 s^3 + R^2 C^2 s^2 + RCs + 1}{R^3 C^3 s^3 + (5-4\alpha)R^2 C^2 s^2 + (5-4\alpha)RCs + 1}$$
$$= \frac{(RCs + 1)(R^2 C^2 s^2 + 1)}{(RCs + 1)[R^2 C^2 s^2 + 4(1-\alpha)RCs + 1]}$$
$$= \frac{R^2 C^2 s^2 + 1}{R^2 C^2 s^2 + 4(1-\alpha)RCs + 1} \tag{5.4.41}$$

式(5.4.41)右边第一个传递函数表达式的分子、分母均为 s 的三阶多项式，但最后传递函数的分子、分母均整理成二次多项式。因为极点 $s = -1/(RC)$ 和零点 $s = -1/(RC)$ 相同，相互抵消，所以称此为零极点对消(pole zero cancellation)或零极点抵消。

在此，为了正确理解陷波滤波器的主要参数，做变量替换。向式(5.4.41)中引入陷波中心角频率 $\omega_0 = 1/(RC)$(因传输为零，也称为 null 频率)，并整理可得：

$$\frac{v_{out}}{v_{in}} = \frac{s^2 + \omega_0^2}{s^2 + 4(1-\alpha)\omega_0 s + \omega_0^2} = \frac{s^2 + \omega_0^2}{s^2 + 2 \cdot 2(1-\alpha)\omega_0 s + \omega_0^2} \tag{5.4.42}$$

根据式(5.4.42)，增益和相位分别为：

增益

$$20\lg|G(\mathrm{j}\omega)| = 20\lg \frac{\left|1 - \left(\frac{\omega}{\omega_0}\right)^2\right|}{\sqrt{\left[1 - \left(\frac{\omega}{\omega_0}\right)^2\right]^2 + 16(1-\alpha)^2\left(\frac{\omega}{\omega_0}\right)^2}} \tag{5.4.43}$$

相位

$$\angle G(\mathrm{j}\omega) = -\arctan\left[\frac{4(1-\alpha)\frac{\omega}{\omega_0}}{1 - \left(\frac{\omega}{\omega_0}\right)^2}\right] \tag{5.4.44}$$

在式(5.4.42)的最右边,有意识地把分母多项式的 s^1 项的系数改写为 $2\cdot2(1-\alpha)\omega_0$。这是因为在第 3 章表 3.5.2 的二次振荡环节的标准形式中,这部分标记为 $2\zeta\omega_0$,即 $\zeta = 2(1-\alpha)$,根据 α 可调整 ζ。为了理解可调的意思,在图 5.4.5 中把式(5.4.42)的极点和零点的配置绘制在 s 平面上。图中,符号"o"表示零点,"×"则表示随 α 变化的极点。当 $\alpha=1$ 时,发生零极点对消;当 α 在 1~0.5 范围变化时,极点的配置在半径为 ω_0 的圆周上变化。

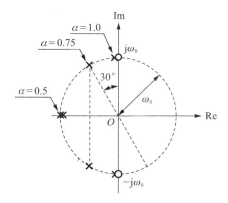

图 5.4.5　式(5.4.42)的极点和零点配置

有了以上的准备工作后,利用已经学过的波特图绘制中的叠加方式,可以绘制出式(5.4.42)所示的波特图的整体形状。具体来说,分别绘制式(5.4.42)的分子多项式 $s^2 + \omega_0^2$ 和分母多项式 $s^2 + 4(1-\alpha)\omega_0 s + \omega_0^2$ 的波特图。参照图 5.4.6 上方的小图,其中实线为 $(s^2+\omega_0^2)/\omega_0^2$ 的波特图,虚线为 $\omega_0^2/[s^2+4(1-\alpha)\omega_0 s+\omega_0^2]$ 的波特图。把这两个图形叠加,可得图 5.4.6 下方所示的图形,通过调整 α,可以调节陷波的尖端宽度(陷波宽度)。

在此关注相位曲线的形状。因为在比陷波中心角频率 ω_0 低的频段,相位滞后会降低闭环系统的稳定性,因此设定 ω_0 要比谐振频率低,利用其相位超前特性以增强稳定性。

另外,根据式(5.4.43),$\omega=\omega_0$ 时增益为 0,即图 5.4.6 下方的陷波的增益通常为 $-\infty$ dB 。但是,应用陷波滤波器时,有时不想用 $-\infty$ dB,而是想用有限值的陷波量。为此,给式(5.4.42)的分子多项式 $s^2+\omega_0^2$ 追加 s^1 项,可得如下的陷波滤波器传递函数 $G_{\mathrm{notch}}(s)$:

$$G_{\mathrm{notch}}(s) = \frac{s^2 + 2\zeta'\omega_0 s + \omega_0^2}{s^2 + 2\zeta\omega_0 s + \omega_0^2} \tag{5.4.45}$$

人们发现该传递函数拥有有效的陷波滤波器功能,因此广泛使用。关于式(5.4.45)的详细介绍,请参照 7.9 节。

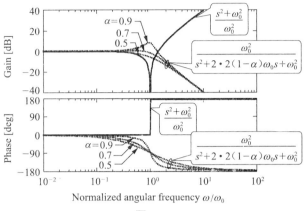

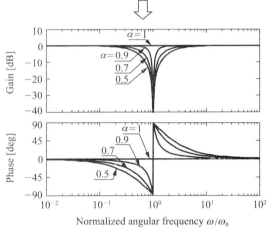

图 5.4.6　通过波特图叠加的式(5.4.42)的图形

习　题

【习题 5.1】　试证明稳定传递函数 $G(s)$ 的频率特性为 $G(j\omega)$。

【习题 5.2】　在 5.2 节介绍了有利于估算固有频率等的 co-quad 曲线。在此,以质量 m、弹性系数 k、黏性比例系数 c 的力学系统为被控对象,外力 f 和质量 m 的位移 x 之间的传递函数 $G_c(s)$ 为如下的柔度(刚度的倒数):

$$G_c(s) = \frac{1}{ms^2 + cs + k}$$

利用 co-quad 曲线,容易求出固有频率 $\omega_n = \sqrt{k/m}$ 和衰减系数 $\zeta = c/(2\sqrt{mk})$。试与利用 $G_c(s)$ 的波特图求出两个参数时的情况相比较,并进行说明。

【习题 5.3】　相位超前补偿器的传递函数如下所示。试求最大相位超前量 ϕ_{max},以及 ϕ_{max} 对应的频率 f^*,并与图 5.3.2 所示的结果相比较。

$$\frac{e_{out}}{e_{in}} = \alpha \cdot \frac{1 + Ts}{1 + \alpha Ts}$$

【习题5.4】 式(5.4.12)的传递函数如下所示:

$$G(s) = \frac{\omega_n^2}{s^2 + 2\zeta\omega_n s + \omega_n^2}$$

参照表5.4.1(e),令增益曲线的谐振峰值 M_p 处的谐振角频率为 ω_p。试用 ω_n,ζ 表示 M_p 和 ω_p。

【习题5.5】 试绘出式(5.4.36)所示的波特图的大致形状。

【习题5.6】 习题图5.1为由弹性系数 $K[\text{N}/\text{m}]$、黏性比例系数 $D[\text{N}\cdot\text{s}/\text{m}]$ 的板型弹簧支撑的质量为 $M[\text{kg}]$ 的弹簧振子。实测了给 M 施加外力 f 起振、振子的位移为 x 时的波特图 x/f。习题图5.2为实测的增益曲线。试求 $M=0.03\text{ kg}$ 时的 K 和 D 值。

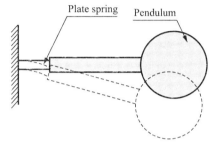

习题图5.1 弹簧振子

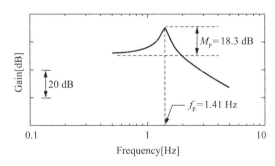

习题图5.2 对应外力的弹簧振子的位移(实测波特图)

第**6**章

控制系统的稳定性

系统的稳定、不稳定到底是指什么？怎样确定稳定或不稳定？虽然可以称"系统是稳定的"，但它们的稳定程度各不相同，有的系统只要加一点外部干扰就变成不稳定的，而有的系统几乎不受干扰的影响，或有的系统经常处于不停的摇晃状态，既不是稳定的，也不是不稳定的，是处于一种称为临界稳定的状态。

本章中，将学习利用已介绍的传递函数和波特图定量评价系统稳定性的方法，并介绍一种根据理论计算判断系统是否稳定、利用图解方式评价系统稳定程度的典型方法。

6.1 ›› 控制系统的稳定和不稳定

通常"输出信号发散"或"相位比$-180°$还滞后"的系统不稳定。对于这样的不稳定系统，通过某种动作使系统稳定的过程就是控制，完成这个动作的策略之一就是反馈控制。反馈控制的目的在于使被控量同目标值一致，抑制干扰。控制系统稳定地动作是达到这个目的的前提。

当控制系统目标值发生变化，或者因干扰发生控制系统紊乱时，若经过一定时间后影响消失（趋于某个恒定值），则认为该系统是稳定的。若输出随着时间的推移越来越发散，则认为系统是不稳定的。若输出不发散，但也不趋近于某一恒定值，即输出是一个振荡的响应，则认为系统是临界稳定的。

下面通过一个简单的例子来讨论上述问题。输出信号发散这种表述比较直观，易于联系到系统的不稳定。该例子表示的是原本稳定运行的反馈系统的增益改变，则系统渐渐不稳定。讨论如图 6.1.1(a)所示的具有稳定的开环传递函数的系统实施反馈控制的情况，并观测为了提高快速性而增大系统增益 K 时的阶跃响应。当 K 从 100 增加到 500 时，快速性得到提高，但响应变得振荡。当 K 继续增大到 1 500 时，系统发散，不稳定。由此可以看出，虽然随着 K 的增大响应速度加快，但系统变得不稳定。

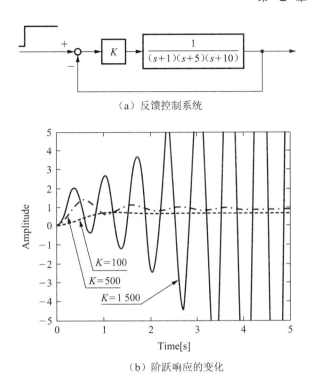

（a）反馈控制系统

（b）阶跃响应的变化

图 6.1.1　增益增大引起的系统的不稳定变化

判断系统是否稳定，若看图 6.1.1 所示的阶跃响应或脉冲响应，则答案是否定的。最简单的判断方法是看系统极点在 s 平面上的位置。图 6.1.2 所示的控制系统的开环传递函数为 $G(s)H(s)$，系统特征方程式为：

$$1+G(s)H(s)=0 \qquad\qquad (6.1.1)$$

此方程的根即极点的实部全部为负数，这就是系统稳定的充分必要条件。

图 6.1.3 所示为 s 平面上的稳定、不稳定区域及临界稳定区域。若极点在 s 平面的左半平面，即系统全部极点位于其实部为负数的区域，则系统稳定；若极点在 s 平面的右半平面，即实部为正数的区域只要有一个极点，则系统就不稳定；若极点在虚轴上，即实部为 0 时，则系统为临界稳定。在虚轴上有共轭复数根的系统将持续振荡（等幅振荡）。

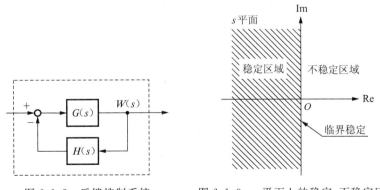

图 6.1.2　反馈控制系统　　　　　图 6.1.3　s 平面上的稳定、不稳定区域

图 6.1.4 为具体的稳定或不稳定的极点配置。其中，（a）全部极点在左半平面时系统

稳定,(b) 虚轴上有共轭复数根时系统临界稳定,(c) 右半平面有极点时系统不稳定。几种情况响应波形的大致形状如第 4 章图 4.2.11 所示。

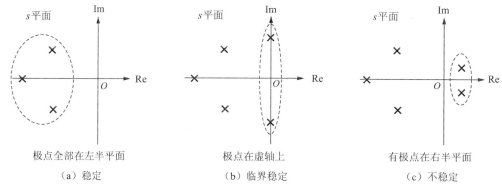

极点全部在左半平面   极点在虚轴上   有极点在右半平面

（a）稳定   （b）临界稳定   （c）不稳定

图 6.1.4　极点配置导致的稳定、不稳定的例子

6.2 ›› 稳定性和内部稳定性

线性定常系统的稳定性定义为如下的 BIBO 稳定（Bounded Input Bounded Output stability）：“当给线性定常系统施加有界输入时，若其输出为有界，则该系统为 BIBO 稳定。”

考虑图 6.1.2 所示的闭环传递函数 $W(s)$，利用 $w(t) = \mathcal{L}^{-1}[W(s)]$，求得其脉冲响应。此时，闭环系统 BIBO 稳定的充分必要条件是其脉冲响应到无穷远时刻的积分值为有限值，即

$$\int_0^\infty |w(t)| \, \mathrm{d}t < \infty \tag{6.2.1}$$

等价于其脉冲响应收敛于 $0 [\lim_{t \to \infty} w(t) = 0]$。

上述定义是广义上系统稳定性的定义。更加严谨的稳定性定义需要讨论其内部稳定性的性能。当系统的所有输入和输出之间的传递函数均为 BIBO 稳定时，称系统为内部稳定。

例如，在图 6.2.1 所示的反馈系统中，可得外部输入（r 和 d）与内部信号（对应于 x_1 和 x_2 的输入）之间的关系式为：

$$\begin{bmatrix} x_1 \\ x_2 \end{bmatrix} = \frac{1}{1 + G(s)H(s)} \begin{bmatrix} 1 & -G(s) \\ H(s) & 1 \end{bmatrix} \begin{bmatrix} r \\ d \end{bmatrix} \tag{6.2.2}$$

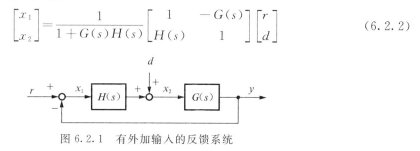

图 6.2.1　有外加输入的反馈系统

此时，若四个传递函数全部为 BIBO 稳定，则称图 6.2.1 所示反馈系统为内部稳定。此定义的必要性在于，只满足从外部输入 r, d 到外部输出 y 的稳定性并不能充分保证闭

环系统的稳定性(习题 6.2)。

在表 6.2.1 中归纳了稳定判据。因为本书以 LTI 系统为研究对象,所以叙述了利用频率特性、传递函数或特征方程式的稳定判据。

表 6.2.1 稳定判据

对 象	稳定判据	判据的特点
频率特性 (线性定常系统)	基于波特图的判据 奈奎斯特判据	利用开环传递函数,判断闭环系统稳定性
传递函数或特征方程式 (线性定常系统)	劳斯稳定判据 赫尔维兹稳定判据	不用求解特征方程式,而是利用系数之间的关系判断稳定性
状态方程式 (线性系统和非线性系统)	李雅普诺夫稳定判据(尤其对非线性系统稳定性判断有效)	根据由状态变量构成的李雅普诺夫函数的正定性和其微分的负定性判断

利用频率特性的稳定判据有基于波特图或奈奎斯特图的方法。利用波特图时,可以根据增益裕量和相位裕量两个指标判断其稳定程度。另外,奈奎斯特稳定判据(Nyquist stability criterion)是根据绘制开环传递函数的奈奎斯特图时,轨迹是在坐标点$(-1, j0)$的里侧或外侧与实轴相交来判断稳定性的方法。另外,在利用传递函数的判据中,通过特征方程式的系数关系做出判断的劳斯和赫尔维兹稳定判据较为著名。

另外,表 6.2.1 中的李雅普诺夫稳定判据因超出本书范围,在本书中并不介绍,感兴趣的读者可参看有关现代控制理论的相关文献等。

6.3 >> 基于频率特性的稳定判据

6.3.1 增益裕量和相位裕量

系统的稳定性是评价系统的重要指标。为了实施更加严格的评价,有必要考虑稳定的程度,即定量评价系统稳定的程度。在 6.1 和 6.2 节中只是讨论了"稳定"或"不稳定"的判断问题,本节将引入裕量指标来评价稳定的程度。由此可根据增益裕量(gain margin)和相位裕量(phase margin)这两个指标来定义稳定度。

增益裕量和相位裕量可从奈奎斯特图或者波特图求得,均为频域的评价方法。目前还没有在时域中定量评价稳定程度的方法。但是,闭环极点在左半平面上离虚轴的距离越远,其稳定性越好,因此,图 4.2.11 所示的极点配置也可作为裕量的尺度被利用。

6.3.2 基于波特图的稳定判据

如表 6.2.1 所示,此判据为利用开环传递函数的波特图判断系统稳定性和稳定裕量的方法。首先,如图 6.3.1 所示,定义波特图上的增益裕量 G_M 和相位裕量 P_M。

增益裕量 $G_M[\mathrm{dB}]$:相位曲线与$-180°$线相交的角频率为 $\omega_{pc}[\mathrm{rad/s}]$($=2\pi f_{pc}[\mathrm{Hz}]$)时,对应的增益曲线比 0 dB 小的值。在此,$\omega_{pc}$ 称为相位穿越角频率(phase crossover frequency)。

相位裕量 $P_M[°]$:增益曲线与 0 dB 线相交的角频率为 $\omega_{gc}[\mathrm{rad/s}]$($=2\pi f_{gc}[\mathrm{Hz}]$)时,对

应的相位曲线比$-180°$滞后的值。在此，ω_{gc}称为增益穿越角频率（gain crossover frequency）。

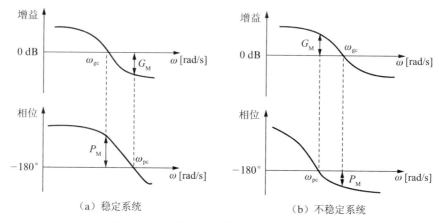

图 6.3.1　波特图中的增益裕量和相位裕量

例如，在图 6.3.1（a）的波特图中，频率 ω_{pc} 处的增益为 -15 dB，频率 ω_{gc} 处的相位为 $-150°$，则增益裕量为 15 dB，相位裕量为 $30°$。增益裕量、相位裕量均为表示系统离不稳定裕量的指标，所以对于稳定的系统而言，各自的裕量必须是正值。因此，图 6.3.1（b）所示为不稳定系统。另外，对于一阶惯性系统、二次振荡系统，其相位不会比 $-180°$ 更滞后，所以为常稳定系统。

6.3.3　基于奈奎斯特图的稳定判据

下面把图 6.3.1 所示的波特图上的增益裕量 G_M 和相位裕量 P_M 的定义改写到奈奎斯特图上。如表 6.3.1 所示，波特图和奈奎斯特图只是绘制形式不同。因此，它们在奈奎斯特图上的定义跟图 6.3.1 的定义必然相同。

表 6.3.1　频率特性的图示法

名　称	横　轴	纵　轴	绘图范围
波特图	$\lg \omega$	$20\lg|G(j\omega)|$ 和 $\angle G(j\omega)$	着眼频带
奈奎斯特图（矢量轨迹）	$\mathrm{Re}[G(j\omega)]$	$\mathrm{Im}[G(j\omega)]$	一般来说 $0 \leqslant \omega \leqslant \infty$
相频特性图	$\angle G(j\omega)$	$20\lg|G(j\omega)|$	着眼频带
孔　图	$\mathrm{Re}[G(j\omega)]$	$\mathrm{Im}[G(j\omega)]$	在奈奎斯特图上引入增益和相位等高线的图
尼科尔斯图	$\angle G(j\omega)$	$20\lg|G(j\omega)|$	在相位曲线上引入增益和相位等高线的图

奈奎斯特图的绘制方法将在后面的例题 6.3.1 中介绍，当开环传递函数 $L(s)$ 的奈奎斯特图绘制成图 6.3.2 时，前述的增益裕量 G_M 和相位裕量 P_M 可用如下方式读取。

增益裕量 G_M：当奈奎斯特曲线在奈氏左半平面与实轴相交，其交点（此时的角频率为 ω_{pc}）与原点距离为 ρ 时，定义式如下：

$$G_M = 20\lg \frac{1}{\rho} = -20\lg|L(j\omega_{pc})| \qquad (6.3.1)$$

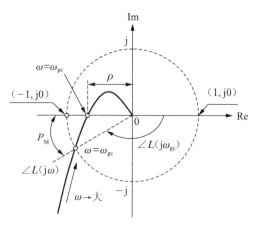

图 6.3.2 奈奎斯特稳定判据

即 ω_{pc} 处的增益大小从原点处看时,离点 $(-1,j0)$ 越近,系统越接近不稳定状态。

相位裕量 P_M:当奈奎斯特图与单位圆相交时,把此交点(此时的角频率为 ω_{pc})和原点连成一条直线,该直线与负实轴夹角就是 P_M,即

$$P_M = 180° + \angle L(j\omega_{gc}) \tag{6.3.2}$$

此角为 $0°$,即交点为 $(-1,j0)$,意味着相位滞后 $180°$,系统不稳定(临界稳定)。

由图 6.3.2 可知,若 $\angle L(j\omega_{pc})$ 为正,则会导致式(6.3.2)的计算结果出现超过 $180°$ 的错误。从图上乍一看,计算结果好像是超过 $180°$,但以适当的值实际计算时,$\angle L(j\omega_{pc})$ 必定为负。这一点从以实轴正方向为 $0°$,逆时针方向角度为正的假设也可以证明。

表 6.3.1 所示为频率特性的图示法汇总。在控制工程中经常出现的就是波特图和奈奎斯特图,而在工业现场波特图被广泛应用。在第 5 章的表 5.4.1 中介绍了典型传递函数的波特图和奈奎斯特图,表 6.3.1 中也归纳了其他频率特性的图示法。

判断系统稳定性的判据之一就是奈奎斯特稳定判据。此方法就是 5.4 节介绍的通过绘制开环传递函数的奈奎斯特图在频域中判断闭环系统稳定性的方法。

首先说明奈奎斯特图的绘制方法。为了正确绘制奈奎斯特图,利用计算机和专用软件(如 MATLAB)比较方便。对于只判断稳定性的场合,没必要全部都要精确绘制,只要把几个关键频率附近的轨迹正确绘制即可。关键频率点有以下三处。

$\omega = 0$:奈奎斯特图的起始点。

$\omega = \infty$:奈奎斯特图的终点。

$\omega = \omega_{pc}$:相位穿越角频率点。

下面举一个简单的例子来确认奈奎斯特图的绘制方法。

【例题 6.3.1】 奈奎斯特图的绘制

试绘制开环传递函数为

$$L(s) = \frac{5}{(s+0.5)(s+1)(s+2)} \tag{6.3.3}$$

的系统的奈奎斯特图。

解:

步骤 1 求取开环传递函数的频率特性。

$$L(j\omega) = \frac{5}{(j\omega + 0.5)(j\omega + 1)(j\omega + 2)} \quad (6.3.4)$$

步骤 2　求取频率特性的增益及相位。

$$|L(j\omega)| = \frac{5}{\sqrt{(\omega^2 + 0.25)(\omega^2 + 1)(\omega^2 + 4)}} \quad (6.3.5)$$

$$\angle L(j\omega) = \arctan\left[-\frac{\omega(3.5 - \omega^2)}{(1 - 3.5\omega^2)}\right] = -\tan(2\omega) - \arctan\omega - \arctan\left(\frac{\omega}{2}\right)$$

$$(6.3.6)$$

步骤 3　求出频率分别为 $\omega = 0, \infty, \omega_{pc}$ 的频率特性的幅值及相位。

$\omega = 0$：奈奎斯特图的起始点。

$$|L(j0)| = \frac{5}{(j0 + 0.5)(j0 + 1)(j0 + 2)} = 5 \quad (6.3.7)$$

$$\angle L(j0) = \arctan 0 = 0° \quad (6.3.8)$$

$\omega = \infty$：奈奎斯特图的终点。

$$|L(j\infty)| = \lim_{\omega \to \infty} \frac{5}{(j\omega + 0.5)(j\omega + 1)(j\omega + 2)} = 0 \quad (6.3.9)$$

$$\angle L(j\infty) = \arctan \infty = -270° \quad (6.3.10)$$

$\omega = \omega_{pc}$：相位穿越角频率。

为了使 $\angle L(j\omega) = -180°$，根据式(6.3.6)，至少有 $\omega(3.5 - \omega^2) = 0$，因此有：

$$\omega = 0, \pm\sqrt{3.5} \quad (6.3.11)$$

$\omega = 0$ 为起始点，且频率为正数，所以与实轴相交的频率为 $\omega_{pc} = \sqrt{3.5}$。由此，该频率处的增益为：

$$\left|L(j\sqrt{3.5})\right| = \frac{5}{\sqrt{(3.5 + 0.25)(3.5 + 1)(3.5 + 4)}} = \frac{5}{11.25} \approx 0.44 \quad (6.3.12)$$

步骤 4　把在步骤 3 求得的三个点绘制在复数平面上。

只要计算出步骤 3 频率特性的增益和相位，就可以绘制奈奎斯特图的概略图。在此，利用控制系统设计用 CAD 之一的 MATLAB 绘制奈奎斯特图，如图 6.3.3 所示。

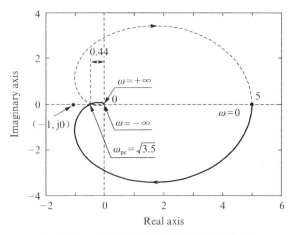

图 6.3.3　奈奎斯特图(用 MATLAB 绘制)

如图 6.3.3 所示,奈奎斯特图是关于实轴对称的。通常,作为频率范围考虑的是 0～∞,但绘制奈奎斯特图时,多数情况下考虑−∞～+∞ 的范围。图中,−∞～0 的频率范围用虚线绘制,0～+∞ 的频率范围用实线表示。另外,图 6.3.3 的奈奎斯特曲线在 $(-1,j0)$ 点的内侧与实轴相交,所以开环传递函数 $L(s)$ 的闭环系统稳定,这将在后面介绍。

以下针对开环系统稳定和不稳定的情况分别进行讨论。

(1) 开环系统稳定的情况

考虑图 6.3.4 所示的反馈控制系统,利用奈奎斯特稳定判据判断其稳定性。首先考虑开环传递函数 $G(s)H(s)$ 的情况,目的在于通过反馈控制系统提高控制性能。此时绘制开环传递函数的奈奎斯特图,可得出下面的结论:

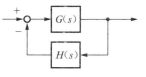

图 6.3.4　反馈控制系统

① 在点 $(-1,j0)$ 的内侧与实轴相交→闭环系统稳定。

② 恰好在点 $(-1,j0)$ 上与实轴相交→闭环系统临界稳定。

③ 在点 $(-1,j0)$ 的外侧与实轴相交→闭环系统不稳定。

根据上述内容,可利用开环传递函数,用图形的方式判断闭环系统的稳定性。图 6.3.5 所示为判断稳定性的简单例子。

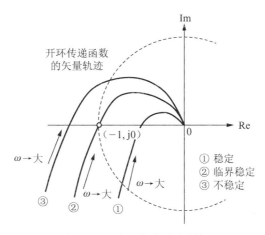

图 6.3.5　奈奎斯特稳定判据

【例题 6.3.2】 奈奎斯特稳定判据——$L(s)$ 稳定的情况

试利用奈奎斯特稳定判据判断开环传递函数为 $L(s)$ 的单位反馈控制系统的稳定性。

$$L(s)=\frac{40}{(s+1)(s+2)(s+3)} \tag{6.3.13}$$

解:因开环传递函数有极点 $s=-1,-2,-3$,因此系统稳定(不是指闭环系统稳定,而是指开环系统稳定)。参照例题 6.3.1,绘制如图 6.3.6 所示的奈奎斯特图。

$\omega=0$ 时,从 $L(j0)=40/6=6.67$ 起始,因为是三阶系统,奈奎斯特曲线移动到 s 平面的第二象限,到达 $\omega=+\infty$ 的原点处,与实轴的交点如下式所示:

$$\angle L(j\omega)=\arctan\left[-\frac{\omega(11-\omega^2)}{6-6\omega^2}\right] \tag{6.3.14}$$

根据上式,计算相位为 $-180°$ 时的角频率,得 $\omega_{pc}=\sqrt{11}$。此时奈奎斯特曲线与实轴的交点为 $|L(j\sqrt{11})|=0.667$,因此,在点 $(-1,j0)$ 的内侧与实轴相交,故闭环系统稳定。

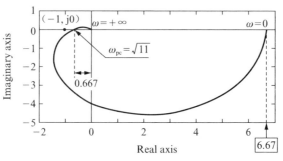

图 6.3.6　闭环系统稳定的情况

（2）开环系统不稳定的情况

通常开环传递函数并非局限于稳定，对某些不稳定开环系统，可将其构成闭环系统以实现稳定。对于这种情况，可利用如下的奈奎斯特图进行稳定性判断。

- 开环传递函数的不稳定极点个数为 P；
- 开环传递函数的奈奎斯特曲线（在 $\omega=-\infty\sim+\infty$ 范围内绘图）以逆时针方向包围点 $(-1,\mathrm{j}0)$ 的次数为 N；
- 若 $P=N$ 成立，则闭环系统稳定。

此方法称为扩展奈奎斯特稳定判据（modified Nyquist stability criterion）。

【例题 6.3.3】　奈奎斯特稳定判据——$L(s)$ 不稳定的情况

根据奈奎斯特稳定判据，试判断开环传递函数分别为 $L_1(s)$ 及 $L_2(s)$ 的反馈控制系统的稳定性。

$$L_1(s)=\frac{2}{s-1},\quad L_2(s)=\frac{2}{s-2.5}\tag{6.3.15}$$

解：因开环传递函数 $L_1(s)$ 的极点为 $s=1$，开环系统为不稳定系统，即不稳定极点个数为 $P=1$。图 6.3.7 为此系统的奈奎斯特图。由该图可知，因奈奎斯特曲线以逆时针包围 $(-1,\mathrm{j}0)$ 点一次，所以 $N=1$。因此，$P=N$ 成立，反馈控制系统稳定。

开环传递函数 $L_2(s)$ 的极点为 $s=2.5$，此开环系统也是不稳定系统，其不稳定极点个数为 $P=1$。在图 6.3.7 中重叠显示了此系统的奈奎斯特图。由图可知，因奈奎斯特曲线没有以逆时针包围点 $(-1,\mathrm{j}0)$ 一圈，故 $N=0$。因此，$P\neq N$，反馈控制系统不稳定。

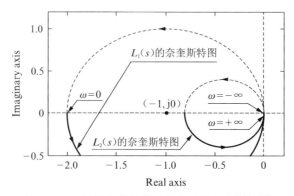

图 6.3.7　开环传递函数不稳定时的奈奎斯特图

6.4 >> 基于传递函数的稳定判据

若全部极点均在 s 平面的左半平面,则系统是稳定的。如果只是需要判断稳定性,则不用求解极点就可以判断稳定或不稳定,这种方法称为劳斯和赫尔维兹稳定判据(Routh-Hurwitz stability criterion)。这个判据分别由劳斯(Routh)和赫尔维兹(Hurwitz)完全独立提出,因此,在判别过程中所用的公式和步骤都不同,但是在数学上认为是相互等价的,所以此判据名称把两者的姓名并列。另外,从计算量的角度来看,比起需要行列式计算的赫尔维兹稳定判据,只需四则运算的劳斯稳定判据比较方便。

6.4.1 劳斯稳定判据

首先介绍劳斯稳定判据的应用方法。对于特征方程如下所示的系统:
$$a_n s^n + a_{n-1} s^{n-1} + \cdots + a_1 s + a_0 = 0 \tag{6.4.1}$$
若满足下述条件,则系统稳定。

- 第一条件:方程的系数全部存在$[a_i \neq 0 (\forall i)]$,且同号。
- 第二条件:劳斯数列的元素没有符号变化。

图 6.4.1 为经计算得到的各元素组成的劳斯表。

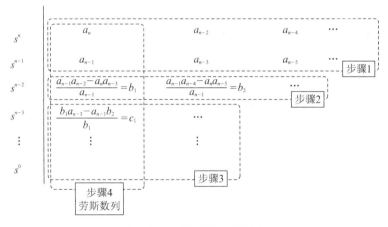

图 6.4.1 劳斯表的计算方法

【计算步骤】

步骤 1 把特征方程式(6.4.1)的系数作为 s^n 和 s^{n-1} 行的元素,按照降幂顺序写在图 6.4.1 的第 1 和第 2 行。

步骤 2 由以上两行系数计算 s^{n-2} 行的元素。

步骤 3 用同样的方法计算 s^{n-3} 行的元素,直到计算出 s^0 行的元素为止。

步骤 4 在以上的计算结果中,第 1 列的元素称为劳斯数列(Routh array)。若该数列的元素没有符号变化,则系统为稳定的;若有符号变化,则符号变化的次数等于系统不稳定极点的数目。

下面通过具体的例子确认劳斯表的稳定判据。

【例题 6.4.1】 劳斯稳定判据的应用

对于图 6.4.2 所示的反馈控制系统,试用劳斯判据判别其稳定性。

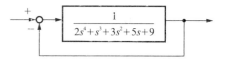

解: 系统稳定的第一条件为特征方程式的全部系数都要存在。特征方程式为:

图 6.4.2 反馈控制系统

$$1 + \frac{1}{2s^4 + s^3 + 3s^2 + 5s + 9} = 0 \tag{6.4.2}$$

$$2s^4 + s^3 + 3s^2 + 5s + 10 = 0 \tag{6.4.3}$$

满足第一条件。

下面计算劳斯表或劳斯数列。

s^4	2	3	10
s^3	1	5	
s^2	$b_1 = \dfrac{1 \cdot 3 - 2 \cdot 5}{1} = -7$	$b_2 = \dfrac{1 \cdot 10 - 2 \cdot 0}{1} = 10$	
s^1	$c_1 = \dfrac{-7 \cdot 5 - 1 \cdot 10}{-7} = \dfrac{45}{7}$	0	
s^0	$d_1 = \dfrac{c_1 \cdot 10 - 7 \cdot 0}{c_1} = 10$		

劳斯数列如下所示:

$$\left\{ 2, 1, -7, \frac{45}{7}, 10 \right\} \tag{6.4.4}$$

此数列的元素,从左开始依次看,有从正(+1)到负(−7)和从负(−7)到正(+45/7)的符号变化各一次,总的符号变化次数为两次,因不满足第二条件,故此系统不稳定,且不稳定极点有两个。实际求出特征方程式,得其根为:

$$s = 0.755 \pm j1.444, \quad -1.005\,5 \pm j0.933\,3 \tag{6.4.5}$$

即有两个不稳定根。

如上所述,劳斯判据的特点是不用求出根,只需利用特征方程式的系数,通过代数运算就可以判断系统的稳定性。另外,在计算机普及的今天,即使求根也很方便。

6.4.2 赫尔维兹稳定判据

下面介绍赫尔维兹稳定判据。特征方程式(6.4.1)表示的系统稳定的充分必要条件是:

(1)方程式的系数全部存在$[a_i \neq 0 (\forall i)]$。

(2)全部系数为同号。

(3)以下所示的行列式全部为正。n 阶系统只需计算到 $n-1$ 次行列式为止。当行列式内没有对应的元素(系数)时,该元素用 0 替代。

$$D_1 = a_{n-1}, \quad D_2 = \begin{vmatrix} a_{n-1} & a_{n-3} \\ a_n & a_{n-2} \end{vmatrix}, \quad D_3 = \begin{vmatrix} a_{n-1} & a_{n-3} & a_{n-5} \\ a_n & a_{n-2} & a_{n-4} \\ 0 & a_{n-1} & a_{n-3} \end{vmatrix}, \quad \cdots,$$

$$D_{n-1} = \begin{vmatrix} a_{n-1} & a_{n-3} & a_{n-5} & \cdots & a_1 \\ a_n & a_{n-2} & a_{n-4} & \cdots & a_2 \\ 0 & a_{n-1} & a_{n-3} & \cdots & a_3 \\ 0 & a_n & a_{n-2} & \cdots & a_4 \\ \vdots & \vdots & \vdots & & \vdots \\ 0 & 0 & 0 & \cdots & a_{n-1} \\ 0 & 0 & 0 & \cdots & a_n \end{vmatrix} \qquad (6.4.6)$$

【例题 6.4.2】　赫尔维兹稳定判据的应用

试用赫尔维兹稳定判据判断特征多项式为 $A(s) = 3s^4 + 6s^3 + 29s^2 + 10s + 8$ 的系统的稳定性。

解：在赫尔维兹稳定判据的条件中，(1) 全部系数都存在，(2) 全部系数符号为同号，所以只需判断(3) 行列式的正负即可。

$$D_1 = 6, \quad D_2 = \begin{vmatrix} 6 & 10 \\ 3 & 29 \end{vmatrix} = 144, \quad D_3 = \begin{vmatrix} 6 & 10 & 0 \\ 3 & 29 & 8 \\ 0 & 6 & 10 \end{vmatrix} = 1\,152 \qquad (6.4.7)$$

根据以上内容，全部行列式为正，因此系统稳定。

以上方法是在计算机未普及的时代用纸和笔通过手工计算来判断稳定性的方法。该方法是基于系统稳定(不稳定)时，其根可能分布在左半平面(或右半平面)，其系统性质必然会反映在多项式系数上，并由此推导出来的，这就是劳斯和赫尔维兹稳定判据。另外，有关证明因超出本书的范畴而省略。

在控制理论方面，稳定理论非常重要。本书介绍的两种方法在学术上非常有价值，只要已知相关数值，判断稳定与否是很容易的，可广泛应用于计算使系统稳定的增益 K 的范围等场合。但是，若只需判断稳定与否，还是利用计算机求解的方法快。

另外，在有几个未知参数的情况下，即使利用劳斯和赫尔维兹稳定性判据，有时也求不出合适的解。下面通过例题 6.4.3 加以说明。

【例题 6.4.3】　存在几个未知参数情况下的系统稳定判据的应用

考虑被控对象 $G(s)$ 和控制器 $H(s)$ 分别为如下所示的控制系统。

$$G(s) = \frac{s-1}{s(s^2+s+1)}, \quad H(s) = \frac{0.06(s-0.75)}{s+0.5}$$

此时特征方程式为：

$$1 + G(s)H(s) = s^4 + 1.5s^3 + 1.56s^2 + 0.395s + 0.045 = 0$$

上式的解为 $s = -0.6 \pm j0.9, -0.15 \pm j0.13$，即此反馈系统为稳定系统。

以上的计算若采用计算机完成，则会很容易。

下面考虑有几个未知参数的情况。被控对象和控制器分别为：

$$G(s) = \frac{\alpha - s}{s(s+2)}, \quad H(s) = \frac{1}{s+\beta}$$

假设只知道未知参数 α 的变化范围为 $(0, \alpha_{max})$，选择控制器的未知参数 β 时，使在全部 $(0, \alpha_{max})$ 范围内系统稳定，即如下特征方程式的根全部在左半平面。

$$1 + G(s)H(s) = s(s+2)(s+\beta) + (\alpha - s) = s^3 + (\beta+2)s^2 + (2\beta-1)s + \alpha = 0$$

此时,针对未知参数组合(α,β),可以计算出特征方程式的根,即从未知参数组合可以确定系统的稳定范围。根据劳斯和赫尔维兹稳定判据,α_{max}和β的关系为:

$$\begin{cases} 0 < \alpha < 2\beta^2 + 3\beta - 2 \\ \beta > 0.5 \end{cases}$$

图6.4.3为上式的图示。由该图可知,当$\beta \leqslant 0.5$时,反馈系统不稳定;当$\beta > 0.5$时,α值随着β值的增加非线性增加。

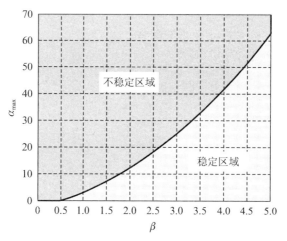

图6.4.3　反馈控制系统的稳定区域$(0 \leqslant \alpha_{max} \leqslant 70)$

如本例题所示,当有两个未知参数时,可以用平面表示两者的关系。另外,对于三个未知参数的关系,可用立体空间表示。但是,当存在四个及以上未知参数时,不能用平面或者空间来描述。

6.5 ›› 其他稳定性评价方法

6.5.1　根轨迹

可以通过求解反馈控制系统的特征方程式的根,即根据闭环传递函数的极点,讨论控制系统的稳定性。这种情况下只是停留在判断系统是否稳定,而弄清像4.2.5小节所示的零点对响应的影响是很困难的。但是,在设计控制系统时,首先要确保稳定性,然后才能掌握极点对系统稳定性和快速性的影响。

在本节中,通过观察开环传递函数$G(s)H(s)$的增益K从0增大到无穷大时,闭环系统的根在s平面上的变化来讨论系统的稳定性。

图6.3.4所示的反馈控制系统,其开环传递函数为$G(s)H(s)$,令其极点和零点分别为$p_1,p_2,\cdots,p_n$和$z_1,z_2,\cdots,z_m$(其中$n \geqslant m$),则开环传递函数可表示为:

$$G(s)H(s) = \frac{K(s-z_1)(s-z_2)\cdots(s-z_m)}{(s-p_1)(s-p_2)\cdots(s-p_n)} \tag{6.5.1}$$

式(6.5.1)中的增益K从$0 \sim \infty$变化时,通过特征方程式$1+G(s)H(s)=0$的根所绘制的轨迹称为根轨迹(root locus)。

【根轨迹的性质】

（1）对称性：特征方程式的复数根为共轭复数根，因此根轨迹关于实轴对称。实根在实轴上，对轴对称性没有影响。

（2）起点和终点：$K = 0$ 时为起点，$K = \infty$ 时为终点，即开环传递函数的极点就是起点，其零点或无限远点为终点。

（3）轨迹的分支数：有与特征方程式的次数（开环传递函数的极点个数）相同的分支。其中，只有与零点个数相同的分支（m 条）到达零点，余下的 $n - m$ 条则抵达无限远处。

（4）抵达无限远处的渐近线的方向：

$$\phi_a = \frac{180° + N \cdot 360°}{n - m}, \quad N = 0, 1, 2, \cdots \tag{6.5.2}$$

（5）渐近线与实轴的交点：向着无限远点的分支的渐近线与实轴相交时，交点的实部 x_a 为：

$$x_a = \frac{\displaystyle\sum_{i=0}^{n} p_i - \sum_{i=1}^{m} z_i}{n - m} \tag{6.5.3}$$

（6）实轴上的轨迹：根据实轴上的极点和零点划分区间。实轴上最右侧的极点（或零点）和其左侧相邻的极点（或零点）之间的区间为根轨迹的一部分；其左侧的区间，每隔一个区间为根轨迹的一部分（参照图 6.5.1）。

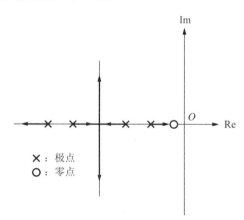

图 6.5.1　实轴上的根轨迹区间

（7）轨迹的起点方向和终点方向：轨迹从极点出发时的角度 θ_j 可由下式定义。

$$\theta_j = 180° + N \cdot 360° - \sum_{i=1, i \neq j}^{n} \angle(p_j - p_i) + \sum_{i=1}^{m} \angle(p_j - z_i) \tag{6.5.4}$$

轨迹终止于零点时的角度 ψ_j 可由下式定义：

$$\psi_j = 180° + N \cdot 360° + \sum_{i=1}^{m} \angle(z_j - p_i) - \sum_{i=1, i \neq j}^{n} \angle(z_j - z_i) \tag{6.5.5}$$

（8）实轴上的分离点：若实轴上的根轨迹的两端为极点，则从这些极点出发的两条根轨迹在途中相会，并沿与实轴成垂直方向相互分离而去。在此点，式（6.5.1）的增益 K 取极大值[图 6.5.2(a)]。当两端为零点时，有 K 取极小值的点，在这一点上有互为共轭的轨迹从上下两个方向与实轴成垂直并汇合[图 6.5.2(b)]。当一个端点为极点、另一个端点为零点,且有分离点或汇合点时,也是分离点时 K 为极大值,汇合点时 K 为极小值[图6.5.2(c)]。分离点和汇合点的坐标 s 由满足式(6.5.6)的实数 s 得出。

$$\frac{\mathrm{d}}{\mathrm{d}s}\left[-\frac{(s-p_1)(s-p_2)\cdots(s-p_n)}{(s-z_1)(s-z_2)\cdots(s-z_m)}\right]=0 \tag{6.5.6}$$

上述的性质(1)~(8)在计算机的能力不太强大时,经常应用于根轨迹的绘图。目前利用 MATLAB 可以很方便地绘制根轨迹。或者说,即使不用上述的性质绘制,也可以将参数 K 值代入以求根,再把这些根的值描绘在 s 平面上,并将它们圆滑地连接,即可得到根轨迹。在下面的例题 6.5.1 中,介绍通过求解的方式绘制根轨迹。

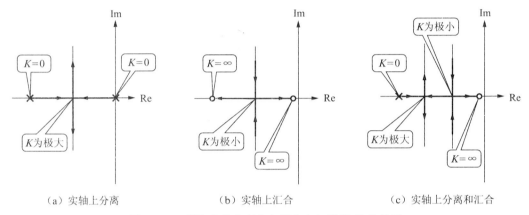

(a)实轴上分离　　　　(b)实轴上汇合　　　　(c)实轴上分离和汇合

图 6.5.2　根轨迹的分离点和汇合点与增益 K 的关系

【例题 6.5.1】　基于求解极点(根)的根轨迹的绘制

绘制图 6.5.3 所示的闭环系统的根轨迹。

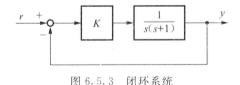

图 6.5.3　闭环系统

解:开环传递函数为:

$$G(s)H(s)=\frac{K}{s(s+1)} \tag{6.5.7}$$

特征方程式为:

$$1+G(s)H(s)=1+\frac{K}{s(s+1)}=0 \tag{6.5.8}$$

可写成下面形式:

$$s^2+s+K=0 \tag{6.5.9}$$

解此方程,有:

$$s_{1,2}=\frac{-1\pm\sqrt{1-4K}}{2} \tag{6.5.10}$$

通过改变式中的 K 值可绘制根轨迹。对应式(6.5.10)的几个关键 K 值,其特征方程式的根如表 6.5.1 所示。

表 6.5.1 对应增益 K 的特征方程式的根

	K 值	特征方程式的根
(ⅰ)	$K=0$	$s_{1,2}=0,-1$
(ⅱ)	$K=\dfrac{1}{4}$	$s_{1,2}=-\dfrac{1}{2}$（重根）
(ⅲ)	$K=\dfrac{1}{2}$	$s_{1,2}=\dfrac{-1\pm j}{2}$
(ⅳ)	$K=1$	$s_{1,2}=\dfrac{-1\pm j\sqrt{3}}{2}$
(ⅴ)	$K=5$	$s_{1,2}=\dfrac{-1\pm j\sqrt{19}}{2}$

把此根轨迹表示在复数平面上,如图 6.5.4 所示,可以看出,从 $s=0,-1$ 两个极点($K=0$)出发,在 $s=-0.5$ 处为重根($K=1/4$),之后沿着与实轴垂直的方向继续移动,成为向着 $\pm\infty$ 方向变化的轨迹。

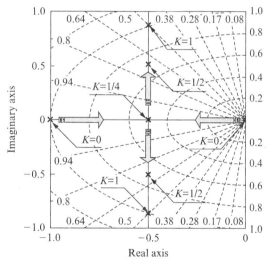

图 6.5.4 复数平面上的根轨迹

s 平面上所画的根轨迹能判别系统稳定或不稳定,且可用于分析时域响应的快慢并使其与波形对应。设计人员或研究人员绘制根轨迹时,在他们的头脑中瞬间就可绘制出时域响应的概略波形。由于时域响应的慢(快)与频率响应的频带的窄(宽)一一对应,所以研究人员也能把握频率响应的大致形状。在下面的例题 6.5.2 中,通过比较根轨迹、时域响应和频率响应,可以从根轨迹中快速获取各种信息。

【例题 6.5.2】 根轨迹的读取

试绘制如下开环传递函数系统的根轨迹,并讨论参数 K 的变化给时域响应及频率响应带来的影响。

$$L(s)=\frac{K}{s(s+2)(s+4)}$$

解:根轨迹如图 6.5.5 所示。根据此根轨迹,考虑几个根的位置及时域响应、频率响应的形状。在此,比较 $K=0.1,3.079,25,48,60$ 时的时域响应和频率响应。

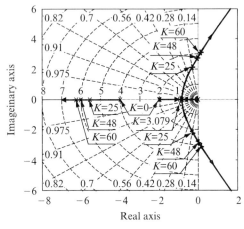

图 6.5.5　根轨迹

确认对应各个 K 值的根的位置,具体如下。

(1) $K=0$ 时:$s=0,-2,-4$ 为根轨迹的起点。

(2) $K=3.079$ 时:$s=0,-2$ 两个根相向移动并汇合而成重根。以 $s=-4$ 为起点的根,在实轴上向着远离原点的方向移动。

(3) $K=25$ 时:两个共轭复数根和一个实根均处于稳定位置。

(4) $K=48$ 时:两个共轭复数根在虚轴,处于临界稳定状态。

(5) $K=60$ 时:变为具有两个不稳定根的状态。

对应上述(1)~(5)的根的移动,时域响应的形状也发生变化。比较上述 K 值对应的阶跃响应,并显示在图 6.5.6 上。但是,由于 $K=0$ 时阶跃响应为 0,因此图中所示的是 K 值取很小值的情况,即 $K=0.1$ 的情况。

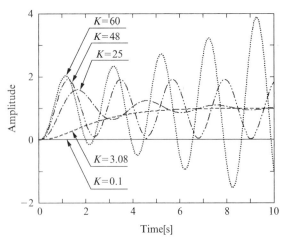

图 6.5.6　对应于根轨迹的时域响应的变化

$K=0.1$ 时为非常缓慢的响应,两根变为重根,即 $K=3.08$ 时,响应需要约 5 s 收敛。其后,重根变共轭复数根,响应逐渐开始振荡,$K=48$ 时为等幅振荡。再增加 K,则以 $s=$

0，-2 为起点的根变为不稳定根，时域响应发散。

可以看出，随着 K 的变化，频率响应也发生如图 6.5.7 所示的变化。在此，注意截止频率。随着 K 从 0.1 逐渐变大，截止频率向高频段移动，即时域响应变快（图 6.5.6 的上升速度加快）。一旦超过 $K=3.08$，则变为共轭复数根，增益特性开始出现峰值。当 $K=48$ 时，系统处于临界稳定，增益有非常剧烈陡峭的峰值。

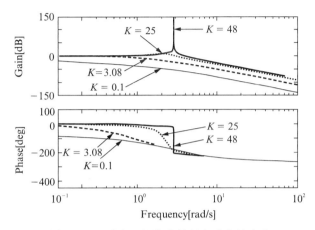

图 6.5.7　对应于根轨迹的频率响应的变化

在讨论根轨迹时，注意力通常放在随着 K 的变化，由开环传递函数的特征方程式的根怎样绘制轨迹上。另一方面，由于除 K 以外的参数也会影响闭环系统的动作，所以也希望从根轨迹捕捉相关信息。在这里，作为一个例子，考虑随时间常数变化的根轨迹，观察时间常数对系统产生的影响。

【例题 6.5.3】　扩展根轨迹——针对时间常数变化的根轨迹

解：图 6.5.8 为具有速度反馈的伺服系统，其中 $\widetilde{T}$ 为时间常数的倒数。此系统的开环传递函数为：

$$L(s) = \dfrac{10\,\dfrac{1}{s(s+\widetilde{T})}}{1+\dfrac{2s}{s(s+\widetilde{T})}} = \dfrac{10}{s(s+\widetilde{T}s)+2s}$$

由于其特征方程式为 $1+L(s)=0$，故有：

$$s(s+\widetilde{T})+2s+10=0$$

改变形式表示为：

$$1+\widetilde{T}\,\dfrac{s}{s(s+2)+10}=0 \tag{6.5.11}$$

则式（6.5.11）可看成与增益 $\widetilde{T}$ 的开环传递函数等价的特征方程式。所以，可绘制对应参数 $\widetilde{T}$ 变化时的根轨迹。从上式结构看，其两条轨迹在 $\widetilde{T}=0$ 时，从传递函数 $s/(s^2+2s+10)$ 的两个极点出发，到 $\widetilde{T}=\infty$ 时，一条终止于 $s=0$ 处，另一条于无限远处的零点收敛。应注意的是，因 $\widetilde{T}$ 为时间常数的倒数，时间常数从 0 到 ∞ 变化时的根轨迹可以认为是从 $s=0$ 和无限远处的极点出发的根轨迹，收敛于传递函数 $s/(s^2+2s+10)$ 的零点。

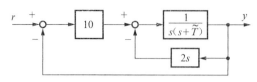

图 6.5.8　具有速度反馈的伺服系统

图 6.5.9 所示为随 $\tilde{T}$ 变化时的根轨迹。$\tilde{T}=0$ 时的根为 $s_{1,2}=-1\pm j3$,起始于此共轭复数根,随着 $\tilde{T}$ 的增大,两根向实轴方向移动,当 $\tilde{T}=7.08$ 时成为重根。之后,一个向着实轴上的负无穷远处移动,另一个向原点移动。

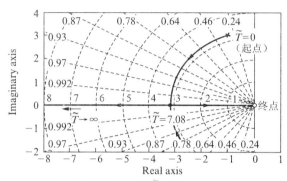

图 6.5.9　对应于 $\tilde{T}$ 变化的根轨迹

两个共轭复数根的时间常数越小,则轨迹离虚轴越远,稳定性增加。继续增大 $\tilde{T}$,则变为两个实极点,但由于其中一个极点随着时间常数的变小接近原点,系统快速性变差。另外需要注意的是,若从时间常数的角度来看,则极点"×"和零点"○"相互交换,而且轨迹的前进方向相反。

6.5.2　实际系统的不稳定原因

如上所述,有多种方法可以用来分析系统的稳定性,如利用计算机绘制奈奎斯特图,或通过劳斯稳定判据、赫尔维兹稳定判据可以判断系统稳定或不稳定,以及确定不稳定极点个数。

但是在实际系统中,必须考虑量化误差、死区时间、噪声等的影响。比如,在 7.10 节控制器的离散化实现法中将会介绍,有时把连续时间领域设计的控制器离散化后,其稳定性会变差。因此,有必要在连续时间领域的设计阶段考虑更多的裕量。也就是说,对存在不能忽略的死区时间的系统,相位会滞后,相位裕量会减小。

对于死区时间,目前正在开展很多研究,在 7.8 节将介绍作为死区时间补偿法之一的史密斯方法。特别是在空调和水位控制等的过程控制中,死区时间很明显,但是在机械系统中有时不能忽略死区时间,无视死区时间搞设计,会成为系统不稳定的原因。

【**习题 6.1**】　试说明增益裕量和相位裕量。读取习题图 6.1 所示波特图的增益裕量和相位裕量。

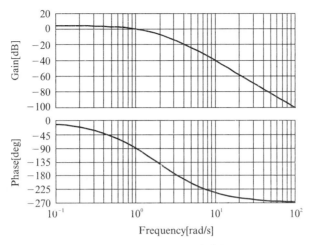

习题图 6.1　增益裕量和相位裕量

【**习题 6.2**】　在习题图 6.2 所示的反馈控制系统中，试判断如下传递函数的系统稳定性。

$$G(s) = \frac{1}{s-1}, \quad H(s) = \frac{s-1}{s+1}$$

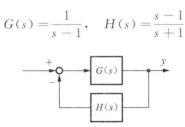

习题图 6.2　反馈控制系统

【**习题 6.3**】　试绘制开环传递函数

$$L(s) = \frac{K(s+3)}{s(s+1)(s+2)}$$

的反馈控制系统的根轨迹，并观察根轨迹与系统状态的对应关系。

【**习题 6.4**】　试证明在 6.5.1 小节所示的根轨迹的性质(2)和(3)。

【**习题 6.5**】　试用劳斯稳定判据或赫尔维兹稳定判据确定使特征方程式为 $s^3 + 7s^2 + Ks + 8 = 0$ 的反馈控制系统稳定的 K 值范围。

第 **7** 章

控制系统的设计

本章将介绍控制系统的设计方法。首先,在说明分析与设计的不同之处后,介绍基于频率响应以及时域响应的评价方法。其次,详细介绍代表性的补偿方法即 PID 补偿,以及以它为基本型的实用型 PID 补偿,并介绍利用相位超前、相位滞后补偿的设计方法。最后,介绍考虑干扰、时延、耦合等的设计方法以及在数字控制中实现离散化的方法。

7.1 ›› 控制系统的分析与设计

可以利用在第 6 章提到的有关稳定性的分析技巧,对现有的控制系统进行稳定或不稳定的判断以及量化。如果能够发现改进方法且在实际中得以应用,则可以提高系统的控制性能。但是,这是从分析或者解析(analysis)的角度考虑的,而设计人员必须从头开始构造一个控制系统,相对于分析而言,可把它称为设计(synthesis 或者 design)。

在反馈控制系统的设计中,存在调节问题(regulation problem)与伺服问题(servo problem)。前者亦可称为恒值控制问题,后者亦可称为目标值跟踪问题(随动控制)。所谓调节问题,是指可在过程控制系统(process control system)中看到的,抑制干扰产生的影响,使输出保持在一个恒定值的控制问题。而伺服问题则经常出现在如机械系统的控制中,是指针对变化的目标值,使控制系统的输出良好地跟踪输入的问题。此处虽然引入了学术上经常使用的"问题"这个词,但是该词容易让人产生误解,所以在工程领域一般不常使用。

不管是恒值控制问题还是目标值跟踪问题,在设计阶段首先都需要满足一定的控制规范(control specification)。例如,以伺服系统的一个定位设备为设计对象时应满足"定位时间在 100 ms 以内,定位精度在 ±1 μm"的数值条件,这就是一个控制规范。为了满足这样的控制规范,在这里建议采用图 7.1.1 所示的(0)～(4)的设计流程。

图 7.1.1 中(1)～(4)的设计路径不是唯一的。在工业应用中,经常会不经过步骤(1)而按照图 7.1.1 中所示的用粗线表示的路径进行。

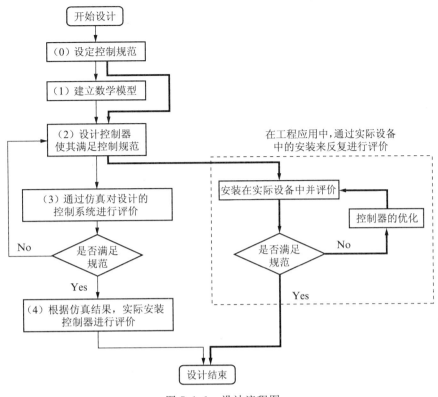

图 7.1.1　设计流程图

通常,优先考虑基于数学模型的控制系统设计。在工业应用场合,多数情况下构造一个模拟实际设备特性的数学模型是非常困难的。例如,一些需要控制的主设备以外的机械系统的复杂动作会影响控制系统的性能,或者即使建立了数学模型,有时也会出现无法辨识仿真中所要使用的参数的情况,又或者有时辨识或校验参数本身需要花费大量的时间。此外,在开发工业用设备时,原本就不包括数学模型的建立以及辨识这一环节。这时要放弃建立数学模型及利用辨识过的模型来进行仿真的想法,而应根据实际安装设备的运行情况有针对性地开展设计工作。

7.2 ›› 基于频率响应与时域响应的评价

图 7.1.1 中的"评价",具体是指基于频率响应与时域响应的评价。

7.2.1　基于闭环频率响应的评价

如图 7.2.1(a)所示,测定由目标值 r 出发,循环一周到传感器的输出 v_s 的闭环频率响应,该响应的形状通常与图 7.2.1(b)所示的高频段增益下降的低通滤波器相同。观察此响应时,着重考虑的数值指标为带宽(bandwidth)f_b[Hz]($\omega_b = 2\pi f_b$[rad/s])、谐振峰值(resonant peak)M_p 以及谐振频率(resonant frequency)f_p[Hz]($\omega_p = 2\pi f_p$[rad/s]),它们的定义如下。

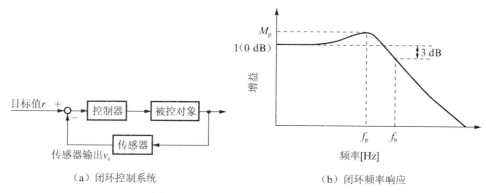

| （a）闭环控制系统 | （b）闭环频率响应 |

图 7.2.1 基于闭环频率响应的评价

- **带宽** f_b：频率响应的增益等于直流段值 $1/\sqrt{2}$ 倍（-3 dB 处）时的频率。
- **谐振峰值** M_p：最大稳态增益值。
- **谐振频率** f_p：发生谐振时的频率。

其中，带宽 f_b 是评价快速性的指标，带宽窄时响应慢，反之，带宽宽时响应快；谐振峰值 M_p 是评价稳定性的指标，二次振荡系统的 M_p 与衰减系数 ζ 有关，M_p 大和 ζ 小是等价的，表示输出响应有振荡；谐振频率 f_p 与带宽一样，是评价快速性的指标。在二次振荡系统中，固有振荡频率 f_n 和衰减系数 ζ 有关（参照 3.5.2 小节）。

7.2.2 基于开环频率响应的评价

测量图 7.2.2 中的开环频率响应，运用 6.3 节中介绍的增益裕量 G_M、相位裕量 P_M、增益穿越频率 f_{gc}，以及相位穿越频率 f_{pc} 等指标进行性能评价。

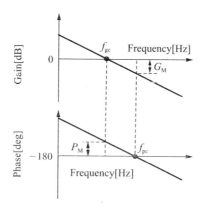

图 7.2.2 基于开环频率响应的评价

f_{gc} 与 f_{pc} 都是评价快速性的指标。当 G_M 与 P_M 小时稳定性变差，而当 G_M 与 P_M 过大时快速性会变差，但稳定性会增加，这是"裕量"的本意。所以，需要考虑如何设定 G_M 和 P_M 的值。

一般情况下，推荐以下经验值作为基准。

- 过程控制系统：增益裕量 $3\sim10$ dB，相位裕量 $20°$以上。
- 伺服控制系统：增益裕量 $10\sim20$ dB，相位裕量 $40°\sim60°$。

但是,在工业应用中不会只参考以上的数值。例如,对于属于伺服控制系统的定位装置,着重考虑其生产效率(throughput)时,即优先考虑快速性时,不得不使增益和相位裕量小一些。当然,由于两个裕量的设定变小,也会带来系统偶尔不稳定的风险。

7.2.3 基于时域响应的评价

作为评价控制系统状态的方法,闭环和开环频率响应的测定是很有用的。特别地,作为参数调整的基准,或者为了控制的品质管理,增益裕量 G_M 与相位裕量 P_M 广泛用于工业现场。但是应该注意,实际测得的频率响应是为了测定选定的具有一定振幅的起振信号(一般为微小振幅)与对应输出信号之比。还需要注意的是,只取出与伺服分析仪内置的振荡器同步的信号来测量其输入输出比。对于失真的信号,伺服分析仪也只需取出并显示与振荡器信号同步的部分。在实际系统中,不仅有微小振幅动作,也会有大振幅动作,此时产生的波形会失真并影响性能。另外,频率响应时的干扰和实际操作中的干扰的特性也不同。例如,对于定位装置,定位的位置不同,其干扰也会不同。又如,加减速驱动时发生局部振荡的混入情况,在频率响应测定时与实际操作动作中也是明显不同的。因此,有必要进行基于时域响应的评价。

一般情况下采用指数响应,即阶跃响应。前面的图 4.1.1 中已经表示了在阶跃响应波形中需要着重考虑的指标。阶跃响应实验具有评价时域上的控制系统动态特性的意义。但是,对于工业用机器来说,希望以固有的动作进行评价。例如,对 2.2 节中的激光头必须验证能否在整个 CD 盘面无差错地读出信息,而且有必要给激光头的物镜施加脉冲驱动,使其跳到相邻轨道,继续以稳定的伺服状态移动。仅靠阶跃响应,无法认为是对激光头进行了时域评价。

7.3 >> 基于 PID 补偿的控制系统设计与调整

在控制系统的设计中,经常会用到 PID 补偿(PID compensation,也叫 PID 调节)。这里,P 表示比例(Proportional),I 表示积分(Integral),D 表示微分(Derivative)。如图 7.3.1 所示,驱动控制系统的控制量 u 取决于对偏差 e 的 P,I,D 动作的线性组合。

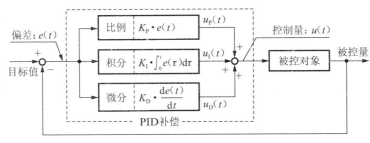

图 7.3.1 PID 补偿

普遍采用 PID 补偿的原因在于其工程上的意义以及作用简单明了。P,I,D 各自的作用如下。

- 比例增益 K_P 的作用:调整控制量 u_P 使得偏差 e 减小。但是,不能完全实现偏差 e

＝0。在时域上的表达式为：

$$u_P(t) = K_P e(t) \qquad (7.3.1)$$

• 积分增益 K_I 的作用：根据累积偏差 e，由积分值来决定控制量 u_I。在时域上的表达式为：

$$u_I(t) = K_I \int_0^t e(\tau) d\tau \qquad (7.3.2)$$

由于控制量 u_I 持续输出偏差 e 减小为零时的累积值，所以具有消除静差、实现偏差 e ＝0 的作用。

• 微分增益 K_D 的作用：抑制偏差的急剧变化，即改善动态特性。如下式所示，产生基于偏差 e 的微分值的控制量 u_D。

$$u_D(t) = K_D \frac{de(t)}{dt} \qquad (7.3.3)$$

在这里换一种说法，将 P 比喻成"现在"，I 比喻成"过去"，D 比喻成"未来"，这样 PID 控制就等同于人们用"现在、过去、未来"信息的增益叠加来实现现在动作的行为模式。以 PID 补偿作为基本型，不使用 D 补偿时就成为 PI 补偿，不需要 I 补偿时就成为 PD 补偿。下面详细介绍这些补偿方法。

7.3.1 PI 补偿器的设计

PI 补偿器（PI compensator）的传递函数 $C_{PI}(s)$ 为：

$$C_{PI}(s) = K_P + \frac{K_I}{s} = K_P\left(1 + \frac{1}{T_I s}\right) = K_P \cdot \frac{1 + T_I s}{T_I s} \qquad (7.3.4)$$

式中， K_P——比例增益；

K_I——积分增益；

T_I——积分时间常数，$T_I = K_P / K_I$。

式(7.3.4)的第 1 个等号右边给出了三种容易导出且互相等价的传递函数，意味着可以根据 $C_{PI}(s)$ 实际安装以及调整的需要选择适当的类型（图 7.3.2）。

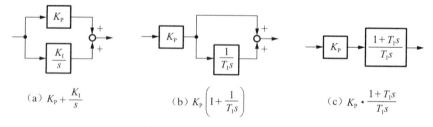

(a) $K_P + \dfrac{K_I}{s}$ (b) $K_P\left(1 + \dfrac{1}{T_I s}\right)$ (c) $K_P \cdot \dfrac{1 + T_I s}{T_I s}$

图 7.3.2 $C_{PI}(s)$ 的组合形式

图 7.3.3 为 $C_{PI}(j\omega)$ 的波特图，低频段增益的斜率为 -20 dB/dec。当超过转折频率 $1/(2\pi T_I)$[Hz]时，向如式(7.3.4)所示的 $G_{PI}(j\omega)$ 的表达式中代入 $\omega \to \infty$，可得 $20\lg K_P$[dB]。

下面根据实例来介绍一种设定式(7.3.4)中参数的方法。

【例题 7.3.1】 应用压电元件作为执行机构的定位控制

图 7.3.4 中所示的压电元件是施加电压时可产生伸缩位移的执行机构。在本例题

中,考虑设计一个使用压电元件来实现对质量为 m 的工作台的定位控制。从广义角度考虑设计时,也包含如下所示的步骤(1)和(2)。

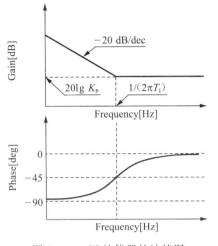

图 7.3.3　PI 补偿器的波特图

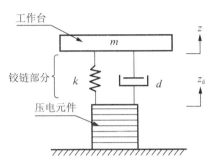

图 7.3.4　应用压电元件的定位装置

(1)压电元件选定的定位机构的机械设计。

(2)电压驱动装置以及位置传感器的设计或者选定。

(3)调节器的选定与参数设计。

很明显,高速高精度的定位在很大程度上取决于上述步骤(1)与(2)的优劣。但是,这里只着重对上述步骤(3)进行讨论。

图中的弹簧系数 k 与阻尼器的阻尼系数 d 表示的是压电元件与工作台的机械连接部分如铰链(hinge)的性质。设给压电元件施加电压时其位移量为 z_d,工作台的位移为 z。此时,可得从 z_d 到 z 的运动方程式为:

$$m\ddot{z} + d(\dot{z} - \dot{z}_d) + k(z - z_d) = 0$$

由此,传递函数 $G(s)$ 可用下式表示:

$$\frac{z}{z_d} = G(s) = \frac{ds + k}{ms^2 + ds + k} \tag{7.3.5}$$

通常在机械设计时,将机械的结合部分设计成刚性的。由于弹簧系数 k 的值较大,式(7.3.5)中的固有角频率 $\sqrt{k/m}$ [rad/s]超出定位控制的带宽,所以可以认为 $G(s) \approx 1$。因此,如下文所示,为实现定位控制,补偿器选用 PI 补偿器。

选定图 7.3.5 上方的方框图作为定位控制系统的组成。根据设计人员的意向,实际安装形式选用图 7.3.2(c)所示的 PI 补偿器形式,因为这种形式易于调节。其中,K_{loop} 为可调增益[无量纲],T 为 PI 调节器的时间常数[s],T_d 为电压放大器的一阶惯性时间常数[s],k_d 为电压放大器与压电元件的驱动灵敏度[m/V],k_s 为位置传感器的检测灵敏度[V/m],v_r 为目标值[V],v_s 为位置传感器的输出电压[V]。

这里需要确定 PI 调节器的时间常数 T 和可调增益 K_{loop}。首先,设计第一个参数,即设定时间常数为 $T = T_d$。此时,参照图 7.3.5 上方的方框图,可知 $(1+Ts)$ 与 $(1+T_ds)$ 可以互相抵消,引入斜线来表示,结果可得图 7.3.5 下方所示的等价方框图。第二个参数的设计是确定可调增益 K_{loop}。为此,下面根据传递函数来理解基于 K_{loop} 的闭环系统的动作。

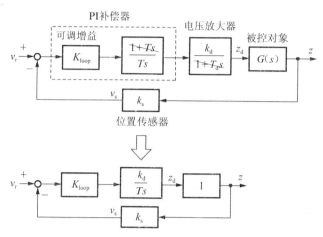

图 7.3.5　应用 PI 补偿器的定位控制系统

通常希望针对目标值 v_r 的工作台位移 z 有快速响应,而位移 z 只能由位置传感器的输出 v_s 测得,于是可求得传递函数 v_s/v_r 为:

$$\frac{v_s}{v_r} = \frac{1}{1 + \dfrac{T}{k_s K_{loop} k_d} s} \tag{7.3.6}$$

这是一个一阶惯性系统的传递函数,因此不会产生超调。由时间常数 $T/(k_s K_{loop} k_d)$ 可知,设定一个比较大的 K_{loop} 可减小时间常数,即可使响应变快。实际上对于一个阶跃状的 v_r,v_s 的定位时间如图 7.3.6 所示,即随着 K_{loop} 的增大而缩短。

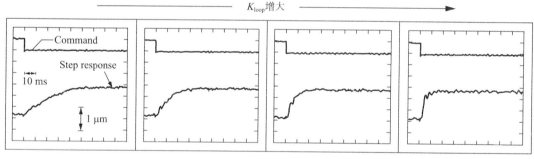

图 7.3.6　随着 K_{loop} 的增大,定位时间缩短

在此,通过适当调节 K_{loop} 值来满足控制规范中的定位时间和精度,完成设计环节。但是,还需确认设定的 K_{loop} 值是否具有稳定裕量。通常,根据测定 6.3 节中介绍的增益裕量 G_M 和相位裕量 P_M 来判断 K_{loop} 是否具有稳定裕量。

应当指出的是,当不满足控制规范中的定位时间时,需要进一步增大 K_{loop}。不过,增大 K_{loop} 存在客观的制约条件:第一,过于增大 K_{loop} 会导致电压放大器饱和;第二,增大 K_{loop} 会产生高频脉动激励。随着 K_{loop} 的增加,当响应变迅速时,会进入 $G(s) \approx 1$ 的近似条件不能成立的频段中,即会产生式(7.3.5)所示的谐振现象。这时,参照图 7.3.5 上方的方框图,在使用 PI 补偿器的基础上,为使控制系统稳定,有必要改变设计,引入新的补偿器。

7.3.2 PD 补偿器的设计

PD 补偿器(PD compensator)的传递函数 $C_{PD}(s)$ 为:

$$C_{PD}(s) = K_P + K_D s = K_P(1 + T_D s) \tag{7.3.7}$$

这里,$T_D = K_D/K_P$ 为微分时间常数。PD 补偿器的波特图如图 7.3.7(a)所示。由图中可以看出,增益一直到转折频率 $1/(2\pi T_D)$ 处均为恒定值 $20\lg K_P[dB]$,且从此开始增益曲线变为具有斜率$+20\,dB/dec$ 的特性。相对于增益曲线,在比转折频率高的频段中相位超前。相位超前的效果就是动态特性得到改善。

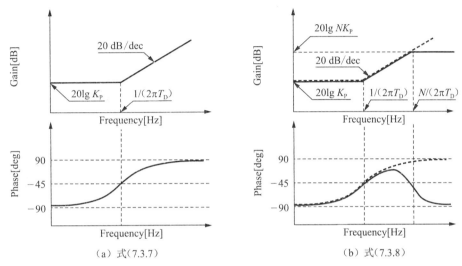

图 7.3.7　PD 补偿器的波特图

但是,高频段的高增益特性会放大微小的噪声,这是不利的一面。为了将高频段的增益控制在一定范围内,相对于式(7.3.7),在此使用增加一个极点的实用型 PD 补偿器。

$$C_{PD}(s) = \frac{K_P(1 + T_D s)}{1 + \dfrac{T_D}{N}s} \tag{7.3.8}$$

此处一般选 $3 \leqslant N \leqslant 20$。此时,如图 7.3.7(b)所示,高频段的增益保持在$20\lg NK_P$,而转折频率 $N/(2\pi T_D)$ 以下的频段中表现出与式(7.3.7)相同的相位超前特性。

单独使用 PD 补偿的控制系统的例子并不多见,因为它虽然具有使系统稳定的作用,但是不能实现稳态误差为零。下面的例题 7.3.2 介绍了实际产品配备的 PD 补偿的例子。

【例题 7.3.2】 PD 补偿在永磁铁混用一轴磁气轴承中的应用

图 7.3.8(a)所示为永磁铁混用一轴磁气轴承的构造,其中径向由永磁铁被动支撑,在主轴的轴向通过电磁铁的非接触支撑实现主动控制。实现永磁铁混用一轴磁气轴承稳定的控制系统如图 7.3.8(b)所示。磁气轴承的模型是主轴质量为 M、刚度系数 K_{au} 为正反馈的模型。由于实际上刚度系数 K_{au} 以负刚性作用于系统,所以磁气轴承为不稳定的被控对象,利用比例增益为 k_p、微分增益为 k_v 的 PD 补偿器可使其稳定。

稳定是指使电枢盘定位于左右电磁铁的中间位置(也称平衡点)。为此,位置传感器的输出 k_s 先乘以 k_p 使电枢盘向平衡点移动,然后在此基础上对位置传感器的输出 k_s 进行微分后的速度分量采用 k_v 调整的方式进行缓冲。

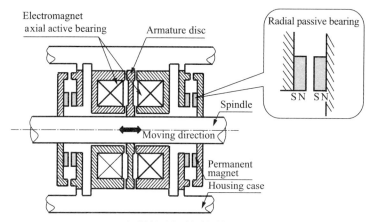

（a）永磁铁混用一轴磁气轴承的构造

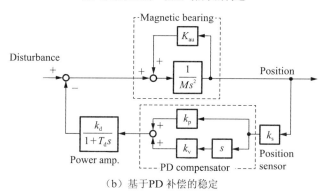

（b）基于PD补偿的稳定

图7.3.8　PD补偿的应用实例

　　由于 PD 补偿没有积分环节，理论上稳态位置误差不可能为零。图 2.3.4 的情况也是如此，虽然有模拟积分补偿，但是因为不是完全积分，所以严格来讲稳态位置误差不能为零。这是因为基于位置传感器的位置的平衡点与磁性平衡点不同，不能通过控制强制进行基于位置平衡点的定位。

7.3.3　PID 补偿器的设计

　　PID 补偿器的传递函数 $C_{PID}(s)$ 为：

$$C_{PID}(s) = K_P + \frac{K_I}{s} + K_D s = K_P\left(1 + \frac{1}{T_I s} + T_D s\right) \qquad (7.3.9)$$

　　由式(7.3.9)可知，最右边项的分子多项式为 $T_I T_D s^2 + T_I s + 1$。大多数情况下，设定 $T_I \gg T_D$，这时可得如下的近似式：

$$(T_I s + 1)(T_D s + 1) = T_I T_D s^2 + (T_I + T_D)s + 1 \approx T_I T_D s^2 + T_I s + 1$$

由此，式(7.3.9)可写成：

$$C_{PID}(s) = K_P \frac{T_I T_D s^2 + T_I s + 1}{T_I s} \approx K_P \frac{(T_I s + 1)(T_D s + 1)}{T_I s} \qquad (7.3.10)$$

　　使用式(7.3.10)的近似式描绘的具有实数零点的 PID 补偿器的近似波特图如图

7.3.9 所示。

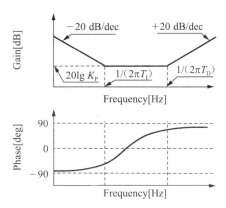

图 7.3.9　具有实数零点的 PID 补偿器的近似波特图

大多数情况下都会用到具有图 7.3.9 所示特性的 PID 调节器。此时,式(7.3.10)的零点为实数。但是,也有利用零点为复数的 PID 调节器来控制的情况。为了区分这些情况,定义系数 w 来判别零点类型:

$$w = \frac{K_P^2}{4K_1 K_D} \tag{7.3.11}$$

(i) $w>1$ 时,零点为实数;(ii) $w=1$ 时,零点为重根;(iii) $w<1$ 时,零点为复数。对应(i)与(iii)的波特图用图 7.3.10 来表示。

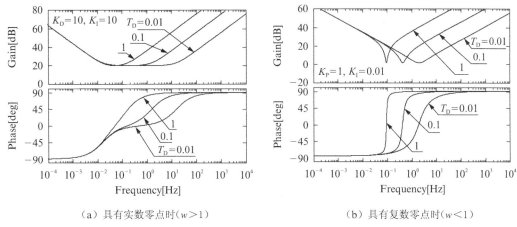

（a）具有实数零点时($w>1$)　　　　（b）具有复数零点时($w<1$)

图 7.3.10　PID 调节器的波特图

下面以工作台的定位控制为例来说明 PID 调节器的设计。严格来说,这部分内容应该归类为"调整",但是在工程领域,这部分内容也属于设计的范畴。准确地说,调整必须在理解控制理论的前提下进行。但是在工业应用场合,即使没有充分的理论知识,也会对控制系统进行调整。例如,在开发新的设备时,应优先考虑找出可能存在的机械设计初期的缺陷并判断设计的机械设备是否符合动作要求,为此有必要加上调节器运行设备。不难理解,通过运行控制系统经验的积累,也可以巩固和深化控制理论知识。

【例题 7.3.3】　工作台的定位控制

图 5.3.6 所示为带静压导轨的工作台定位装置,执行机构为直线电机,位置传感器为激

光干涉仪。在此,考虑的设计问题是使用上述执行机构与传感器时如何选用调节器。

为了定量地设计,需要掌握工作台的力学参数(具体指质量、黏性比例系数、弹簧系数等),但是这里无法实现以上这些参数的辨识实验,即无法建立模型。这种情况往往出现在开发初期。在实现最佳调节之前,最先考虑的是在保证不弄坏新开发的工作台的前提下使工作台正常运行,其次是判断是否具备充分的动态特性以满足控制规范。这样,在没有掌握定量数据时也可以实现调节器的设计。

设计人员往往会毫不犹豫地应用式(7.3.9)的 PID 调节器,这是因为如 7.3 节所述,PID 调节器中各个增益的作用非常明确,且可根据调节效果进行调整。这样,采用模拟或者数字电路来实现 PID 调节器的行为本身就是工程上的设计。

当然,这里只是用模拟或者数字电路来实现 PID 调节的基本结构,还无法确定 PID 各个环节的具体参数值,即无法实现对工作台的自由控制,因此需要逐步确定 PID 参数值,通过观察工作台的动作将工作台调整到最佳运行状态。此时误差的波形用图 7.3.11 表示。应当指出的是,在开发场合,由于不会保存调整过程中的实际数据,所以常用仿真结果来说明。

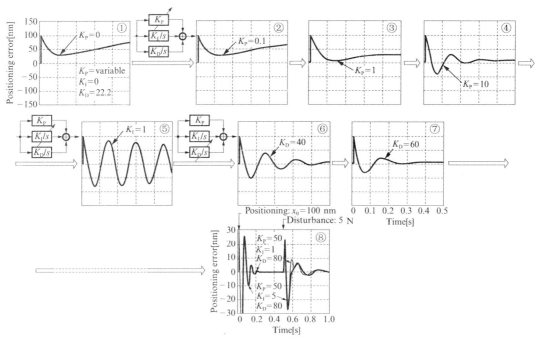

图 7.3.11　PID 参数的调节过程

图 7.3.11 上部左侧为调节过程起始状态。图中,K_P 是 P 的增益,K_I 是 I 的增益,K_D 是 D 的增益。各增益的方框处标注的斜向箭头表示调整部分。由于不知道工作台如何响应,因此开始时不能同时施加三种增益。为避免因工作台的失控而导致设备损坏,开始时施加了 $K_D = 22.2$。图 5.3.6 中的工作台利用静压轴承导引,几乎没有弹性及黏性(阻尼),于是预先施加具有黏性作用的 K_D 以使工作台稳定(①)。在此基础上,首先施加非常小的 $K_P = 0.1$,即施加没有工作台失控危险的值,观察定位时的偏差信号(②)。逐渐把 P 的增益调整到 $K_P = 1$ 和 10(③,④)。如④所示,响应变快的同时,偏差几乎收敛到零附

近。但是,根据 4.3 节内容可知,因为不是 1 型伺服系统,所以稳态误差不为零。因此,试着施加 K_I 来实现稳态误差为零,于是可得⑤的响应。虽然实现了稳态误差为零,但却变成振荡状态。为了使振荡衰减,施加 $K_D = 40$(⑥),此时振荡有所抑制,但是因为还有振荡,所以施加 $K_D = 60$,可得⑦的波形。如此,通过观察定位波形(这里为误差波形),调整 PID 的各参数值,直到满足定位时间或精度的规范为止,最终可得⑧的波形。

下面确认工作台本身个体差异所产生的影响,也就是说,对于多个工作台,逐个设置根据调整得到的 PID 参数,检查是否满足控制规范。若满足,则以该 PID 参数为设计值,在大规模生产时使用之。

例题 7.3.3 中所介绍的试凑调整法是不依据理论的方法,也许会被认为没有理论价值。但是,开发的大部分机器或者装置都是通过反复的试凑调整来满足控制规范,且应用于实际的,即由技术人员和开发人员确定适用于被控对象的调整方法。试凑法不是唯一的调整方法,7.3.4 小节将介绍其他调整方法。

7.3.4 PID 补偿的整定方法

众所周知的 PID 补偿的整定方法为由 Ziegler 与 Nichols 提出的临界比例度法(ultimate sensitivity method),也叫最大灵敏度法。该方法是把比例增益调整到临界稳定为止,基于此时的增益即临界比例增益最大灵敏度(ultimate gain)K_u 来决定 PID 参数的方法。具体来说,通过实验求取使系统刚好处于等幅振荡时的比例增益 K_u 与设置这个参数值时的临界周期(ultimate period)T_u,根据表 7.3.1 来确定参数。

表 7.3.1 基于最大灵敏度法的 PID 参数设定

控制动作	K_P	T_I	T_D
P	$0.5K_u$	∞	0
PI	$0.45K_u$	$T_u/1.2$	0
PID	$0.6K_u$	$0.5T_u$	$T_u/8$

注:PID 补偿的基本型为 $K_P\left(1 + \dfrac{1}{T_I s} + T_D s\right)$。

临界比例度法几乎是所有控制理论教材都会介绍的著名整定方法,但是很难找到该方法在过程控制系统中实际应用的例子。原因很明显,庞大的过程控制系统的产品往往都是钢铁、石油、化学物品等,而使用临界比例度就是要达到"临界稳定",即需要使其"振荡"。例如,化工厂是由反应塔、换热器、蒸馏塔、泵等许多装置构成的系统,为了应用临界比例度法而使这些设备产生振荡,并在这种状态下生产化学物品是绝对不允许的。

应用临界比例度法时,为了避免产生作为前提条件的持续振荡,采用实现 1/4 衰减状态的 1/4 衰减法(quarter-wave damping method)作为临界稳定的替代条件。除此之外,还有使阶跃干扰响应的 IAE(Integral of Absolute value of Error,误差绝对值的积分)最小化的"高桥整定法",以及使闭环传递函数近似为具有理想响应的参考模型 $M(s)$ 的"北森整定方法"等。对于伺服系统,还没有临界比例度法、1/4 衰减法、高桥整定法等实际应用的例子,但是由于北森整定方法关于参数的设定问题容易理解,故在实际中有所应用。

例题 7.3.4 为对于工作台的定位使用北森整定方法的例子。

【例题 7.3.4】 工作台的定位控制中运用北森整定方法

图 7.3.12 所示为定位工作台的力学模型与方框图。图(a)中,质量为 m_2 的除振台的上方承载了质量为 m_1 的工作台,且要求在水平方向定位。由图(b)可知,为实现定位使用了 PID 补偿器。

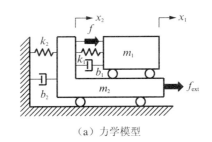

(a) 力学模型

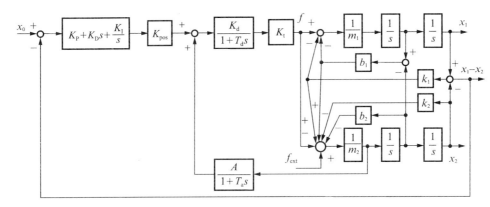

(b) 方框图

图 7.3.12 定位工作台的力学模型与方框图

在此,重新定义图 7.3.12 中使用的全部参数。

机械系统的参数为:m_1—工作台的质量;m_2—除振台的质量;b_1—工作台的黏性比例系数;b_2—除振台的黏性比例系数;k_1—工作台的弹性系数;k_2—除振台的弹性系数;x_1—工作台的位移;x_2—除振台的位移;f—驱动力;f_{ext}—对除振台的干扰。

电气系统的参数为:K_{pos}—数/模转换器的增益;K_t—推力系数;K_d—电流放大器的增益;T_d—电流放大器的时间常数;A—除振台的加速度反馈增益;T_a—除振台的加速度反馈时间常数;K_P,K_I,K_D—PID 参数;x_0—目标值。

定位工作台的控制目的之一为实现快速响应性。在例题 7.3.3 中是根据试凑法整定 PID 参数 K_P,K_I,K_D 的,在此运用北森整定方法。

首先,根据图 7.3.12(b),目标值 x_0 和工作台的位置(x_1-x_2)之间的传递函数可写成:

$$\frac{x_1-x_2}{x_0}=\frac{K_{pos}K_dK_t(1+T_as)[(m_1+m_2)s^2+b_2s+k_2]h(s)}{sg'(s)+K_{pos}K_dK_t(1+T_as)[(m_1+m_2)s^2+b_2s+k_2]h(s)} \tag{7.3.12}$$

其中:

$$g'(s)=(1+T_as)(1+T_ds)g(s)+AK_tK_dm_1s$$

$$g(s)=m_1m_2s^4+[m_1(b_1+b_2)+m_2b_1]s^3+[m_1(k_1+k_2)+b_1b_2+m_2k_1]s^2+$$

$$(b_1k_2+b_2k_1)s+k_1k_2$$

$$h(s) = K_D s^2 + K_P s + K_I$$

北森整定方法是使传递函数 $(x_1 - x_2)/x_0$ 近似为具有理想响应的参考模型 $M(s)$。$M(s)$ 的传递函数如下式所示:

$$M(s) = \frac{1}{\alpha_0 + \alpha_1 \sigma_p s + \alpha_2 \sigma_p^2 s^2 + \alpha_3 \sigma_p^3 s^3 + \alpha_4 \sigma_p^4 s^4 + \cdots} \tag{7.3.13}$$

这里,σ_p 为具有时间量纲的系数;$\alpha_0, \alpha_1, \alpha_2, \cdots$ 为实现理想响应的系数。这些系数用来表示二项展开式、Butterworth 型、ITAE 最小型等的均值。例如,对于三阶系统,推荐如下具体值:

$$(\alpha_0, \alpha_1, \alpha_2, \alpha_3) = (1, 1, 0.5, 0.15) \tag{7.3.14}$$

观察式(7.3.13)的分母多项式,注意到左侧为 s^0 项,向右侧依次排列了 $s^1, s^2, \cdots$ 项。这种标记中体现了北森整定方法的思想,即式(7.3.13)的参考模型 $M(s)$ 与式(7.3.12)原本不可能完全一致。在此,从 s^0 项到 s 的高幂次项方向,换言之,从低频段到高频段方向,依次使两式的对应系数一致。为此,将式(7.3.12)表示成分母系列。具体做法是将式(7.3.12)中的分母多项式除以分子多项式,即将式(7.3.12)中的分子多项式通过除法运算强制性地使其变为 1,但大多数情况下不会被整除。按照 $\alpha_0 \rightarrow \alpha_1 \sigma_p \rightarrow \alpha_2 \sigma_p^2 \rightarrow \alpha_3 \sigma_p^3 \cdots$ 的顺序,从低频段到高频段方向依次匹配系数,因为无法匹配的系数产生的影响在高频段中,所以对控制动作的影响很小。这种方法称为局部模型匹配(partial model matching)法。

虽然计算仅是简单的除法运算,但是本例题的计算结果非常复杂,只需理解上面介绍的流程即可。

$$\alpha_0 = 1 \tag{7.3.15}$$

$$\alpha_1 \sigma_p = \frac{k_1}{K_{pos} K_d K_t K_I} \tag{7.3.16}$$

$$\alpha_2 \sigma_p^2 = \frac{k_1}{K_{pos} K_d K_t K_I} \left(T_d + \frac{b_1}{k_1} - \frac{K_P}{K_I} \right) \tag{7.3.17}$$

$$\alpha_3 \sigma_p^3 = \frac{k_1}{K_{pos} K_d K_t K_I} \left[\frac{T_d b_1}{k_1} + \frac{m_1}{k_1} + \frac{K_P^2}{K_I^2} - \frac{K_P}{K_I} \left(T_d + \frac{b_1}{k_1} \right) - \frac{K_D}{K_I} \right] \tag{7.3.18}$$

$$\alpha_4 \sigma_p^4 = \frac{k_1}{K_{pos} K_d K_t K_I} \left[\frac{T_d m_1}{k_1} - \frac{K_P^3}{K_I^3} + \frac{K_P^2}{K_I^2} \left(T_d + \frac{b_1}{k_1} \right) - \right.$$
$$\left. \frac{K_P}{K_I} \left(\frac{m_1}{k_1} + \frac{T_d b_1}{k_1} \right) + 2 \frac{K_P}{K_I} \frac{K_D}{K_I} - \frac{K_D}{K_I} \left(T_d + \frac{b_1}{k_1} \right) \right] \tag{7.3.19}$$

按照式(7.3.16)~式(7.3.18)的顺序,可求得 K_I, K_P, K_D 为:

$$K_I = \frac{k_1}{\alpha_1 \sigma_p K_{pos} K_d K_t} \tag{7.3.20}$$

$$K_P = \left(T_d + \frac{b_1}{k_1} - \frac{\alpha_2 \sigma_p}{\alpha_1} \right) K_I \tag{7.3.21}$$

$$K_D = \left[\frac{T_d b_1}{k_1} + \frac{m_1}{k_1} + \frac{\alpha_2^2 \sigma_p^2}{\alpha_1^2} - \left(T_d + \frac{b_1}{k_1} \right) \frac{\alpha_2 \sigma_p}{\alpha_1} - \frac{\alpha_3 \sigma_p^2}{\alpha_1} \right] K_I \tag{7.3.22}$$

在此,把机械系统的参数、式(7.3.14)中的 α_i 以及时间比例系数 σ_p 全部代入式(7.3.20)~式(7.3.22)中就可以得到 K_I, K_P, K_D 的值。但是,σ_p 的值是由设计人员指定的,例如可指定 $\sigma_p = 1$ s。图 7.3.13 表示为使用指定的 σ_p 对目标值 x_0 施加阶跃信号输入时的误差波形。在 $t = 0.5$ s 时,施加了 $f_{ext} = 5$ N 的干扰。

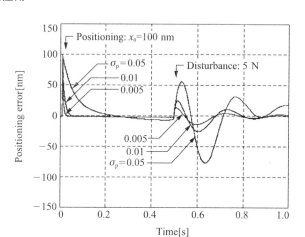

图 7.3.13　指定时间比例系数 σ_p 时的误差波形图

以式(7.3.16)~式(7.3.19)组成方程组,可得自动决定时间比例系数 σ_p 的三阶方程式为:

$$\left(\frac{2\alpha_2\alpha_3}{\alpha_1^3}-\frac{\alpha_2^3}{\alpha_1^3}-\frac{\alpha_4}{\alpha_1}\right)\sigma_p^3+\left(\frac{\alpha_2^2}{\alpha_1^2}-\frac{\alpha_3}{\alpha_1}\right)\left(T_d+\frac{b_1}{k_1}\right)\sigma_p^2-\frac{\alpha_2}{\alpha_1}\left(\frac{m_1}{k_1}+\frac{T_db_1}{k_1}\right)\sigma_p+\frac{T_dm_1}{k_1}=0$$

$$(7.3.23)$$

图 7.3.14 表示使用式(7.3.23)的解 $\sigma_p=0.001\ 2$ 时的误差波形。与图 7.3.11 中试凑法的调整结果相比较,图 7.3.13 与图 7.3.14 均为没有超调的定位波形。

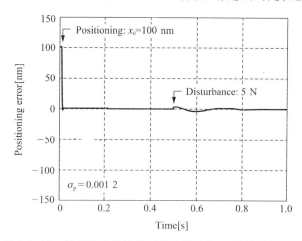

图 7.3.14　使用自动设计的时间比例系数 σ_p 时的误差波形

7.3.5　实用型 PID 补偿器的安装

图 7.3.15(a)为使用式(7.3.9)最右边项控制被控对象 $P(s)$ 时的方框图。为了明确补偿器部分,方框以及箭头用粗线表示。目标值 r 到控制量 u 的传递特性如下式所示:

$$u(s)=\frac{C_{PID}(s)}{1+C_{PID}(s)P(s)}\cdot r(s) \tag{7.3.24}$$

这里,假设 $P(\infty)=0$。$P(\infty)=0$ 称为严格正则(strictly proper)。当施加阶跃信号输入

$r(s)=r_0/s$ 时,利用初值定理可知,在 $t=0$ 时的控制量 $u(0)$ 为:

$$u(0)=\lim_{s\to\infty}s\left[\frac{C_{\mathrm{PID}}(s)}{1+C_{\mathrm{PID}}(s)P(s)}\cdot\frac{r_0}{s}\right]=\infty \tag{7.3.25}$$

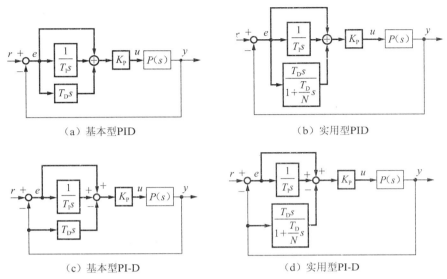

(a) 基本型PID   (b) 实用型PID

(c) 基本型PI-D   (d) 实用型PI-D

图 7.3.15 基本型与实用的 PID 控制

之所以式(7.3.25)的值为 ∞,是因为对误差 $e(=r-y)$ 进行微分而产生了微分冲击 (derivative kick),也称为给定冲击(set point kick)。这里,考虑 $P(s)$ 为机械系统时的情况,很明显采用脉冲形状的控制量 u 驱动机械系统是不适合的。实际上有两种方法可以避开这个问题。

第一种方法:如图 7.3.15(b)所示,替换完全微分 $T_{\mathrm{D}}s$,采用实用型不完全微分 $T_{\mathrm{D}}s/[1+(T_{\mathrm{D}}/N)s]$。不完全微分也称为模拟微分。此时,对应输入 $r(s)=r_0/s$ 的控制量 $u(0)$ 为如下式所示的有限控制量 u:

$$u(0)=K_{\mathrm{P}}(1+N)\cdot r_0 \tag{7.3.26}$$

图 7.3.15(b)中,当 $N\to\infty$ 时,成为图 7.3.15(a)所示的完全微分。由此可知,式 (7.3.26)中 $N\to\infty$ 时,与式(7.3.25)的结果一致。

第二种方法:不是对偏差 e 进行微分,而是对被控量 y 进行直接微分,如图 7.3.15(c) 所示的 PI-D 控制(PI-D control),也称为微分先行型 PID 控制。此时,r 到 u 的关系式为:

$$u(s)=\frac{K_{\mathrm{P}}\left(1+\dfrac{1}{T_{\mathrm{I}}s}\right)}{1+K_{\mathrm{P}}\left(1+\dfrac{1}{T_{\mathrm{I}}s}+T_{\mathrm{D}}s\right)P(s)}\cdot r(s) \tag{7.3.27}$$

由上式可知,施加 $r(s)=r_0/s$ 时的控制量 $u(0)$ 为:

$$u(0)=K_{\mathrm{P}}\cdot r_0 \tag{7.3.28}$$

也是有限的控制量。当然,图 7.3.15(d)也是 PI-D 控制。若把图 7.3.15(c)的完全微分 $T_{\mathrm{D}}s$ 替换为不完全微分 $T_{\mathrm{D}}s/[1+(T_{\mathrm{D}}/N)s]$,则此时与替换无关,针对 $r(s)=r_0/s$ 的控制量 $u(0)$ 与式(7.3.28)相同。实际上,为了避免出现由完全微分引起的噪声放大,进而出现激励被控对象 $P(s)$ 的高频脉动的不利局面,大部分设计人员基于安全着想会优先考虑使用不完全微分。

下面讨论"PI-D 控制"被称为"微分先行型 PID 控制"的理由。把图 7.3.15(c)中基本型的方框图转换成图 7.3.16 左侧所示的图,在此只改变了信号线的连接部分,显然为等效变换。

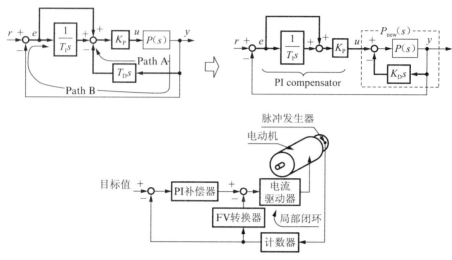

图 7.3.16　微分先行型 PID 控制的解释

接着,比较反馈被控量 y 的 Path A 与 Path B。Path A 肯定先对被控对象 $P(s)$ 产生影响,因此得名为"微分先行"。对图 7.3.16,从左侧到右侧可改变方框图,在此可以解释为对由局部速度反馈 $K_D s$ 来改善被控对象 $P(s)$ 的动态特性的新的被控对象 $P_{new}(s)$ 进行了 PI 补偿。像这样的局部反馈(minor loop,局部闭环)通常不使用"微分先行型 PID 控制"这个名称,而采用普通名称。例如图 7.3.16 下方表示的电动机的定位控制。其中,FV转换器(Frequency to Voltage converter)具有把所测量的脉冲发生器的脉冲信号频率转换为直流电压的功能。与电动机的转速成比例的电压反馈到驱动电动机的电流驱动器的前段,相对利用 PI 补偿器的主环构成了一个内环,其中内环的 FV 转换器相当于图 7.3.16 右上方的 $K_D s$。

7.4 ›› 应用相位超前-相位滞后补偿器的控制系统设计

参照图 7.3.1 可知,PID 补偿器的补偿环节与被控对象串联(或者串联结合)。这种补偿环节与被控对象串联的方法称为串联补偿(series compensation,或串联校正)。作为串联补偿的代表,有提高快速性以及稳定性的相位超前补偿(phase lead compensation)和在确保稳定性的基础上改善稳态特性的相位滞后补偿(phase lag compensation)。本节将介绍这些设计方法。

7.4.1　相位超前补偿器的设计

为了增强稳定性且改善过渡特性,经常会用到相位超前补偿器。传递函数 $C_{plead}(s)$ 为:

$$C_{\text{plead}}(s) = K \frac{Ts+1}{\alpha Ts+1} \tag{7.4.1}$$

这里要注意设定 $\alpha < 1$。作为实用型 PD 补偿器,其传递函数已经在式(7.3.8)中给出,且其结构与式(7.4.1)完全相同。在图 7.4.1 中再次表示了使用渐近线描绘的波特图。

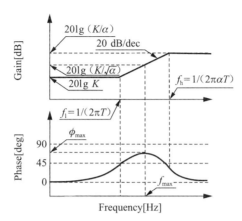

图 7.4.1　相位超前补偿器的波特图

在上图中,相位 ϕ 的超前量最大时的频率 $f_{\max}$ 为:

$$f_{\max} = \frac{1}{2\pi T\sqrt{\alpha}} \tag{7.4.2}$$

当转折频率以由低到高的顺序依次设为 $f_l = 1/(2\pi T)$,$f_h = 1/(2\pi\alpha T)$ 时,$f_{\max}$ 为 f_l 与 f_h 乘积的开方值(等比中项),即

$$f_{\max} = \sqrt{f_l \cdot f_h} \tag{7.4.3}$$

因此,在横轴即半对数频率轴上,$f_{\max}$ 位于 f_l 与 f_h 的中点(习题 7.1)。与 $f_{\max}$ 对应的增益 $|C_{\text{plead}}(j\omega)|$ 和最大相位超前量 $\phi_{\max}$ 可以表示为:

$$\left| C_{\text{plead}}(j\omega) \right|_{\omega=1/(T\sqrt{\alpha})} = \frac{K}{\sqrt{\alpha}} \tag{7.4.4}$$

$$\phi_{\max} = \arctan\left(\frac{1}{\sqrt{\alpha}}\right) - \arctan(\sqrt{\alpha}) = \arctan\left(\frac{1-\alpha}{2\sqrt{\alpha}}\right) \tag{7.4.5}$$

由于 $\alpha < 1$,所以 $\phi_{\max}$ 总是正的。式(7.4.5)可以改写为(习题 7.2):

$$\alpha = \frac{1 - \sin\phi_{\max}}{1 + \sin\phi_{\max}} \tag{7.4.6}$$

利用式(7.4.6),当给定改善特性所需的 $\phi_{\max}$ 时,可求得相位超前补偿器的参数 α。

在例题 7.4.1 中,为了解决相位裕量 P_M 不足的问题,介绍了相位超前补偿器的串联设计。

【例题 7.4.1】　基于串联相位超前补偿器的稳定性改善

对于图 7.4.2 左上方表示的闭环系统,为了确保其稳定性,考虑设计相位裕量 $P_M = 45°$ 的相位超前补偿器。已知 $f_n[=\omega_n/(2\pi)] = 10$ Hz,$\zeta = 0.1$。

首先,在进行数值计算之前,在开环情况下利用文字符号确认闭环系统的状态。图 7.4.2 左上方开环传递函数(参照 3.6 节)$G_{\text{open}}(s)$,在符号"×"处剪断后可得如下公式:

$$G_{open}(s) = \frac{\omega_n^2}{s(s+2\zeta\omega_n)} = \underbrace{\frac{1}{4\zeta^2}}_{\text{③}} \cdot \underbrace{\frac{1}{\frac{1}{2\zeta\omega_n}s}}_{\text{①}} \cdot \underbrace{\frac{1}{\frac{1}{2\zeta\omega_n}s+1}}_{\text{②}} \qquad (7.4.7)$$

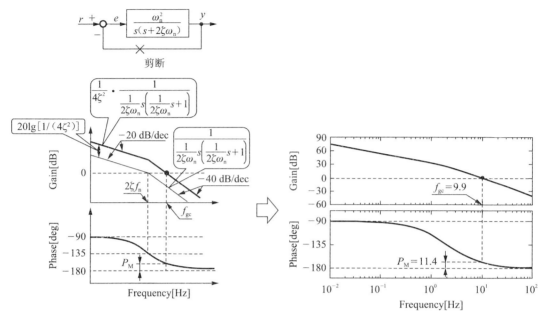

图 7.4.2　开环特性

根据式（7.4.7）右边的①项可知，增益曲线为从频率 0 Hz 到转折频率 $2\zeta f_n[=2\zeta\omega_n/(2\pi)]$ Hz 的频段，斜率为 -20 dB/dec，且由②项可知，高于这个转折频率以上的频段具有 -40 dB/dec 的斜率。只需把①+②的增益曲线向上平移③项的增益大小，即可得到总的增益曲线。本例题中 $\zeta = 0.1$，所以图中的细线向上平移为粗线。另外，根据①可知相位曲线为 $-90°$，根据②可知在转折频率处 $2\zeta f_n$ 为 $-135°$，在高频段趋近于 $-180°$。

其次，注意观察增益穿越频率 f_{gc} 的位置。f_{gc} 位于比转折频率 $2\zeta f_n$ 高的频段中，且此处的相位曲线接近 $-180°$，相位裕量 P_M 变小。由此，本例题的题意为，利用相位超前补偿，使接近 $-180°$ 的相位曲线远离 $-180°$。这里会产生增益裕量 G_M 如何变化的疑问。虽然相位曲线趋近于 $-180°$，但是不会穿越，因此必然有 $G_M = \infty$。f_{gc} 与 P_M 的数值可根据图 7.4.2 右侧的仿真得到。

［1］理论计算时：$f_{gc} = 9.901$ Hz，$P_M = 11.421°$（习题 7.3）。

［2］使用计算机对 G_M 与 P_M 自动计算的功能（其具体值取决于仿真精度）时：$f_{gc} = 9.9$ Hz，$P_M = 11.4°$。

［3］读取时：$f_{gc} = 10$ Hz，$P_M = 10°$。

根据［1］～［3］的方法，数值存在差异是理所当然的。

因为相位的规范只要求相位裕量为 $45°$，所以在式（7.4.1）中设定 $K = 1$。需要设计的参数为 α 与 T，可以按照如下顺序来确定。

• 在 $f_{gc} = 9.9$ Hz 附近，由 $45° - 11.4°$ 得相位超前至少为 $33.6°$。进行相位超前补偿时，增益穿越频率会变大，$G_{open}(s)$ 的高频段的相位会更加滞后。此时，最大相位超前量应

选为 $\phi_{\max}=45°-11.4°+$裕量$=33.6°+3.5°=37.1°$。在这里将裕量设为 3.5°，具体操作时可以由设计人员来决定。

- 根据式(7.4.6)，得 $\alpha=0.247$。
- 由式(7.4.4)可知，进行相位超前补偿时，对应 $\phi_{\max}$ 的频率处增益会上升 $K/\sqrt{\alpha}$。本例题中为 $20\lg(1/\sqrt{0.247})=6.06$ dB。这里把没有相位超前补偿时的增益为-6.06 dB处的频率设定为引入相位超前补偿后的新的增益穿越频率 $f_{\text{gc(new)}}=14.1$ Hz。把 $f_{\text{gc(new)}}$ 代入式(7.4.2)，得 $T=0.022\ 7$。
- 最后，可设计成如下式所示的相位超前补偿器。

$$C_{\text{plead}}(s)=1 \cdot \frac{0.022\ 7s+1}{0.005\ 6s+1} \tag{7.4.8}$$

图 7.4.3 所示为把式(7.4.8)的相位超前补偿串联后的开环传递函数的频率响应。新的增益穿越频率 $f_{\text{gc(new)}}$ 与相位裕量 $P_{\text{M(new)}}$ 分别为 14.1 Hz 与 45.2°。

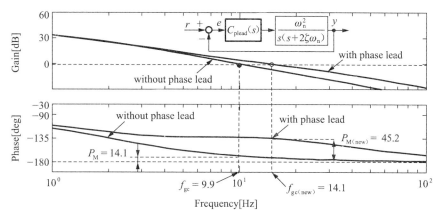

图 7.4.3 连接相位超前补偿器时的开环特性

7.4.2 相位滞后补偿器的设计

为了改善稳态特性而应用的相位滞后补偿器的传递函数 $C_{\text{plag}}(s)$ 如下式所示：

$$C_{\text{plag}}(s)=K\beta\frac{Ts+1}{\beta Ts+1} \tag{7.4.9}$$

虽然看上去与式(7.4.1)的相位超前补偿器的传递函数相同，但是需要注意的是，式(7.4.9)中 $\beta>1$。

在式(7.4.9)中，当 $s\to\infty$ 时，高频段的增益 $C_{\text{plag}}(\infty)=K$，低频段的增益 $C_{\text{plag}}(0)=K\beta$。由于 $\beta>1$，与高频段的增益相比，低频段的增益只高出$+20\lg\beta$ [dB]。由此可知，可利用低频段的高增益改善时间 $t\to\infty$ 时的特性，即稳态特性。但参照式(7.4.9)的波特图 7.4.4 可知，相位滞后。使相位 ϕ 最小的频率 $f_{\min}$ 为：

$$f_{\min}=\frac{1}{2\pi T\sqrt{\beta}} \tag{7.4.10}$$

此时的增益 $|C_{\text{plag}}(\text{j}\omega)|$ 与相位滞后量 $\phi_{\min}$ 分别为(习题 7.4)：

$$\left|C_{\text{plag}}(\text{j}\omega)\right|_{\omega=1/(T\sqrt{\beta})}=K\sqrt{\beta} \tag{7.4.11}$$

$$\phi_{\min} = \arctan\left(\frac{1}{\sqrt{\beta}}\right) - \arctan\left(\sqrt{\beta}\right) = -\arctan\left(\frac{\beta - 1}{2\sqrt{\beta}}\right) \tag{7.4.12}$$

比较图 7.3.3 与图 7.4.4 可知,PI 补偿近似等于相位滞后补偿。

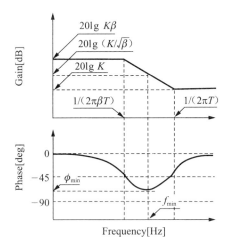

图 7.4.4　相位滞后补偿器的波特图

相位超前补偿的逆运算称为相位滞后补偿。但是进行相位超前补偿时,在图 7.4.1 所示的增益与相位曲线中,是利用相对超前补偿针对相位曲线的相位超前作用来改善控制系统特性的。相位超前补偿如其字面意思一样,是用来补偿相位超前的。但不能根据对相位超前补偿的认识来理解相位滞后补偿,因为相位滞后补偿不是用来补偿相位滞后的。进行相位滞后补偿时,是利用图 7.4.4 所示的增大低频段增益曲线的特性来改善系统特性,而其相位滞后特性不能用于改善系统特性。由于相位滞后会使控制系统不稳定,所以需要取适当的转折频率 $1/(2\pi T)$,一般情况下转折频率会设定为较低的值。

下面根据例题 7.4.2 来理解转折频率 $1/(2\pi T)$ 需要设定为较低值的理由。

【例题 7.4.2】　基于串联相位滞后补偿器的稳态特性改善

与例题 7.4.1 一样,考虑图 7.4.2 左上方所示的闭环系统。为使对应斜坡信号输入 $r = r_{\mathrm{rp}}/s^2$ 的稳态误差为 $1/10$,考虑使用相位滞后补偿器。

为了明确题意,首先计算误差 e:

$$e = r - y = \frac{s(s + 2\zeta\omega_{\mathrm{n}})}{s^2 + 2\zeta\omega_{\mathrm{n}}s + \omega_{\mathrm{n}}^2} \cdot r \tag{7.4.13}$$

在此,对应阶跃信号输入 $r = r_0/s$ 以及斜坡信号输入 $r = r_{\mathrm{rp}}/s^2$ 的误差 e,在 $t \rightarrow \infty$ 时,稳态值可利用终值定理表示成如下所示。

对于阶跃信号输入:

$$e(\infty) = \lim_{s \to 0} s \cdot \left[\frac{s(s + 2\zeta\omega_{\mathrm{n}})}{s^2 + 2\zeta\omega_{\mathrm{n}}s + \omega_{\mathrm{n}}^2} \cdot \frac{r_0}{s}\right] = 0 \tag{7.4.14}$$

对于斜坡信号输入:

$$e(\infty) = \lim_{s \to 0} s \cdot \left[\frac{s(s + 2\zeta\omega_{\mathrm{n}})}{s^2 + 2\zeta\omega_{\mathrm{n}}s + \omega_{\mathrm{n}}^2} \cdot \frac{r_{\mathrm{rp}}}{s^2}\right] = \frac{2\zeta}{\omega_{\mathrm{n}}} \cdot r_{\mathrm{rp}} \tag{7.4.15}$$

图 7.4.2 左上方的闭环系统为 1 型伺服系统,阶跃信号输入的稳态误差必然为零,就是式(7.4.14)的计算结果。但是,给闭环内具有一个积分环节的 1 型伺服系统施加两个

积分环节的函数,即斜坡信号输入时,式(7.4.15)会产生稳态误差。利用相位滞后补偿器,在保持稳定性的同时抑制该稳态误差,即为本例题的目的。

在此,串联式(7.4.9)所示的相位滞后补偿器($K=1$)时,在时间 $t \to \infty$ 时的误差 e' 的稳态值为:

$$e'(\infty) = \lim_{s \to 0} s \cdot \left[\frac{(\beta Ts+1)s(s+2\zeta\omega_n)}{(\beta Ts+1)s(s+2\zeta\omega_n)+\beta(Ts+1)\omega_n^2} \cdot \frac{r_{rp}}{s^2} \right] = \frac{1}{\beta} \frac{2\zeta}{\omega_n} \cdot r_{rp}$$

(7.4.16)

由于如式(7.4.9)中的定义,$\beta > 1$,因此对应式(7.4.15)的稳态误差在式(7.4.16)中减小到原来的 $1/\beta$。

基于以上讨论,具体确定式(7.4.9)中 T 与 β 的数值。

- 首先,根据使用相位滞后补偿器时不能使稳定性劣化的前提条件,保持增益穿越频率 $f_{gc} = 9.9$ Hz 不变,以此选定 T。大致设定 $1/(2\pi T)$ 为比 f_{gc} 小 1 dec 以上。这里为了安全,选 $T=1$ 的转折频率为 0.159 Hz。

- 其次,因为需要使稳态误差为 $1/10$,通过式(7.4.15)与式(7.4.16)的对比可知应设 $\beta = 10$,此时可以得到 $1/(2\pi\beta T) = 0.0159$ Hz。

- 因此,式(7.4.9)的相位滞后补偿器的传递函数为:

$$C_{plag}(s) = 10 \frac{s+1}{10s+1}$$

(7.4.17)

开环传递函数的频率响应如图 7.4.5 所示。参照图 7.4.5 可知,不论是否串联式(7.4.17)所示的相位滞后补偿器,增益穿越频率 f_{gc} 不变。虽然在低频段发生了相位滞后,但是相位裕量 P_M 并没有改变,而是低频段的开环增益增加了。由图 7.4.5 可知,假如转折频率 $1/(2\pi T)$ 设定在高频段,因为 f_{gc} 将会改变,同时相位裕量会变小,会使稳定性劣化。

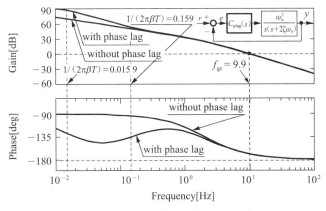

图 7.4.5　相位滞后补偿器的设计

图 7.4.6 所示为有或无相位滞后补偿时的斜坡响应的差别,这里 $r_{rp}=1$。参照图 7.4.6 中的左图,对于斜坡信号输入的过渡过程响应,与有无相位滞后补偿无关,是不变的。但是,经过一段时间后,过渡过程振荡收敛后的波形如图 7.4.6 的右图所示,可知应用相位滞后补偿的控制系统更加趋近于目标值 r。

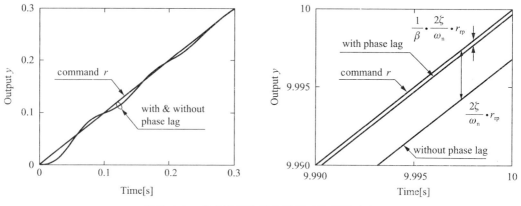

图 7.4.6 有或无相位滞后补偿时的斜坡响应

7.4.3 相位超前-滞后补偿器的设计

串联补偿并不意味着只能单独使用 7.4.1 小节中介绍的相位超前补偿,或者 7.4.2 小节中介绍的相位滞后补偿,可以串联使用两种补偿。为了确保增益穿越频率处的相位裕量以改善稳定性,同时增大低频段的增益以改善稳态特性,可使用相位超前-滞后补偿(phase lead-lag compensation),即结合相位超前补偿与相位滞后补偿的控制器。相位超前-滞后补偿器的传递函数 $G_{\text{pld-lag}}(s)$ 为式(7.4.1)与式(7.4.9)的级联,两式相乘可得 K^2,这里把 K^2 重新定义为 K,且两式的时间常数 T 分别通过下标来进行区分,则 $G_{\text{pld-lag}}(s)$ 如下式所示:

$$C_{\text{pld-lag}}(s) = K \frac{T_1 s + 1}{\alpha T_1 s + 1} \cdot \frac{\beta(T_2 s + 1)}{\beta T_2 s + 1} \tag{7.4.18}$$

$G_{\text{pld-lag}}(s)$ 的波特图为图 7.4.1 与图 7.4.4 的叠加,如图 7.4.7(a)所示。一般情况下,$1/(2\pi T_2)[\text{Hz}] < 1/(2\pi T_1)[\text{Hz}]$,在低频段,对应 $20\lg K[\text{dB}]$,增益会上升 $+20\lg \beta[\text{dB}]$,且在 $1/(2\pi T_1) \sim 1/(2\pi \alpha T_1)[\text{Hz}]$ 的高频段中相位会超前。

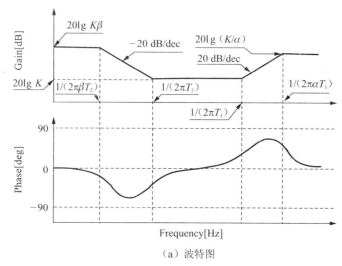

(a)波特图

图 7.4.7 相位超前-滞后补偿器的波特图与其应用实例

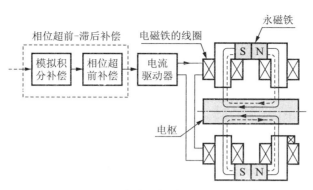

（b）在磁力轴承中的应用

图 7.4.7（续） 相位超前-滞后补偿器的波特图与其应用实例

事实上,式(7.4.18)的相位超前-滞后补偿已经在 2.3 节中进行了简单的介绍。图 7.4.7(b)中重新表示了图 2.3.4 的一部分,其中称为模拟积分补偿的方框部分相当于相位滞后补偿,与相位超前补偿级联,而虚线框部分为相位超前-滞后补偿。

7.5 ›› 频率校正基础

在产品开发等场合提出的控制规范基本上都是时域范畴的,4.1 节中介绍的上升时间、超调、调整时间等也是在时域上定义的。然而,控制系统的设计,特别是 PID 补偿等基于古典控制的设计,需要进行频域上的设计,即需要开环频率特性的校正。因此,有必要充分理解时域与频域的对应关系。对开环频率特性,下面以零穿越 ω_c 为界限,分低频段与高频段进行说明。在进行说明之前,先定义灵敏度函数与补灵敏度函数。如图 7.5.1 所示,干扰 d 到输出 y 的传递函数与目标值 r 到偏差 e 的传递函数的大小相同,且可表示为:

$$\left|\frac{y(s)}{d(s)}\right| = \left|\frac{e(s)}{r(s)}\right| = \left|\frac{1}{1+C(s)P(s)}\right| = |S(s)| \qquad (7.5.1)$$

这里,$S(s)$ 称为灵敏度函数(sensitivity function)。目标值 r 到输出 y,观测噪声 n 到输出 y 的传递函数的大小可表示为:

$$\left|\frac{y(s)}{r(s)}\right| = \left|\frac{y(s)}{n(s)}\right| = \left|\frac{C(s)P(s)}{1+C(s)P(s)}\right| \equiv |T(s)| \qquad (7.5.2)$$

这里,$T(s)$ 因满足 $S(s)+T(s)=1$ 的关系式而被称为补灵敏度函数(complementary sensitivity function)。由这一关系可知,$S(s)$ 与 $T(s)$ 相关联,不可独立进行设计。

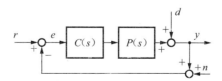

图 7.5.1 闭环系统的方框图

例如,从目标值跟踪与抑制干扰的观点考虑时,理想的条件为 $T(s)\approx1$,$S(s)\approx0$,但从减小观测噪声的观点考虑时,理想的条件应为 $T(s)\approx0$,因此需要 $S(s)\approx1$。

7.5.1 高频段的特性

对于开环频率特性,当频率 ω 与零穿越频率 ω_c 相比足够高时,即 $\omega \gg \omega_c$ 时,因为 $|C(j\omega)P(j\omega)| \ll 1$,由式(7.5.1)可得:

$$S(s) \approx \frac{1}{1} = 1 \quad (= 0 \text{ dB})$$

因此,频率很高的高频干扰 d 在稳态时以传递增益 1 被输出。同样,对于高频目标值,达到稳态时的偏差 e 的增益也为 1,且产生偏差。

对于补灵敏度函数,由式(7.5.2)可得:

$$T(s) \approx \frac{C(s)P(s)}{1} = C(s)P(s)$$

即高频段的增益与开环频率特性一致。例如,在图 7.5.2 中表示了开环频率特性 $|C(j\omega)P(j\omega)|$ 与高频段的闭环频率特性 $|S(j\omega)|$,$|T(j\omega)|$ 的近似曲线。

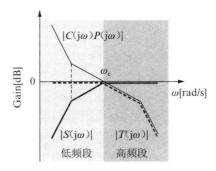

图 7.5.2 开环频率特性与灵敏度函数和补灵敏度函数的近似曲线关系

下面讨论观测噪声 n。如式(7.5.2)所示,n 到 y 的传递函数表示为 $T(s)$,因此,在高频段可使 $T(s) \to 0$ 来降低对输出的观测噪声的影响。接着考虑模型误差[modeling error,也称作不确定性(uncertainty)]。实际上很难利用数学建模的方式对实际被控对象进行无误差的建模。实际对象模型化时产生的误差称为模型化误差。对于图 7.5.1 中的被控对象 $P(s)$ 与设计时用到的数学模型 $P_n(s)$ 的误差率 $\Delta_m(s)$ 可表示为:

$$P(s) = P_n(s)[1 + \Delta_m(s)] \tag{7.5.3}$$

因为 $P_n(s)$ 是设计时用到的标准模型,所以称为标称模型(nominal model),而 $\Delta_m(s)[= [P(s) - P_n(s)]/P_n(s)]$ 表示的是 $P_n(s)$ 对于 $P(s)$ 的误差率,所以称为乘性不确定性(multiplicative uncertainty,也称乘性模型摄动)。由此,图 7.5.1 变为图 7.5.3 (a)。为了简单起见,设 $r = d = n = 0$,此时,$\Delta_m(s)$ 前后的"Δ"到"$\times$"的传递函数的大小与 $T(s)$ 一致,且与图 7.5.3(b)等价。根据小增益定理(small gain theorem)(参照附录 E),此闭环系统的稳定条件为:

$$\| T(s)\Delta_m(s) \|_\infty < 1 \tag{7.5.4}$$

这里,$\| T(s)\Delta_m(s) \|_\infty$ 表示 $T(s)\Delta_m(s)$ 的 ∞ 范数(norm),等同于波特图中增益的最大值。通常在高频段 $|\Delta_m(s)|$ 较大,若能在高频段使 $T(s)$ 较小,则即使模型化误差 $\Delta_m(s)$ 较大,也能保证系统稳定。针对模型化误差的系统稳定性称为鲁棒稳定性(robust stability)。有关 ∞ 范数以及鲁棒稳定性等相关鲁棒性的内容超出本书的范围,在此不做介绍,请

参考其他资料。

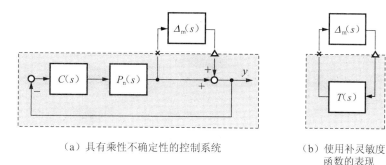

（a）具有乘性不确定性的控制系统　　　（b）使用补灵敏度
　　　　　　　　　　　　　　　　　　　　函数的表现

图 7.5.3　具有不确定性的闭环系统的方框图

7.5.2　低频段的特性

下面介绍开环频率特性在频率 ω 比零穿越频率 ω_c 足够低时，即 $\omega \ll \omega_c$ 时的情况。在这种低频段中，因为 $|C(j\omega)P(j\omega)| \gg 1$，所以由式（7.5.1）可得：

$$S(s) \approx \frac{1}{C(s)P(s)}$$

因此，在频率足够低的低频段，$S(s)$ 的频率特性可以近似看作开环频率特性的逆特性。例如，开环频率特性 $C(s)P(s)$ 在低频段具有 -20 dB/dec 的衰减特性时，对应于目标值误差的稳态增益为零，且对阶跃目标值稳态误差为零。同样，由于干扰到输出的稳态增益为零，所以阶跃干扰的稳态输出也为零。另外，当开环频率特性在低频段斜率为 -40 dB/dec 时，斜坡指令信号的稳态误差和斜坡干扰的稳态输出同时为零。

此时，补灵敏度函数由式（7.5.2）可得：

$$T(s) \approx \frac{C(s)P(s)}{C(s)P(s)} = 1 \quad (=0 \text{ dB})$$

因此，对于满足这种近似条件的频段的目标值，输出可以实现无稳态误差的精确跟踪；反之，在低频段不能保证足够大的增益时，就会产生稳态误差。从以上观点来看，为了改善针对目标值和干扰的稳态特性，开环频率特性在低频段应尽可能保持高增益。图 7.5.2 中同时表示了低频段时的闭环频率特性 $|S(j\omega)|$，$|T(j\omega)|$ 的近似曲线。

7.6 ≫ 干扰观测器

对于实际系统的被控对象来说，由于存在非线性或时变性，也存在干扰，所以基于数学模型的无差模型化是不可能实现的。比如，对于电动机控制系统，由于所加电流受限而引起的控制量的饱和及驱动电动机时的库仑摩擦等都是非线性的。另外，由电动机的电枢电阻与电枢电感所引起的时间常数的变化及由驱动对象的质量变化所引起的转动惯量的变化等都是时变的。

因此，在控制系统设计时，有必要在某一工作点附近进行控制器设计，以便设计出对可能的变化或干扰继续保持控制性能的健壮[称为鲁棒（robust）]的控制器。然而，被控对象的变动或干扰的大小有时也会导致无法满足控制规范的情况。对于这种情况,有一种有效的控制方法,即基于干扰观测器(disturbance observer)的补偿(调整)方法。

基于干扰观测器实施干扰补偿的控制系统如图 7.6.1 所示。图(a)与(b)是互相等价的方框图,使用哪一种结构都可以。这里,$P(s)$ 为实际的被控对象,$P_n(s)$ 为它的标称模型。对于实际系统,由于 $P_n(s)$ 的传递函数是严格正则的,所以 $F(s)$ 是使 $P_n^{-1}(s)F(s)$ 成为正则传递函数的低通滤波器。分母的最高阶次减去分子的最高阶次得到的值,称为相对阶数(relative degree)。当 $P_n(s)$ 的相对阶数为 n 时,最简单的 $F(s)$ 可以用带宽为 ω_d 的 n 阶惯性环节表示[见式(7.6.1)]。由于传递函数显然为 s 的函数,所以下面省略符号 (s)。

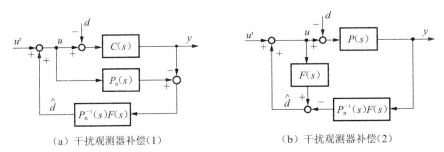

（a）干扰观测器补偿(1)　　　　　　　（b）干扰观测器补偿(2)

图 7.6.1　基于干扰观测器实施干扰补偿的控制系统

$$F = \frac{1}{\left(\dfrac{s}{\omega_d} + 1\right)^n} \tag{7.6.1}$$

图 7.6.1 中,u 为给被控对象的输入信号;d 与 $\hat{d}$ 为干扰与其预估值;u^r 为进行干扰观测器补偿时给被控对象的输入信号;ω_d 表示干扰的预估速度,设定为高于需要补偿的干扰频段的值。根据图 7.6.1(a)可以得到以下关系式:

$$y = P(u - d) \tag{7.6.2}$$

$$u = u^r + P_n^{-1}F(P_n u - y) \tag{7.6.3}$$

由式(7.6.3)有:

$$u = \frac{1}{1-F}(u^r - P_n^{-1}Fy) \tag{7.6.4}$$

把上式代入式(7.6.2),可得如下输入输出特性:

$$y = \frac{P}{1-F+PP_n^{-1}F}u^r - \frac{(1-F)P}{1-F+PP_n^{-1}F}d \tag{7.6.5}$$

下面讨论干扰观测器补偿所具有的两种特性。

7.6.1　抑制干扰特性

首先,考虑没有模型化误差的理想情况,即 $P_n = P$ 时,根据式(7.6.5)有:

$$y = Pu^r - (1-F)Pd \tag{7.6.6}$$

若令 $F=1$,则 $y=Pu^r$,控制系统完全不受干扰的影响。实际上,因为 $F(s)$ 的构建受模型 $P_n^{-1}(s)$ 的相对阶数的限制,所以只限于在满足 $F \approx 1$ 的带宽范围内可以抑制干扰的影响。从另一个角度考虑,干扰观测器补偿可以认为是追加了干扰到输出的传递特性 $1-F$。F 设为式(7.6.1)时,$1-F$ 的稳态增益为零,这对于干扰而言是 1 型特性,即相当于给系统追加了对于阶跃干扰的稳态误差为零的特性(习题 7.5)。

7.6.2 标称特性

下面考虑没有干扰,即 $d=0$ 的情况。此时,式(7.6.5)可表示为:

$$y = \frac{P}{1-F+PP_n^{-1}F}u^r \qquad (7.6.7)$$

这里若令 $F=1$,则:

$$y = P_n u^r \qquad (7.6.8)$$

对于输入信号 u^r,被控对象表面上具有标称模型 P_n 的特性,因此,在满足 $F \approx 1$ 的带宽范围内,被控对象的特性可以实现标称化。

综上所述,根据被控对象的标称模型与基于滤波器的干扰观测器的配置,在满足 $F \approx 1$ 的滤波器带宽范围内,可以抑制施加在被控对象上的干扰,也可以把被控对象看作标称模型。以上两点为干扰观测器补偿的优点。

下面介绍基于干扰观测器的补偿方法的例子。

【例题 7.6.1】 干扰观测器补偿的干扰抑制特性与标称特性

设被控对象 $P(s)$ 以及它的标称模型 $P_n(s)$ 相等,且假设为 2.6.1 小节中介绍的速度控制系统的模型,则有:

$$P(s) = P_n(s) = \frac{\omega(s)}{i^*(s)} = \frac{K_t}{F_c(T_c s+1)} \cdot \frac{1}{Js} = \frac{1}{(0.01s+1)s} \qquad (7.6.9)$$

这里,设 $F_c=1, K_t=1, J=1, T_c=1/100$。考虑到 $P_n(s)$ 的相对阶数为二阶,根据式(7.6.1),滤波器 $F(s)$ 为:

$$F(s) = \frac{1}{\left(\dfrac{s}{\omega_d}+1\right)^2} \qquad (7.6.10)$$

这里,设需要抑制的干扰的带宽为 100 rad/s,且设 $\omega_d = 100$ rad/s。图 7.6.2 所示为实施基于干扰观测器的补偿时的方框图和有或无干扰补偿时的转矩干扰 τ_d 到速度输出 ω 的增益曲线。显然,在 ω_d 以下的频段中抑制了干扰的影响,这就是干扰观测器的干扰抑制特性。

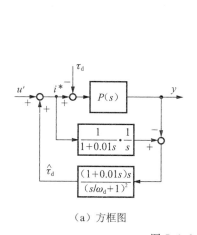

(a) 方框图

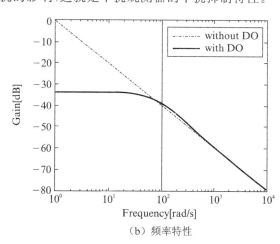

(b) 频率特性

图 7.6.2 基于干扰观测的干扰抑制特性

假设由式(7.6.9)给出的 $P(s)$ 中的转动惯量 J 增加了 50%，即由 1 变为 1.5，则 $P(s)$ 为：

$$P(s) = \frac{1}{0.01s+1} \cdot \frac{1}{1.5s} \tag{7.6.11}$$

而 $P_n(s)$ 没有变化，且如下式所示：

$$P_n(s) = \frac{1}{(0.01s+1)s} \tag{7.6.12}$$

在图 7.6.3 中同时表示了 $P(s)$ 与 $P_n(s)$ 两个增益特性，以及进行干扰补偿时的控制量 u^r 到 y 的增益曲线（标记为 P with DO）。由图 7.6.3 可知，虽然由于转动惯量的增加增益减少，但是由于实施了干扰补偿，在 ω_d 以下的频段中增益特性近似为标称模型 $P_n(s)$，这就是基于干扰补偿的被控对象的标称化。

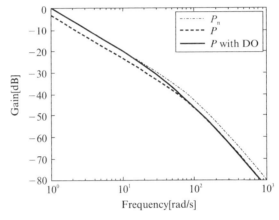

图 7.6.3　基于干扰观测器的标称化

如上所述，当干扰观测器并联于被控对象时，其效果为被控对象的标称模型化与干扰抑制，因此不会对主闭环控制系统的设计产生影响，即标称模型 P_n 可以作为被控对象进行控制器设计，而且可以在现有的控制系统中附加干扰观测器以改善控制性能。由于干扰补偿器和被控对象是并联结构，所以可根据需要进行 ON/OFF。

下面对附加干扰补偿的被控对象设计速度控制器，以构成速度控制系统。

【例题 7.6.2】　**对于实施干扰补偿的被控对象的速度控制系统设计**

如图 7.6.4 所示为追加了基于干扰观测器的干扰补偿的速度控制系统的波特图。这里，速度控制器如式(2.6.14)所示选用如下 PI 补偿器：

$$C_s(s) = \frac{T_{s2}s+1}{T_{s1}s} \tag{7.6.13}$$

为了控制带宽，同样有 $\omega_s = 10$ rad/s，设 $T_{s1} = 0.0316$ s，$T_{s2} = 0.3$ s。首先，给出对于阶跃干扰的仿真结果。条件为 0 s 时施加 $\omega^* = 1$ rad/s 的速度阶跃指令信号，且 2 s 后施加 $d = 5$ N·m 的阶跃转矩干扰。图 7.6.5 所示为有或无干扰补偿时的阶跃响应波形，此时的控制量 i^* 表示在图 7.6.6 中。在 0～2 s 的响应波形中，由于没有模型化误差以及干扰，干扰观测不起作用，响应相同。在施加干扰后，产生了基于干扰观测的补偿量，与没有干扰观测时相比，干扰被抑制了。这里，在没有干扰观测器时，对于阶跃干扰，由速度控制器的输出提供补偿量，但是在有干扰观测器时，则通过干扰观测器来推定阶跃干扰（与控制量相

当的 $\hat{\tau}_d$)，把它作为补偿量加给速度控制器输出 u^r，成为 i^* 施加给被控对象。由此可知，在速度控制器中，只有施加干扰时的过渡状态才有补偿量 u^r。

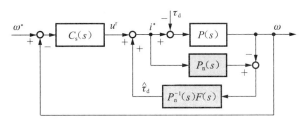

图 7.6.4　附加干扰补偿的速度控制系统

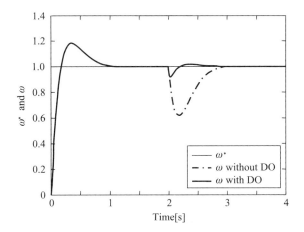

图 7.6.5　对于速度阶跃指令信号的时域响应波形

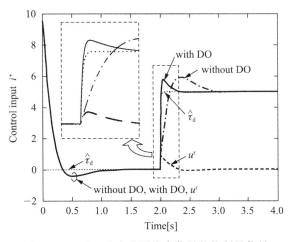

图 7.6.6　对于速度阶跃指令信号的控制量信号

　　下面给出有关模型化误差的仿真结果。作为模型化误差，如例题 7.6.1，设转动惯量 J 增加 50%，即由 1 变为 1.5。此时，有无干扰补偿时的阶跃响应波形如图 7.6.7 所示。图 7.6.7 中同时表示了没有模型化误差($J=1$)，即 $P(s)=P_n(s)$ 时的理想响应(参考响应)。由于转动惯量的增加，在没有补偿时，相比理想响应，上升时间变慢，超调、调整时间同时劣化。相反，在进行干扰补偿时，可以看出有微小的超调增加，但是可以得到几乎与参考响应相同的输出。

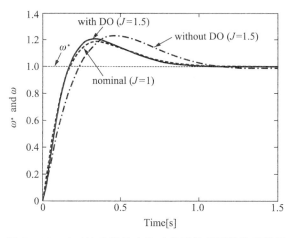

图 7.6.7　对于转动惯量变化时的干扰观测器补偿效果

7.7 ≫ 内部模型控制方法

内部模型控制(Internal Model Control, IMC)是一种基于数学模型的控制方法。控制器的设计可直接依据被控对象的数学模型进行。图 7.7.1 所示为由实际被控对象 $P(s)$ 与其标称模型 $P_n(s)$ 组成的 IMC 的方框图。这里,$F(s)$ 是使传递函数 $P_n^{-1}(s)F(s)$ 为正则(proper)的低通型传递函数,称为 IMC 滤波器。此时,从 r 到 y 的传递函数为:

$$\frac{y(s)}{r(s)} = \frac{P(s)P_n^{-1}(s)F(s)}{1 - F(s) + P(s)P_n^{-1}(s)F(s)} \tag{7.7.1}$$

若 $P(s) = P_n(s)$,则有:

$$\frac{y(s)}{r(s)} = F(s) \tag{7.7.2}$$

由此可知,此时设计的 $F(s)$ 即目标值响应特性本身。由图 7.7.1 可知,当 $P(s) = P_n(s)$ 时,反馈回路不起作用,成为基于 $P_n^{-1}(s)F(s)$ 的前馈控制,即只有当 $P(s) \neq P_n(s)$ 时才会有反馈控制。

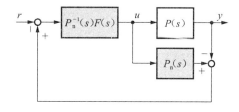

图 7.7.1　内部模型控制系统的方框图

若在 IMC 中已知对象模型 $P_n(s)$,则 $F(s)$ 就成为一个设计参数,且通过设定

$$F(0) = 1 \tag{7.7.3}$$

可以得到对于阶跃信号没有稳态误差的响应。当被控对象的相对阶数为 n 阶时,最简单的 $F(s)$ 为:

$$F(s) = \frac{1}{(\tau_i s + 1)^n} \tag{7.7.4}$$

此时,作为设计参数就只剩下调整滤波器控制带宽的时间常数 τ_i。根据上述介绍进行设计时,对于目标值响应不会产生超调,且可根据调整时间常数 τ_i 来自由设定响应性。

这里需要注意的是,当 $P(s)$ 中存在不稳定零点时,由于 $P_n^{-1}(s)$ 中会存在不稳定极点,

所以不可以直接使用此方法。

IMC 控制系统的特征如下：

- 控制系统的结构以基于开环驱动的前馈控制形式作为基本形式。
- 应设计的设计参数只有滤波器传递函数（即带宽）。

在设计 IMC 滤波器时，需要注意被控对象是否具有积分特性。下面分别介绍被控对象不具有积分特性时和具有积分特性时的设计例子。

7.7.1 被控对象不具有积分特性时的内部模型控制方法

以 2.6.2 小节中介绍的压电陶瓷马达作为被控对象为例，说明被控对象不具有积分特性时的设计方法。由式（2.6.18）所示的二次振荡系统，可知被控对象的传递函数为：

$$P(s) = \frac{x}{v} = \frac{1}{s^2 + 2 \cdot 0.07 \cdot 100s + 100^2} \tag{7.7.5}$$

这里，设 $P_n(s) = P(s)$，考虑其相对阶数为二阶，可根据式（7.7.4）设计一个最简单的 IMC 滤波器 $F(s)$，即

$$F(s) = \frac{1}{(\tau_i s + 1)^2} \tag{7.7.6}$$

设控制系统带宽（闭环系统增益曲线为 -3 dB 时的频率）为 10 rad/s，如果式（7.7.6）所示为一阶惯性系统，只要设 $\tau_i = 1/10$，增益即为 -3 dB。但是，在二阶滞后系统中，会叠加成为 -6 dB。因此，为了在控制系统带宽为 10 rad/s 时增益为 -3 dB，由增益特性可知，必须设定 $\tau_i = 1/16$。

图 7.7.2 所示为给目标位置指令 x^* 施加单位阶跃信号时，输出位移 x 的时间响应波形。这里，2 s 后在被控对象的输入端施加了单位阶跃干扰。图中同时表示了具有同一控制带宽的积分（I）控制系统的响应波形，用到的 I 补偿器与式（2.6.19）相同。由图 7.7.2 可知，与具有同样控制系统带宽的 I 控制系统相比，目标值响应和干扰响应都得到了改善，且其目标值响应为与 IMC 滤波器的传递函数一样没有超调的响应。

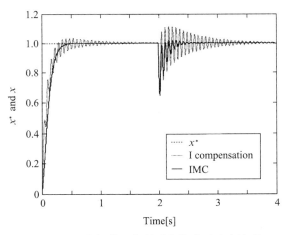

图 7.7.2 内部模型控制系统的阶跃响应波形

7.7.2 被控对象具有积分特性时的内部模型控制方法

下面介绍被控对象具有积分特性时的例子。假设被控对象 $P(s)$ 是式(2.6.13)所示的速度控制系统的模型,且由下式表示:

$$P(s)=\frac{\omega(s)}{i^*(s)}=\frac{1}{s(0.01s+1)} \tag{7.7.7}$$

这里,设 $P_n(s)=P(s)$。IMC 控制系统的方框图如图 7.7.3 所示。考虑它的相对阶数为二阶,对于此被控对象,根据式(7.7.4)设计一个最简单的 IMC 滤波器 $F(s)$ 为:

$$F(s)=\frac{1}{(\tau_i s+1)^2} \tag{7.7.8}$$

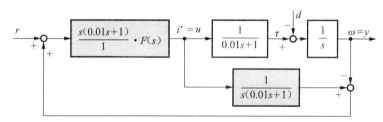

图 7.7.3 对于速度控制系统的 IMC 控制

为了使控制系统带宽为 10 rad/s,设定 $\tau_i=1/16$。阶跃响应的仿真结果如图 7.7.4 所示。0 s 时施加一个 $r=1$ 的速度阶跃指令,2 s 后施加一个 $d=5$ 的阶跃干扰。在图 7.7.4 中,同时表示了具有同样带宽的 PI 控制系统的响应波形。在 IMC 控制系统中,对于目标值响应可以得到所希望的控制性能,但是对于干扰会产生稳态误差。可以看出,在 PI 控制系统中会产生超调,且阶跃干扰时与稳态值的偏差(减少量)的最大值即动态降落小,稳态误差为零。

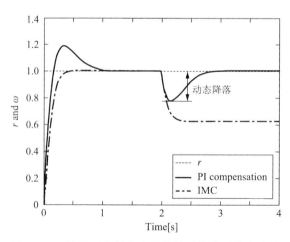

图 7.7.4 被控对象具有积分特性时的阶跃响应波形

图 7.7.5(a)表示 IMC 控制器[从被控对象的输出 $y=\omega$ 到控制量 $u=i^*$,或者与后述的图 7.7.6 的 $C_{IMC}(s)$ 相同]与 PI 控制器的频率特性,图 7.7.5(b)表示两种控制系统的从转矩干扰 d 到 ω 的频率特性。在 IMC 控制系统中,由图 7.7.5(a)可知控制器不具有积分

特性,且由图 7.7.5(b)可知稳态(0 rad/s)时增益不为 $-\infty$ dB($=0$),即 IMC 控制系统无法得到 PI 控制系统所具有的 1 型特性。

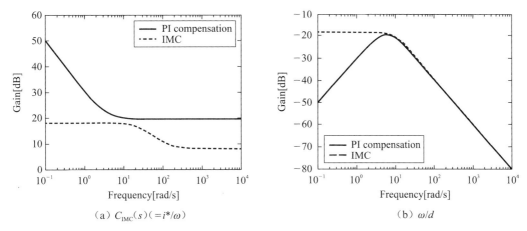

图 7.7.5　IMC 控制系统与 PI 控制系统的频率特性(控制器特性与干扰特性)

对图 7.7.1 所示的 IMC 控制系统的方框图进行等效变换,可得图 7.7.6。这里,$F(s)$ 设定为式(7.7.8)时,传递特性 $F(s)/[1-F(s)]$ 就成为 $1/[s(\tau_i^2 s+2\tau_i)]$,具有 1 型积分特性。这个积分特性是被控对象所具有的积分特性与 $P_n^{-1}(s)$ 所具有的一阶微分特性相抵消,其结果是 IMC 控制器 $C_{IMC}(s)$ 的积分特性消失,如图 7.7.4 所示,对于阶跃干扰会产生稳态误差。

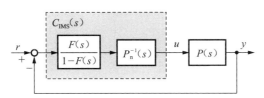

图 7.7.6　等效 IMC 控制系统的方框图

为了使干扰具有 1 型特性,即为了使 IMC 控制器具有积分特性(此为对于斜坡指令目标值,无稳态误差跟踪的条件,即等价于成为 2 型控制系统的条件),在式(7.7.3)条件的基础上,需要下式所示的条件(习题 7.6):

$$\lim_{s\to 0}\frac{\mathrm{d}}{\mathrm{d}s}F(s)=0 \qquad (7.7.9)$$

为了满足这个条件,式(7.7.4)所示的 IMC 滤波器修正为:

$$F(s)=\frac{(n+1)\tau_i s+1}{(\tau_i s+1)^{n+1}} \qquad (7.7.10)$$

IMC 滤波器由式(7.7.8)改善为式(7.7.10)时的 IMC 控制系统的阶跃响应波形如图 7.7.7 所示,其中 $n=2$,且改善后的 IMC 控制器及其针对干扰的频率特性如图 7.7.8 所示。由图 7.7.7 可知,虽然由于 IMC 滤波器分子的影响阶跃响应会出现超调,但是对于阶跃干扰可以得到无稳态误差的希望特性。由图 7.7.8(a)可以得出,IMC 控制器具有积分特性,由图 7.7.8(b)可知,对于干扰具有微分特性(稳态增益为零)。

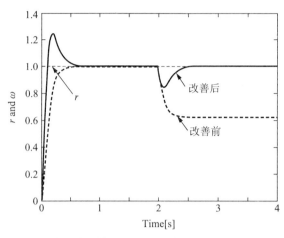

图 7.7.7　改善滤波器特性后的 IMC 控制系统的阶跃响应波形

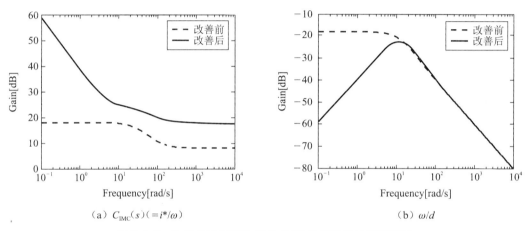

（a）$C_{\mathrm{IMC}}(s)(=i^*/\omega)$　　　　　（b）ω/d

图 7.7.8　改善滤波器特性后的 IMC 控制系统的频率特性

7.8 ›› 延迟时间补偿方法

在实际工程应用领域,有些系统往往会出现给被控对象施加输入信号(即控制量)时被控对象的输出(即被控量)延迟(滞后)的现象,在 3.5 节中把这一时间称为延迟(滞后)时间。当延迟时间与目标的控制带宽,即与响应性相比,若无法忽略,则在设计时必须要考虑延迟时间。史密斯补偿方法(Smith's compensation)是直接考虑延迟时间的控制系统的设计方法之一,下面对其加以介绍。

史密斯补偿方法的特点如下:

·可以直接使用忽略延迟时间进行设计的控制器。

·目标值响应只产生等于延迟时间的时间延迟,且超调与上升时间不变。

使用该补偿方法的条件是:除去延迟时间的被控对象的传递函数是稳定的。

由式(3.4.22),具有延迟时间 τ 的被控对象 $P(s)$ 可表示为:

$$P(s) = P_0(s)\mathrm{e}^{-\tau s} \tag{7.8.1}$$

这里,$P_0(s)$ 是从被控对象 $P(s)$ 除去延迟环节 $\mathrm{e}^{-\tau s}$ 后的模型,是稳定的。基于史密斯补偿方法的延迟时间控制系统的方框图如图 7.8.1 所示。利用包含延迟环节的模型的输出 a 来抵消输出信号 y，利用不包含延迟环节的模型来驱动反馈控制系统。因此，设计控制器 $C(s)$ 时，只需考虑不包含延迟环节的模型 $P_0(s)$ 进行设计即可。可以选择一般的 PID 控制器等，即 r 到 b 的传递函数为：

$$\frac{b}{r}=\frac{C(s)P_0(s)}{1+C(s)P_0(s)} \tag{7.8.2}$$

与忽略延迟环节时设计的反馈控制系统的响应相同。另外，r 到 y 的传递函数为：

$$\frac{y}{r}=\frac{C(s)P_0(s)}{1+C(s)P_0(s)}\mathrm{e}^{-\tau s} \tag{7.8.3}$$

与没有延迟环节的反馈控制系统的响应相比，只是输出延迟了时间 t。对图 7.8.1 所示方框图进行等价变换可得图 7.8.2。在此，假设没有延迟环节，并设定

$$C(s)=\frac{F(s)}{1-F(s)}P_0^{-1} \tag{7.8.4}$$

则此控制系统与图 7.7.1 所示的内部模型控制（IMC）系统完全等价。这里，$F(s)$ 为 IMC 滤波器。由此可见，对于史密斯补偿，控制器按式（7.8.4）设计，其输入、输出关系为 IMC 结构的延迟时间（滞后）补偿，如下式所示。

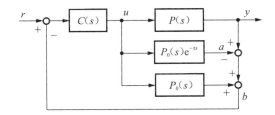

图 7.8.1　基于史密斯补偿方法的延迟时间控制系统的方框图

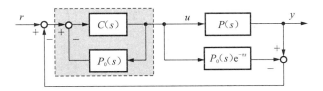

图 7.8.2　延迟时间控制系统的等效方框图

$$\frac{y}{r}=F(s)\mathrm{e}^{-\tau s} \tag{7.8.5}$$

因此，此系统为所设计的 $F(s)$ 的响应只是延迟时间 t 输出的控制系统。把式（7.8.4）代入图 7.8.2 的 $C(s)$ 中并计算，可得图 7.8.3 所示的 IMC 结构延迟时间控制系统的方框图。

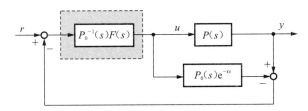

图 7.8.3　IMC 结构的延迟时间控制系统的方框图

下面介绍延迟时间控制系统的设计实例。

【例题 7.8.1】 史密斯补偿方法与 IMC 结构型延迟时间补偿方法

对于式(2.6.20)所表示的一阶惯性系统的输出端附加 $\tau = 0.05$ s 延迟环节的系统,设被控对象 $P(s)$ 为:

$$P(s) = \frac{v[\text{mm/s}]}{e[\text{V}]} = P_0(s) \cdot e^{-\tau s} = \frac{52.6}{s + 53.2} \cdot e^{-0.05s} \tag{7.8.6}$$

同样,设控制器 $C_1(s)$ 为积分补偿,由式(2.6.21)可得:

$$C_1(s) = \frac{k_1}{s} \tag{7.8.7}$$

这里,为使控制带宽为 50 rad/s,设 $k_1 = 63$。假如闭环系统为一阶惯性系统,控制带宽为 50 rad/s,则时间常数为 $1/50 = 0.02$ s,和此时的延迟时间 0.05 s 相比,延迟是不可忽略的。图 7.8.4 为该一阶惯性系统的时域响应波形。0 s 时施加单位阶跃信号,0.5 s 时给输入端施加相当于 1 V 的阶跃干扰。图中,(a)表示没有延迟环节时的积分补偿,(b)表示有延迟环节时的积分补偿,(c)表示对延迟环节进行史密斯补偿时的积分补偿响应。在(b)中,由于延迟环节的影响,闭环系统发散。相比而言,(c)的史密斯补偿只是响应延迟了 0.05 s,与(a)没有延迟环节时的情况相同。但对于干扰,由于延迟环节的影响,动态降落增加了。

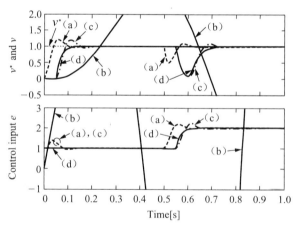

图 7.8.4 对于延迟环节的史密斯补偿方法的效果

同样,运用式(7.8.4)的 IMC 控制器进行史密斯补偿的结果表示为(d)。这里为了使 IMC 滤波器 $F(s)$ 的控制带宽约为 50 rad/s,设

$$F(s) = \frac{1}{\frac{1}{50}s + 1} \tag{7.8.8}$$

根据同一图可知,利用基于 IMC 控制器的史密斯补偿可实现延迟时间补偿,且其响应对于目标值不产生超调,得到了对 $F(s)$ 的响应只延迟 0.05 s 的结果。

以上介绍了对于延迟系统控制结构可以改变为史密斯补偿时的设计方法。下面介绍控制结构不能改变为史密斯补偿,以及进行根轨迹或奈奎斯特图等的分析时有效的近似方法。

不论何种情况,问题的焦点都是延迟环节,原因是其表达式 $e^{-\tau s}$ 不以 s 的有理函数形式出现。因此,若可以把 $e^{-\tau s}$ 近似为有理函数,并把它当作被控对象,就可直接使用之前介绍的设计方法和分析方法等。为了简单起见,考虑 e^{-s} 的近似表达。由麦克劳林展开式可得:

$$e^{-s} = 1 - s + \frac{s^2}{2!} - \frac{s^3}{3!} + \frac{s^4}{4!} - \frac{s^5}{5!} + \cdots \tag{7.8.9}$$

近似表示成如下式所示的一阶(有理)传递函数。

$$e^{-s} \approx \frac{b_1 s + b_0}{a_1 s + 1} = b_0 + (b_1 - a_1 b_0)s - a_1(b_1 - a_1 b_0)s^2 + a_1^2(b_1 - a_1 b_0)s^3 - \cdots$$

$$\tag{7.8.10}$$

比较式(7.8.9)与式(7.8.10)两边的系数可得:

$$b_0 = 1 \tag{7.8.11}$$

$$b_1 - a_1 b_0 = -1 \tag{7.8.12}$$

$$-a_1(b_1 - a_1 b_0) = \frac{1}{2} \tag{7.8.13}$$

$$a_1^2(b_1 - a_1 b_0) = -\frac{1}{6} \tag{7.8.14}$$

$$\vdots$$

根据式(7.8.11)~式(7.8.13)可得 $a_1 = 1/2, b_0 = 1, b_1 = -1/2$,但这个解不满足式(7.8.14)。因此,只能近似为麦克劳林展开式的二阶多项式。根据上述内容,近似传递函数可表示为:

$$e^{-s} \approx \frac{-\dfrac{s}{2} + 1}{\dfrac{s}{2} + 1}$$

且由 $s \rightarrow \tau s$ 的替换可导出考虑延迟时间的近似(有理)传递函数为:

$$e^{-\tau s} \approx \frac{-\dfrac{\tau s}{2} + 1}{\dfrac{\tau s}{2} + 1} \tag{7.8.15}$$

这种近似方法称为帕德近似(Padé approximation),其近似精度与传递函数的阶数成比例。例如,在不需要近似精度时,使分子的阶数降到零阶,此时最简单的传递函数为:

$$e^{-\tau s} \approx \frac{1}{\tau s + 1} \tag{7.8.16}$$

反之,当需要提高近似精度时,可近似成二阶传递函数(习题7.7):

$$e^{-\tau s} \approx \frac{\dfrac{(\tau s)^2}{12} - \dfrac{\tau s}{2} + 1}{\dfrac{(\tau s)^2}{12} + \dfrac{\tau s}{2} + 1} \tag{7.8.17}$$

7.9 ›› 基于陷波滤波器的振荡特性改善

如在 2.6.2 小节中介绍的,当被控对象具有谐振特性时,为了不引起系统振荡,需要设定控制带宽比谐振频率足够小,或使用低通滤波器在保持原有带宽不变的情况下使谐振频率处的增益减小。这些方法因为用于改善增益特性而称为增益稳定化方法(gain stabilization method)。但是增益稳定化方法会使控制系统的响应性劣化,且产生相位滞后。对于这种情况,有一种简便且有效的补偿方法,即利用陷波滤波器的方法(参照 5.4 节)。相对于增益稳定化方法,这种方法称为相位稳定化方法(phase stabilization method)。

下面以 2.6.2 小节中所示的具有谐振频率的被控对象为例,说明陷波滤波器的具体设计方法。被控对象的传递函数为:

$$P(s) = \frac{x(s)}{v(s)} = \frac{1}{s^2 + 2 \cdot 0.07 \cdot 100s + 100^2} \tag{7.9.1}$$

控制器 $C_1(s)$ 也同样选用积分控制结构,为了使控制带宽为 10 rad/s,即开环传递特性 $C_1(s)P(s)$ 的零穿越频率为 10 rad/s,确定相应的增益,有:

$$C_1(s) = \frac{10^5}{s} \tag{7.9.2}$$

该系统中陷波滤波器 $G_N(s)$ 和 $C_1(s)$ 串联。一般形式的陷波滤波器的传递函数为:

$$G_N(s) = \frac{s^2 + 2R\zeta_N\omega_N s + \omega_N^2}{s^2 + 2\zeta_N\omega_N s + \omega_N^2} \tag{7.9.3}$$

这里,$\omega_N[\text{rad/s}]$ 是陷波中心角频率,且设定为被控对象的固有角频率。需要注意的是,固有角频率与峰值频率即谐振角频率 ω_p 之间通过被控对象的衰减系数 ζ 表示为以下关系:

$$\omega_p = \omega_N\sqrt{1 - \zeta^2}$$

其中,ζ_N 决定陷波的宽度;R 决定陷波的深度,且 R 越小,陷波越深。

如式(7.9.1)所示,当被控对象的谐振特性以传递函数的形式已知时,$G_N(s)$ 的分子应设定为能使对象的谐振特性抵消,即应设定为能与被控对象的分母零点、极点对消。由此,$\omega_N = 100$,$R\zeta_N = 0.07$。对于 $G_N(s)$ 的分母,应设定为具有充分的衰减,且与分子的固有频率相同,使稳态增益为 1。例如,设 $\zeta_N = 1$ 时,$R = 0.07$,$G_N(s)$ 为:

$$G_N(s) = \frac{s^2 + 2 \cdot 0.07 \cdot 100s + 100^2}{(s + 100)^2} \tag{7.9.4}$$

设计的 $G_N(s)$ 的波特图如图 7.9.1 所示。在被控对象所具有的固有角频率处,增益极小,在其他频段中几乎为 0 dB,即具有在谐振特性以外的频段,不对由 $C_1(s)P(s)$ 构成的开环频率特性带来影响的频率特性。

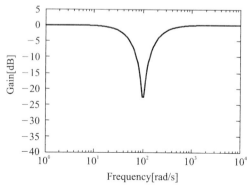

图 7.9.1 陷波滤波器的频率特性

图 7.9.2 所示为有或无陷波滤波器时的开环传递函数的频率特性。由增益特性可知，由于陷波滤波器和谐振特性之间的零点、极点对消，在改善谐振特性的同时，控制带宽几乎没变。对于相位特性，可以确定使用低通滤波器时相位的滞后不可避免，而使用陷波滤波器时，其陷波频率处的相位与没有陷波滤波器时的相位相同。

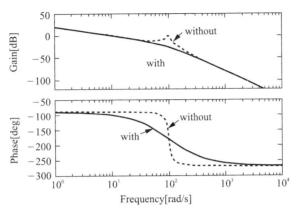

图 7.9.2　开环传递函数的频率特性

图 7.9.3 所示为有或无陷波滤波器时的阶跃响应波形的对比。不论是单位阶跃指令信号还是单位阶跃干扰，响应特性没有劣化，且振荡特性得到了改善。

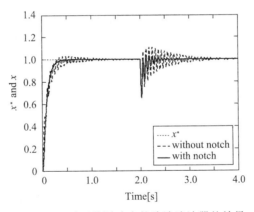

图 7.9.3　对于阶跃响应的陷波滤波器的效果

当被控对象的传递函数完全已知时，可以良好地改善谐振特性。但是一般情况下传递特性完全已知的情况很少，且其特性也会发生变化。另外，也有通过振荡实验等仅获得粗略频率特性的情况。对于这种情况，需要采用试凑法调整设计参数。图 7.9.4 所示为改变 R 与 ζ_N 时的陷波滤波器的频率特性。显然随着 R 的变化，陷波的深度发生变化，且随着 ζ_N 的变化，陷波的宽度也发生变化。

有一种具有与上述陷波滤波器类似增益特性的滤波器，称为移动平均滤波器（moving average filter）。移动平均滤波器是指对于输入 $u(t)$ 以从现在时刻 t 开始到过去 $\tau_m[\mathrm{s}]$ 时间内输入的平均值作为输出的滤波器。输出 $y(t)$ 可表示为：

$$y(t) = \frac{1}{\tau_m} \int_{t-\tau_m}^{t} u(\tau)\mathrm{d}\tau \tag{7.9.5}$$

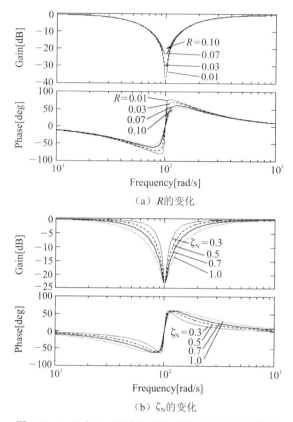

（a）R 的变化

（b）ζ_N 的变化

图 7.9.4　R 与 ζ_N 对陷波滤波器的频率特性的影响

因上式所表示的平均值随着 t 的移动可以连续输出，所以称为移动平均滤波器，图 7.9.5 所示为其输入、输出信号波形。不难判断，通过此滤波器的处理，振荡频率为 $1/t_m$ [Hz]的整数倍的振荡被平均化，不出现在输出中。

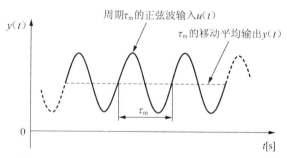

图 7.9.5　移动平均滤波器的输入、输出信号波形

下面介绍移动平均滤波器的频率特性。首先，求由式（7.9.5）表示的时域函数的传递函数。式（7.9.5）变形可得：

$$y(t) = \frac{1}{\tau_m}\left[\int_{t-\tau_m}^{0} u(\tau)\mathrm{d}\tau + \int_{0}^{t} u(\tau)\mathrm{d}\tau\right] = \frac{1}{\tau_m}\left[-\int_{0}^{t-\tau_m} u(\tau)\mathrm{d}\tau + \int_{0}^{t} u(\tau)\mathrm{d}\tau\right]$$

$$= \frac{1}{\tau_m}\left[-\int_{0}^{t} u(\tau-\tau_m)\mathrm{d}\tau + \int_{0}^{t} u(\tau)\mathrm{d}\tau\right] \tag{7.9.6}$$

考虑表 3.5.2 中的（3）积分环节与（6）延迟环节，对式（7.9.6）进行拉普拉斯变换可

得:

$$y(s) = \frac{1}{\tau_m}\left(-\frac{1}{s}e^{-\tau_m s} + \frac{1}{s}\right)u(s) = \frac{1}{\tau_m} \cdot \frac{1 - e^{-\tau_m s}}{s}u(s)$$

因此,传递函数 $G(s)$ 为:

$$G(s) = \frac{y(s)}{u(s)} = \frac{1}{\tau_m} \cdot \frac{1 - e^{-\tau_m s}}{s}$$

由这个传递函数求得频率传递函数为:

$$G(j\omega) = \frac{1}{\tau_m} \cdot \frac{1 - e^{-j\omega\tau_m}}{j\omega} = \frac{1}{\tau_m} \cdot \frac{2}{\omega} \cdot \frac{e^{j\omega\tau_m/2} - e^{-j\omega\tau_m/2}}{2j} \cdot e^{-j\omega\tau_m/2}$$

用 $\sin(\omega t) = (e^{j\omega t} - e^{-j\omega t})/(2j)$ 的关系,得频率特性为:

$$G(j\omega) = \frac{2}{\omega\tau_m} \cdot \sin\left(\frac{\omega\tau_m}{2}\right) \cdot e^{-j\omega\tau_m/2} \tag{7.9.7}$$

因此,增益与相位分别为:

$$|G(j\omega)| = \frac{\sin\left(\dfrac{\omega\tau_m}{2}\right)}{\dfrac{\omega\tau_m}{2}}$$

$$\angle G(j\omega) = -\frac{\omega\tau_m}{2}$$

图 7.9.6 所示为 $\tau_m = 1$ s 时的波特图。与前面介绍的一样,可以确定频率 1 Hz 的整数倍(陷波频率)时增益为 $0(= -\infty$ dB)。

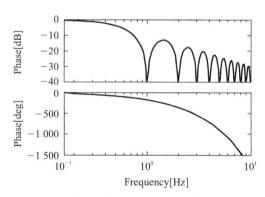

图 7.9.6 移动平均滤波器的频率特性($\tau_m = 1$ s)

7.10 ≫ 控制器的离散化实现方法

控制器的实现(realization)是指把设计好的控制器通过实际的硬件设备来装配。在现实生活中,被控对象的响应是在连续的时间域上发生的,即连续时间系统(continuous-time system)的响应,因此被控量是模拟量。但是,在控制各种被控对象的控制器的设计中,有基于模拟电路的模拟控制设计方法,也有基于数字电路的数字控制设计方法。近年来,使用 DSP(Digital Signal Processor)、FPGA(Field-Programmable Gate Array)等硬件设备的

数字控制设计方法被广泛使用,其原因有以下几种:

- 计算机技术的发展所带来的数字控制计算的高速化。
- 在各种工业领域中的普遍应用所带来的低成本化。
- 通过软件改变控制规律简单方便。
- 引入自适应控制、非线性控制等先进的控制策略。
- 引入状态估计、故障诊断等附加功能。

为了实现数字控制,需要数字控制器。图7.10.1所示为数字控制器的三种设计方法。

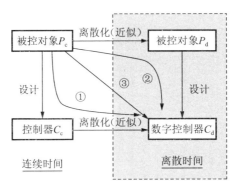

图 7.10.1　数字控制器的设计方法

在方法①中,对于连续时间被控对象 P_c,首先在连续时间域上设计控制器 C_c,之后通过离散化近似来推导数字控制器 C_d。这种方法的优点在于可直接应用前述的各种连续时间控制系统的设计方法,且当采样周期足够小时可以得到与连续时间控制系统相同的控制性能。但需要注意的是,这种方法不能保证 C_d 一定可以使控制系统稳定。这种方法称为数字再设计(digital redesign)。

在方法②中,首先把被控对象 P_c 近似离散化成 P_d,之后在离散时间域上设计数字控制器 C_d。这种方法的优点在于可以设计考虑稳定性的控制器。但是,由于把 P_c 近似离散化成 P_d 时没有考虑到采样点之间的系统响应,所以不能保证系统一定可以得到令人满意的控制性能。在图 7.10.2 中列举了这种情况下的一个例子。由图 7.10.2 可知,只对采样点(图中用○表示)观察时,表面看

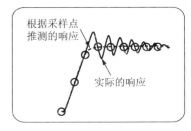

图 7.10.2　采样点之间出现振荡

起来是没有超调的响应,但实际上采样点之间的响应会出现振荡,而且需要注意的是,使用这种方法时需要用到复杂的数字控制理论。

方法③是直接对连续时间被控对象进行数字控制器设计的方法。目前研究出了多种能够改善方法①与②中存在的问题的此类方法。

图 7.10.3 所示为应用数字控制器的反馈控制系统的方框图。连续时间域上的被控量 $y(t)$ 由模/数转换器(A/D converter)以采样周期 T_s 进行离散化,且根据 A/D 转换器或者处理器的转换分辨率的精度进行量化,变为数字信号 $y(k)$。在此假设没有量化误差,则模拟信号 $y(t)$ 与数字信号 $y(k)$ 在各个采样点 $t = kT_s(k=0,1,2,\cdots)$ 处相同,即 $y(t) = y(kT_s)$。之后,$y(k)$ 与目标值 $r(k)$ 同时由数字控制器 C_d 进行运算,成为离散时间控制量 $u(k)$。随后,经数/模转换器(D/A converter)转换为每个周期 T_s 之间为一定值

的连续量 $u(t)$ 后输入给被控对象 $P(s)$。

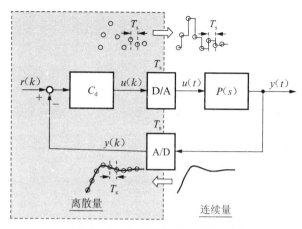

图 7.10.3 数字控制系统的方框图

在数字控制中,需要注意的是采样周期 T_s 与控制系统的响应特性,即控制带宽 ω_c 的关系。一种被广泛认可的合理标准是:在阶跃响应的上升时间 T_r 内至少采样 6 次,即 $T_s \leqslant T_r/6$。控制系统为一阶惯性系统时,采样频率要求为 ω_c 的 6 倍以上,奈奎斯特频率的 3 倍以上。

在上述基础内容的前提下,本节将介绍从设计的简单性考虑时最常用的数字控制的设计方法,即方法①。这种方法是根据连续时间控制系统的设计方法,推导连续时间控制器,再通过近似离散化方法求得数字控制器的方法。离散化的目标是使近似离散化得到的数字控制器的响应与连续时间控制器的响应达到一致。近似离散化的方法有多种,这里介绍欧拉后向差分法(Euler's backward difference method)与双线性变换法(bilinear transformation method)。

7.10.1 基于后向差分法的离散化实现方法

图 7.10.4 所示的后向差分法是将对连续时间信号 $x(t)$ 的积分运算近似为矩形序列面积的方法。在连续时间域上,设当前时刻为 t 时,从时刻 0 到时刻 t 的面积 $S(t)$ 可由 $x(t)$ 的定积分表示为:

$$S(t) = \int_0^t x(\tau)\mathrm{d}\tau \tag{7.10.1}$$

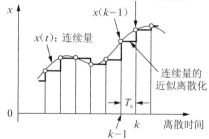

图 7.10.4 矩形积分演算

对上式进行拉普拉斯变换可得：

$$S(s) = \mathcal{L}[S(t)] = \mathcal{L}\left[\int_0^t x(\tau)\mathrm{d}\tau\right] = \frac{1}{s}X(s) \tag{7.10.2}$$

另外，在离散时间域上，设当前采样时刻为第 k 个采样时刻，从 0 到第 k 个采样时刻的面积 $S(k)$ 可由到第 $k-1$ 个采样时刻的面积 $S(k-1)$ 与矩形面积 $T_s \times x(k)$ 的和表示，即

$$S(k) = S(k-1) + T_s x(k) \tag{7.10.3}$$

在此引入变换算子 z，且 z^{-1} 表示向后延迟一个采样次数，即 $z^{-1}x(k) = x(k-1)$。应用 z^{-1}，式(7.10.3)可表示为：

$$S(k) = z^{-1}S(k) + T_s x(k) \tag{7.10.4}$$

$$(1 - z^{-1})S(k) = T_s x(k) \tag{7.10.5}$$

$$S(k) = \frac{T_s}{1 - z^{-1}}x(k) \tag{7.10.6}$$

即在复频域上用 $1/s$ 所表示的积分运算，在离散时间域上可用 $T_s/(1-z^{-1})$ 来表示。同样，对微分运算只要求积分的倒数即可。由此，利用后向差分法来进行近似离散化时，当控制器以传递函数的形式给出时，只要将连续时间控制器 $C_c(s)$ 的 s 用 $(1-z^{-1})/T_s$ 代替，就可以求出数字控制器 $C_d(z)$：

$$C_d(z) = C_c(s)\Big|_{s \to \frac{1-z^{-1}}{T_s}} \tag{7.10.7}$$

例如，以如下连续时间状态方程式的形式给出误差 $e(t)$ 到控制量 $u(t)$ 的连续时间控制器：

$$\begin{cases} \dot{x}_c(t) = \boldsymbol{A}_c x_c(t) + \boldsymbol{B}_c e(t) \tag{7.10.8} \\ u(t) = \boldsymbol{C}_c x_c(t) + \boldsymbol{D}_c e(t) \tag{7.10.9} \end{cases}$$

利用后向差分法对上式进行离散化后，得到的数字控制器的离散时间状态方程式为：

$$\begin{cases} x_d(k+1) = \boldsymbol{A}_d x_d(k) + \boldsymbol{B}_d e(k) \tag{7.10.10} \\ u(k) = \boldsymbol{C}_d x_d(k) + \boldsymbol{D}_d e(k) \tag{7.10.11} \end{cases}$$

这里：

$$\boldsymbol{A}_d = \boldsymbol{\Phi}, \quad \boldsymbol{B}_d = \boldsymbol{\Phi}\boldsymbol{B}_c T_s, \quad \boldsymbol{C}_d = \boldsymbol{C}_c\boldsymbol{\Phi}, \quad \boldsymbol{D}_d = \boldsymbol{C}_c\boldsymbol{\Phi}\boldsymbol{B}_c T_s + \boldsymbol{D}_c, \quad \boldsymbol{\Phi} = (\boldsymbol{I} - \boldsymbol{A}_c T_s)^{-1}$$

其中，$\boldsymbol{I}$ 表示单位矩阵。

【例题 7.10.1】 基于后向差分法的连续时间系统的离散化

由式(7.10.8)与式(7.10.9)的连续时间状态方程式，导出式(7.10.10)与式(7.10.11)所表示的基于后向差分法进行离散化后得到的离散时间状态方程式。

解：由后向差分法中 $s \to (1-z^{-1})/T_s$ 的关系可知，$\dot{x}(t) \to [(1-z^{-1})/T_s]x(k)$，并以此来进行离散化。由此，式(7.10.8)可离散化为：

$$\dot{x}_c(t) = \boldsymbol{A}_c x_c(t) + \boldsymbol{B}_c e(t) \to \frac{1}{T_s}[x_c(k) - x_c(k-1)] = \boldsymbol{A}_c x_c(k) + \boldsymbol{B}_c e(k)$$

整理上式并分离 k 时刻和 $k-1$ 时刻，可得：

$$(\boldsymbol{I} - \boldsymbol{A}_c T_s)x_c(k) - \boldsymbol{B}_c T_s e(k) = x_c(k-1) \tag{7.10.12}$$

在此，设 $w(k) \equiv x_c(k-1)$，则上式可表示为：

$$(\boldsymbol{I} - \boldsymbol{A}_c T_s) x_c(k) = w(k) + \boldsymbol{B}_c T_s e(k) \tag{7.10.13}$$

$$x_c(k) = \boldsymbol{\Phi} w(k) + \boldsymbol{\Phi} \boldsymbol{B}_c T_s e(k) \tag{7.10.14}$$

其中，令 $\boldsymbol{\Phi} = (\boldsymbol{I} - \boldsymbol{A}_c T_s)^{-1}$，根据 $x_c(k) = w(k+1)$，有：

$$w(k+1) = \boldsymbol{\Phi} w(k) + \boldsymbol{\Phi} \boldsymbol{B}_c T_s e(k) \tag{7.10.15}$$

当 $w(k) = x_d(k)$ 时，与式(7.10.10)等价。将式(7.10.15)代入式(7.10.9)中，有：

$$u(k) = \boldsymbol{C}_c [\boldsymbol{\Phi} w(k) + \boldsymbol{\Phi} \boldsymbol{B}_c T_s e(k)] + \boldsymbol{D}_c e(k)$$

$$= \boldsymbol{C}_c \boldsymbol{\Phi} w(k) + [\boldsymbol{C}_c \boldsymbol{\Phi} \boldsymbol{B}_c T_s + \boldsymbol{D}_c] e(k) \tag{7.10.16}$$

与式(7.10.11)相同。

7.10.2 基于双线性变换法的离散化实现方法

后向差分法是利用矩形近似进行积分运算的，这里将基于梯形近似积分运算以改善近似精度的方法称为双线性变换法，也可称为突斯汀变换法(Tustin transformation method)。图 7.10.5 所示为基于梯形序列近似的概念图。由图 7.10.5 可知，设离散时间域中当前为第 k 个采样时刻时，从 0 到第 k 个采样时刻的面积 $S(k)$ 为从 0 到第 $k-1$ 个采样时刻的面积 $S(k-1)$ 加上梯形的面积 $[x(k) + x(k-1)] \times T_s/2$，即

$$S(k) = S(k-1) + \frac{T_s}{2} \cdot [x(k) + x(k-1)] \tag{7.10.17}$$

利用 z^{-1} 算子可表示为：

$$S(k) - S(k-1) = \frac{T_s}{2} \cdot [x(k) + x(k-1)] \tag{7.10.18}$$

$$(1 - z^{-1}) S(k) = \frac{T_s}{2} \cdot (1 + z^{-1}) x(k) \tag{7.10.19}$$

$$S(k) = \frac{T_s}{2} \cdot \frac{1 + z^{-1}}{1 - z^{-1}} x(k) \tag{7.10.20}$$

即拉普拉斯域（复频域）中由 $1/s$ 表示的积分运算，在离散时间域中表示为 $(T_s/2) \cdot [(1 + z^{-1})/(1 - z^{-1})]$。与后向差分法相同，微分演算取积分的倒数即可。在此，基于双线性变换法的近似离散化中以传递函数形式给出控制器时，如下式所示，在 $\boldsymbol{C}_c(s)$ 中进行 $s \to (2/T_s) \cdot [(1 - z^{-1})/(1 + z^{-1})]$ 替换，则可导出 $\boldsymbol{C}_d(z)$。

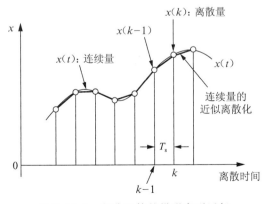

图 7.10.5 积分运算的梯形序列近似

$$C_{d}(z) = C_{c}(s)\Big|_{s \to \frac{2}{T_s} \cdot \frac{1-z^{-1}}{1+z^{-1}}} \qquad (7.10.21)$$

由式(7.10.8)与式(7.10.9)表示的连续时间控制器,可得利用双线性变换法进行离散化的数字控制器的离散时间状态方程式为:

$$\begin{cases} x_{d}(k+1) = \boldsymbol{A}_{d}x_{d}(k) + \boldsymbol{B}_{d}e(k) & (7.10.22) \\ u(k) = \boldsymbol{C}_{d}x_{d}(k) + \boldsymbol{D}_{d}e(k) & (7.10.23) \end{cases}$$

其中:

$$\boldsymbol{A}_{d} = \left(\boldsymbol{I} + \frac{T_{s}}{2}\boldsymbol{A}_{c}\right)\boldsymbol{\Phi}, \quad \boldsymbol{B}_{d} = \boldsymbol{\Phi}T_{s}\boldsymbol{B}_{c}, \quad \boldsymbol{C}_{d} = \boldsymbol{C}_{c}\boldsymbol{\Phi},$$

$$\boldsymbol{D}_{d} = \boldsymbol{C}_{c}\boldsymbol{\Phi}B_{c}\frac{T_{s}}{2} + \boldsymbol{D}_{c}, \boldsymbol{\Phi} = \left(\boldsymbol{I} - \frac{T_{s}}{2}\boldsymbol{A}_{c}\right)^{-1}$$

【例题 7.10.2】 基于双线性变换法的连续时间系统的离散化实现

对于式(7.10.8)与式(7.10.9)所表示的连续时间状态方程式,利用基于双线性变换进行离散化的方法,推导式(7.10.22)与式(7.10.23)所表示的离散时间状态方程式。

解:在双线性变换法中,根据 $s \to (2/T_{s}) \cdot [(1-z^{-1})/(1+z^{-1})]$ 的变换关系,使 $\dot{x}(t) \to (2/T_{s}) \cdot [(1-z^{-1})/(1+z^{-1})]x(k)$,即可实现离散化。因此,式(7.10.8)可以离散化为:

$$\dot{x}_{c}(t) = \boldsymbol{A}_{c}x_{c}(t) + \boldsymbol{B}_{c}e(t) \to \frac{2}{T_{s}} \cdot \frac{1-z^{-1}}{1+z^{-1}}x_{c}(k) = \boldsymbol{A}_{c}x_{c}(k) + \boldsymbol{B}_{c}e(k)$$

由此可得:

$$x_{c}(k) - x_{c}(k-1) = \frac{T_{s}}{2}\boldsymbol{A}_{c}[x_{c}(k) + x_{c}(k-1)] + \frac{T_{s}}{2}\boldsymbol{B}_{c}[e(k) + e(k-1)]$$

$$(7.10.24)$$

分离第 k 个采样时刻与第 $k-1$ 个采样时刻,有:

$$\left(\boldsymbol{I} - \frac{T_{s}}{2}\boldsymbol{A}_{c}\right)x_{c}(k) - \frac{T_{s}}{2}\boldsymbol{B}_{c}e(k) = \left(\boldsymbol{I} + \frac{T_{s}}{2}\boldsymbol{A}_{c}\right)x_{c}(k-1) + \frac{T_{s}}{2}\boldsymbol{B}_{c}e(k-1)$$

$$(7.10.25)$$

在此,设上式右边为 $w(k)$,则有:

$$\left(\boldsymbol{I} - \frac{T_{s}}{2}\boldsymbol{A}_{c}\right)x_{c}(k) - \frac{T_{s}}{2}\boldsymbol{B}_{c}e(k) = w(k) \qquad (7.10.26)$$

$$x_{c}(k) = \boldsymbol{\Phi}w(k) + \boldsymbol{\Phi}\frac{T_{s}}{2}\boldsymbol{B}_{c}e(k) \qquad (7.10.27)$$

这里,$\boldsymbol{\Phi} = [\boldsymbol{I} - (T_{s}/2)\boldsymbol{A}_{c}]^{-1}$。

又根据 $w(k+1) = [\boldsymbol{I} + (T_{s}/2)\boldsymbol{A}_{c}]x_{c}(k) + (T_{s}/2)\boldsymbol{B}_{c}e(k)$ 的关系,通过对其变形可得:

$$x_{c}(k) = \left(\boldsymbol{I} + \frac{T_{s}}{2}\boldsymbol{A}_{c}\right)^{-1}w(k+1) - \left(\boldsymbol{I} + \frac{T_{s}}{2}\boldsymbol{A}_{c}\right)^{-1}\frac{T_{s}}{2}\boldsymbol{B}_{c}e(k) \qquad (7.10.28)$$

将上式代入式(7.10.27)可得:

$$\left(\boldsymbol{I} + \frac{T_s}{2}\boldsymbol{A}_c\right)^{-1} w(k+1) - \left(\boldsymbol{I} + \frac{T_s}{2}\boldsymbol{A}_c\right)^{-1} \frac{T_s}{2}\boldsymbol{B}_c e(k) = \boldsymbol{\Phi} w(k) + \boldsymbol{\Phi} \frac{T_s}{2}\boldsymbol{B}_c e(k)$$

$$(7.10.29)$$

$$\left(\boldsymbol{I} + \frac{T_s}{2}\boldsymbol{A}_c\right)^{-1} w(k+1) = \boldsymbol{\Phi} w(k) + \boldsymbol{\Phi} \frac{T_s}{2}\boldsymbol{B}_c e(k) + \left(\boldsymbol{I} + \frac{T_s}{2}\boldsymbol{A}_c\right)^{-1} \frac{T_s}{2}\boldsymbol{B}_c e(k)$$

$$(7.10.30)$$

因此，将上式两边乘以 $\left[\boldsymbol{I} + (T_s/2)\boldsymbol{A}_c\right]$，可得：

$$
\begin{aligned}
w(k+1) &= \left(\boldsymbol{I} + \frac{T_s}{2}\boldsymbol{A}_c\right)\boldsymbol{\Phi} w(k) + \left(\boldsymbol{I} + \frac{T_s}{2}\boldsymbol{A}_c\right)\boldsymbol{\Phi} \frac{T_s}{2}\boldsymbol{B}_c e(k) + \boldsymbol{I} \frac{T_s}{2}\boldsymbol{B}_c e(k) \\
&= \left(\boldsymbol{I} + \frac{T_s}{2}\boldsymbol{A}_c\right)\boldsymbol{\Phi} w(k) + \left(\boldsymbol{I} + \frac{T_s}{2}\boldsymbol{A}_c\right)\boldsymbol{\Phi} \frac{T_s}{2}\boldsymbol{B}_c e(k) + \left(\boldsymbol{I} - \frac{T_s}{2}\boldsymbol{A}_c\right)\boldsymbol{\Phi} \frac{T_s}{2}\boldsymbol{B}_c e(k) \\
&= \left(\boldsymbol{I} + \frac{T_s}{2}\boldsymbol{A}_c\right)\boldsymbol{\Phi} w(k) + \left(\boldsymbol{I} + \frac{T_s}{2}\boldsymbol{A}_c + \boldsymbol{I} - \frac{T_s}{2}\boldsymbol{A}_c\right)\boldsymbol{\Phi} \frac{T_s}{2}\boldsymbol{B}_c e(k) \\
&= \left(\boldsymbol{I} + \frac{T_s}{2}\boldsymbol{A}_c\right)\boldsymbol{\Phi} w(k) + 2\boldsymbol{I}\boldsymbol{\Phi} \frac{T_s}{2}\boldsymbol{B}_c e(k) \\
&= \left(\boldsymbol{I} + \frac{T_s}{2}\boldsymbol{A}_c\right)\boldsymbol{\Phi} w(k) + \boldsymbol{\Phi} T_s \boldsymbol{B}_c e(k)
\end{aligned}
$$

$$(7.10.31)$$

令 $w(k) = x_d(k)$，则与式 $(7.10.22)$ 等价。将式 $(7.10.28)$ 代入式 $(7.10.9)$ 可得：

$$
\begin{aligned}
u(k) &= \boldsymbol{C}_c \left[\boldsymbol{\Phi} w(k) + \boldsymbol{\Phi} \frac{T_s}{2}\boldsymbol{B}_c e(k)\right] + \boldsymbol{D}_c e(k) \\
&= \boldsymbol{C}_c \boldsymbol{\Phi} w(k) + \left(\boldsymbol{C}_c \boldsymbol{\Phi} \frac{T_s}{2}\boldsymbol{B}_c + \boldsymbol{D}_c\right) e(k)
\end{aligned}
$$

$$(7.10.32)$$

与式 $(7.10.23)$ 相同。

【例题 7.10.3】 利用双线性变换法实现速度控制器的离散化

对于式 $(2.6.13)$ 所表示的电磁型电动机的速度控制对象

$$P_s(s) = \frac{\omega(s)}{i^*(s)} = \frac{1}{s(0.01s+1)}$$

为了使速度控制带宽 ω_s 为 $10\ \text{rad/s}$ 而设计的 PI 控制器如下所示。

$$C_s(s) = \frac{T_{s2}s + 1}{T_{s1}s}, \quad T_{s1} = 0.031\ 6, \quad T_{s2} = \frac{3}{\omega_s} = 0.3$$

试利用双线性变换法并以 T_s 为采样周期对 $C_s(s)$ 进行离散化。

另外，设 $T_s = 1/(12\omega_s), 1/(6\omega_s), 1/(3\omega_s)$ 进行仿真，比较它们的结果。

解： 由式 $(7.10.21)$，离散时间控制器 $C_s(z)$ 可表示为：

$$
\begin{aligned}
C_s(z) = C_s(s)\Big|_{s \to \frac{2}{T_s} \cdot \frac{1-z^{-1}}{1+z^{-1}}} &= \frac{T_{s2} \dfrac{2}{T_s} \cdot \dfrac{1-z^{-1}}{1+z^{-1}} + 1}{T_{s1} \dfrac{2}{T_s} \cdot \dfrac{1-z^{-1}}{1+z^{-1}}} \\
&= \frac{(T_s + 2T_{s2}) + (T_s - 2T_{s2})z^{-1}}{2T_{s1}(1 - z^{-1})}
\end{aligned}
$$

$$(7.10.33)$$

在此，设 $C_s(z)$ 的输入信号为速度误差信号 $e(k)$，$C_s(z)$ 的输出信号为控制量 $i^*(k)$，则可得：

$$\frac{i^*(k)}{e(k)} = \frac{(T_s + 2T_{s2}) + (T_s - 2T_{s2})z^{-1}}{2T_{s1}(1 - z^{-1})} \qquad (7.10.34)$$

由此可得：

$$i^*(k) - i^*(k-1) = \frac{1}{2T_{s1}}[(T_s + 2T_{s2})e(k) + (T_s - 2T_{s2})e(k-1)]$$

$$i^*(k) = i^*(k-1) + \frac{1}{2T_{s1}}[(T_s + 2T_{s2})e(k) + (T_s - 2T_{s2})e(k-1)]$$

$$(7.10.35)$$

式(7.10.35)表示当前的控制量 $i^*(k)$ 是由当前的偏差 $e(k)$ 与前一采样时刻的偏差 $e(k-1)$ 和前一采样时刻的控制量 $i^*(k-1)$ 算出来的，也表示这些信息是可以利用的。通过这种运算，在每个采样时刻控制量得到更新，数字控制得以实现。

图 7.10.6 所示为 $T_s = 1/(12\omega_s)$，$1/(6\omega_s)$ 时的速度 ω 与控制量 i^* 的曲线，同时表示了基于连续时间控制器的结果。当 $T_s = 1/(3\omega_s)$ 时，输出发散。如前所述，当 $T_s = 1/(6\omega_s)$ 时，得到与连续时间输出接近的输出结果。当 $T_s = 1/(12\omega_s)$ 时，其近似度有提高。根据这个结果可知，T_s 应尽可能小。但需要注意的是，实际上在一个采样周期 T_s 内要完成式(7.10.35)所示的数字控制运算及其他各种数字运算，采样周期的缩短是有限的。

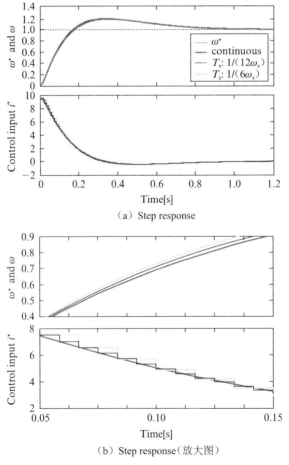

（a）Step response

（b）Step response（放大图）

图 7.10.6　对于离散化控制器的速度阶跃响应波形

7.11 ›› **解耦补偿**

在 XY 精密工作台、飞机、机器人等使用多个执行机构的多输入多输出(MIMO)控制系统中,有时驱动一个执行机构不仅对希望的被控量产生影响,而且对其他多个被控量也产生影响,这种现象称为耦合(coupling)。即使是 MIMO 控制系统,在没有耦合或者耦合相对较小的情况下,对于各个被控对象,也可以分别独立设计对应的控制器。但是当不能忽略耦合时,就有必要在设计时考虑耦合项。

图 7.11.1 所示为二输入二输出被控对象中存在耦合与不存在耦合两种情况下的概念图。存在耦合的控制系统中,输入 u_1(或 u_2)不仅对输出 y_1(或 y_2)有影响,而且对 y_2(或 y_1)也会产生影响。针对耦合项采用前馈方式给予补偿输入,使相互之间不存在耦合的补偿称为解耦补偿(decoupling compensation)。

图 7.11.2 所示为采用解耦补偿的控制系统的方框图,其中 C_{12} 与 C_{21} 分别表示解耦补偿器。

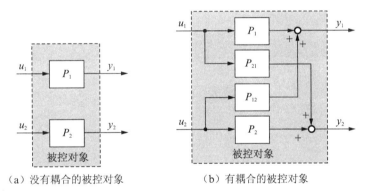

(a) 没有耦合的被控对象   (b) 有耦合的被控对象

图 7.11.1 二输入二输出的被控对象

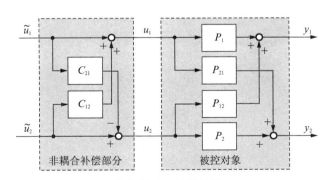

图 7.11.2 解耦补偿

由图 7.11.2 可知,输出 y_1 满足如下关系式:

$$y_1 = P_1 u_1 + P_{12} u_2 = P_1(\tilde{u}_1 - C_{12}\tilde{u}_2) + P_{12}(\tilde{u}_2 - C_{21}\tilde{u}_1)$$
$$= (P_1 - P_{12}C_{21})\tilde{u}_1 + (P_{12} - P_1 C_{12})\tilde{u}_2 \tag{7.11.1}$$

在此,为了使 y_1 不受由 $\tilde{u}_2$ 产生的耦合影响,应满足下式:

$$P_{12} - P_1 C_{12} = 0 \tag{7.11.2}$$

由此可得解耦补偿器 C_{12} 表示为：

$$C_{12} = P_{12}P_1^{-1} \tag{7.11.3}$$

同样，输出 y_2 满足如下关系式：

$$y_2 = P_2 u_2 + P_{21}u_1 = P_2(\tilde{u}_2 - C_{21}\tilde{u}_1) + P_{21}(\tilde{u}_1 - C_{12}\tilde{u}_2)$$

$$= (P_2 - P_{21}C_{12})\tilde{u}_2 + (P_{21} - P_2 C_{21})\tilde{u}_1 \tag{7.11.4}$$

为了使 y_2 不受由 $\tilde{u}_1$ 产生的耦合影响，应满足下式：

$$P_{21} - P_2 C_{21} = 0 \tag{7.11.5}$$

由此可得解耦补偿器 C_{21} 表示为：

$$C_{21} = P_{21}P_2^{-1} \tag{7.11.6}$$

使用以上的解耦补偿器可以除去 $\tilde{u}_2 \to y_1$，$\tilde{u}_1 \to y_2$ 的耦合影响。因此，在设计各自独立的反馈控制器 C_1 与 C_2 时，把满足式(7.11.1)或式(7.11.4)的被控对象看作各自控制器设计的依据。

$$\widetilde{P}_1 \equiv \frac{y_1}{\tilde{u}_1} = P_1 - P_{12}C_{21} \tag{7.11.7}$$

$$\widetilde{P}_2 \equiv \frac{y_2}{\tilde{u}_2} = P_2 - P_{21}C_{12} \tag{7.11.8}$$

图 7.11.3 所示为应用式(7.11.3)与式(7.11.6)的解耦补偿时的二输入二输出系统的方框图。

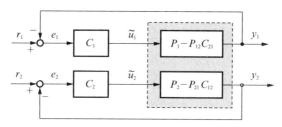

图 7.11.3　采用解耦补偿的控制系统

【例题 7.11.1】　二输入二输出系统的解耦补偿与控制系统设计

在图 7.11.2 中，设被控对象具有耦合项，已知：

$$P_1(s) = \frac{5}{0.1s+1}, \quad P_2(s) = \frac{10}{0.2s+1}, \quad P_{12}(s) = \frac{-5}{0.4s+1}, \quad P_{21}(s) = \frac{10}{s+1}$$

试设计解耦补偿器 $C_{12}(s)$，$C_{21}(s)$ 以及控制带宽为 20 rad/s 的 PI 调节器 $C_1(s)$，$C_2(s)$。

解：根据式(7.11.3)与式(7.11.6)，可得如下解耦补偿器：

$$C_{12}(s) = P_{12}(s)P_1^{-1}(s) = \frac{-5}{0.4s+1} \cdot \frac{0.1s+1}{5}$$

$$C_{21}(s) = P_{21}(s)P_2^{-1}(s) = \frac{10}{s+1} \cdot \frac{0.2s+1}{10}$$

此时，由式(7.11.7)与式(7.11.8)可知，PI 调节器 C_1 和 C_2 可分别以满足 $\widetilde{P}_1 = P_1 - P_{12}C_{21}$，$\widetilde{P}_2 = P_2 - P_{21}C_{12}$ 关系的被控对象为依据来设计。图 7.11.4 所示为 $\widetilde{P}_1$，$\widetilde{P}_2$ 的波特图。为了满足控制带宽为 20 rad/s，采用试凑的方式，最后得所设计的控制器 C_1，C_2 为：

$$C_1(s) = \frac{0.1s+1}{0.273s}$$

$$C_2(s) = \frac{0.2s+1}{0.484s}$$

开环传递函数 $C_1\widetilde{P}_1$，$C_2\widetilde{P}_2$ 的波特图也在图 7.11.4 中显示。由此可知，不管是哪一种情况，频率特性基本上都相同，且在 20 rad/s 处穿越零点。

图 7.11.5 为根据所设计的解耦补偿器与控制器进行仿真的结果。对于 r_1，在 0 s 时施加单位阶跃信号；对于 r_2，在 0.4 s 时施加单位阶跃信号。图 7.11.5 中也表示了只用 PI 调节器而没有进行解耦补偿时的响应。由图 7.11.5 可知，在没有解耦补偿的情况下，施加 r_1 时 y_2 受耦合影响，施加 r_2 时 y_1 受耦合影响。相反，在进行解耦补偿时，不会产生耦合影响，而且可以得到良好的响应。

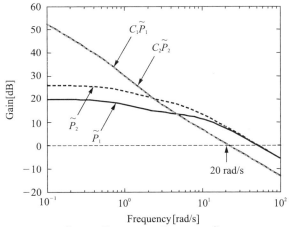

图 7.11.4　$\widetilde{P}_1(s)$，$\widetilde{P}_2(s)$ 与 $C_1\widetilde{P}_1(s)$，$C_2\widetilde{P}_2(s)$ 的波特图

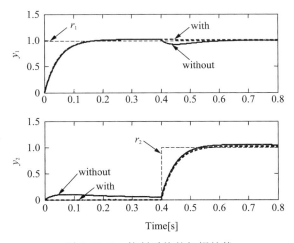

图 7.11.5　控制系统的解耦补偿

【例题 7.11.2】　定位装置中解耦补偿的应用

在例题 7.11.1 中介绍了包含动态特性的解耦补偿方法。在此介绍只考虑静态特性，即只对增益解耦应用的例子。图 7.11.6 所示为圆盘状的圆周上面配置了 R，M，L 三个执

行机构的定位工作台。为了定位,在各执行机构的附近设置了位置传感器。在此用到的执行机构为例题 7.3.1 中介绍的施加电压时可产生位移的压电元件。

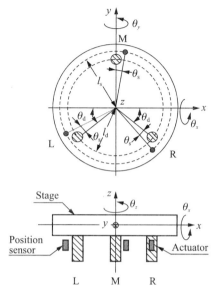

图 7.11.6　使用三个压电元件的定位工作台

　　例如,只对 M 施加电压使其产生拉伸时,不仅 M 处产生位移,而且 R 与 L 处也产生些许位移。由于具有上述的动作,可判断定位工作台为耦合系统。为了用数学表达式确定耦合性,所求得的运动方程式为:

$$M\ddot{X} + D\dot{X} + KX = KJ_{xd}Au + DJ_{xd}A\dot{u} \tag{7.11.9}$$

$$Z_s = J_{sx}X \tag{7.11.10}$$

这里,M 为惯性矩阵;D 为衰减矩阵;K 为刚度矩阵;$A = \mathrm{diag}(a_M, a_R, a_L)$ 为压电元件的驱动灵敏度(用下标符号加以区别,但增益相同);$X = [z, \theta_x, \theta_y]^T$ 为定位工作台的中心位移;$Z_d = [z_{dM}, z_{dR}, z_{dL}]^T$ 为驱动点在 z 轴方向的位移;$Z_s = [z_{sM}, z_{sR}, z_{sL}]^T$ 为位置传感器检测点的位移;J_{xd} 为由执行机构的几何结构所产生的矩阵;J_{sx} 为由位置传感器的几何结构所产生的矩阵。

　　图 7.11.7 所示为式(7.11.9)与式(7.11.10)的方框图。从该图左侧开始,依次存在由执行机构的几何位置所产生的耦合 J_{xd}、动态耦合、由位置传感器的几何位置所产生的耦合 J_{sx}。在工程应用中,往往会着重考虑 J_{xd} 与 J_{sx} 的解耦来构造无耦合的闭环控制系统。

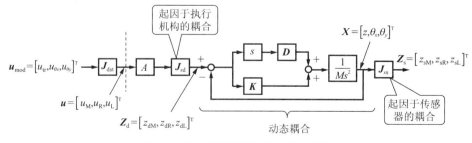

图 7.11.7　三轴定位工作台的方框图

首先,参照图 7.11.6 上侧,利用执行机构离原点的半径 l_d 和角度 θ_d 表示 $\boldsymbol{J}_{xd}$ 为:

$$\boldsymbol{J}_{xd} = \begin{bmatrix} \dfrac{\sin\theta_d}{1+\sin\theta_d} & \dfrac{1}{2(1+\sin\theta_d)} & \dfrac{1}{2(1+\sin\theta_d)} \\[2mm] \dfrac{1}{l_d(1+\sin\theta_d)} & \dfrac{-1}{2l_d(1+\sin\theta_d)} & \dfrac{-1}{2l_d(1+\sin\theta_d)} \\[2mm] 0 & \dfrac{-1}{2l_d\cos\theta_d} & \dfrac{1}{2l_d\cos\theta_d} \end{bmatrix} \tag{7.11.11}$$

求得 $\boldsymbol{J}_{xd}$ 的逆 $\boldsymbol{J}_{xd}^{-1}$ 为:

$$\boldsymbol{J}_{xd}^{-1} = \begin{bmatrix} 1 & l_d & 0 \\ 1 & -l_d\sin\theta_d & -l_d\cos\theta_d \\ 1 & -l_d\sin\theta_d & l_d\cos\theta_d \end{bmatrix} \tag{7.11.12}$$

$\boldsymbol{J}_{xd}$ 的耦合可根据在方框图的前端插入 $\boldsymbol{J}_{xd}^{-1}$ 来进行解耦。换言之,比如将三条线顺着同一个方向拧成一条线时,按反方向再拧回去即可以得到三条线。在实际装配 $\boldsymbol{J}_{xd}^{-1}$ 时,没有必要直接使用半径 l_d 的数值。具体地,把式(7.11.13)所示的除去式(7.11.12)中第二列的共同参数 l_d,以及第三列的 $l_d\cos\theta_d$ 后的 $\boldsymbol{J}_{dst}$ 实际安装到模拟电路或者控制用计算机即可(图 7.11.7 的虚线左侧)。

$$\boldsymbol{J}_{dst} = \begin{bmatrix} 1 & 1 & 0 \\ 1 & -\sin\theta_d & -1 \\ 1 & -\sin\theta_d & 1 \end{bmatrix} \tag{7.11.13}$$

在此,为了明确 $\boldsymbol{J}_{dst}$ 的物理意义,设输入为 $\boldsymbol{u}_{mod} = [u_{tr}, u_{\theta x}, u_{\theta y}]^T$。首先,当 $u_{\theta x}=0$,$u_{\theta y}=0$,只对 u_{tr} 施加输入信号时,由于 $u_M = u_R = u_L = u_{tr}$,所以 M,R,L 三个执行机构会被施加同样的电压,定位工作台向 z 方向移动。当 $u_{tr}=0$,$u_{\theta y}=0$ 时,只对 $u_{\theta x}$ 施加输入信号,可得 $u_M = u_{\theta x}$,$u_R = -\sin\theta_d u_{\theta x}$,$u_L = -\sin\theta_d u_{\theta x}$。由于 u_M 的作用,这个部位向 $+z$ 方向产生位移时,考虑到 $\sin\theta_d$ 相当于臂长比率,则又由于 u_R 与 u_L 的作用,各个部位都有 $-z$ 方向的位移,即定位工作台围绕 x 轴做旋转运动。当 $u_{tr}=0$,$u_{\theta x}=0$ 时,只对 $u_{\theta y}$ 施加输入信号,则有 $u_M=0$,$u_R=-u_{\theta y}$,$u_L=u_{\theta y}$,所以定位工作台围绕 y 轴做旋转运动。因此,可通过分别驱动刚性定位工作台的平行移动与旋转运动的方法进行解耦。对于 $\boldsymbol{J}_{sx}$,可根据同样的算法实现解耦,此时可以推导出检测平行移动与旋转运动的矩阵。

7.12 ›› 性能改善方法

在满足控制规范之后,往往会考虑进一步改善性能。比如,对例题 7.3.3 中讲述的工作台定位控制,需要更加迅速即更加缩短定位时间,进一步提高定位精度。在介绍例题 7.3.3 时说过,即使没有熟练掌握控制理论,也可以调整控制系统。但是,为了进一步改善控制性能,必须掌握控制理论方面的知识。

下面参照图 7.12.1 来说明改善控制性能的几种方法。

(1) PID 调节的进一步微调整与调节器的添加。

参照图 7.12.1(a),一种方法是维持 PID 调节器的结构,实施对参数的微调(精确调整)。微调是指更加精确的参数调整。例如,在例题 7.3.4 中应用北森方法找出比试凑法更有效的 PID 参数。如图 7.12.1(b)所示,以 PID 调节器为基本结构,再串联其他调节器时,也许会进一步改善控制性能。可选用相位超前或相位滞后调节器、能滤除噪声的低通滤波器(Low Pass Filter,LPF),或者在例题 5.4.3 以及 7.9 节中讲述的陷波滤波器等。

(2) 反馈环的结构变换。

在图 7.12.1(a)和(b)中,对误差信号施加了 PID 调节,但是在图 7.12.1(c)中,因闭环结构的变化,控制系统的形状发生改变。这里的形状指的是随着闭环结构的不同,闭环传递函数的零点、极点配置也不同。零点、极点配置变化必然导致参数调整的结果也不同。

(3) 前馈的导入。

虽然在图 7.12.1(a)和(b)中应用的是 PID 调节,在图 7.12.1(c)中应用的是 PI-D 调节,但是以上反馈系统本质上都有"反省"作用。所谓"反省",是指在 1.1 节中讲述的用传感器检测被控对象的输出,并与目标值进行比较,纠正比较后的偏差。由于"反省"需要比较与修正,所以无法实现极端的快速响应。为了实现快速响应,如图 7.12.1(d)所示,在闭环的外侧建立一个基于开环的通路,即前馈通道(图中简称为 FF)。详细内容将在第 8 章中介绍。

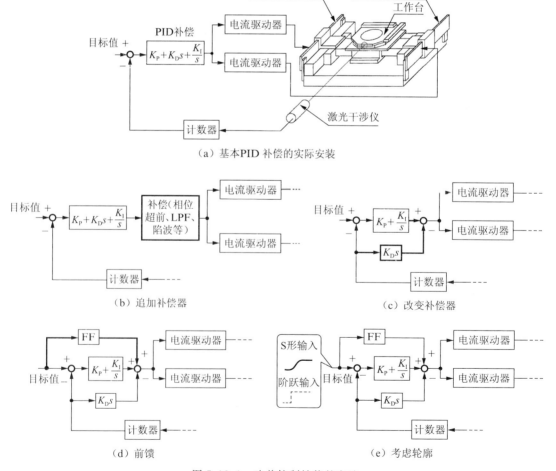

图 7.12.1　改善控制性能的方法

（4）目标值轮廓的考虑。

注意观察图 7.12.1(e) 中的目标值部分。在例题 7.3.1 与例题 7.3.3 的仿真中,作为目标值使用了在 3.4 节中学习的阶跃信号。但是,对于工业上应用的定位装置,即使在试验时利用阶跃信号,在实际运行时也不会利用阶跃信号。阶跃信号的直角中包含的高频成分经常会导致闭环系统中的高频振荡,进而导致定位时间及精度的劣化。阶跃信号驱动对以工作台为代表的机械系统来说是不合适的,于是采用像 S 曲线形状的信号。信号的形状在很大程度上影响定位时间及精度。

（5）执行机构或者电流驱动器的功率放大。

上述（1）～（4）中,为了满足控制规范或进一步提高控制性能,重点讨论了补偿器和补偿环的结构。但是,为了实现高速化,即提高快速性,有效的措施就是对执行机构［图 7.12.1(a) 中左右直线电机］,以及驱动它的电流驱动器进行功率放大。采用 300 N/A 的直线电机比 100 N/A 的直线电机更能使工作台进行快速的加减速运动,很显然比重新调整补偿器或重新设计更能实现高速化。

但是,随着功率的放大,会不可避免地产生谐振现象。图 7.12.1(a) 中的工作台虽被制造成刚性机械,但是高速运动时具有可塑性。另外,电流驱动器的功率放大虽然适用于大振幅动作,但在微小振幅动作中会降低驱动分辨率,即会出现所谓的死区。虽然功率放大对高速化极为有效,但是为了解决随之产生的问题,需要运用控制理论。

（6）重新选定传感器。

为了改善精度,替换使用高精度的传感器可以得到最佳的控制效果。当定位精度目标规范为 ± 100 nm 时,若图 7.12.1(a) 中使用精度为 $\pm 1\ \mu$m 的激光干涉仪,显然无法达到目标规范的要求。对于图 7.12.1(a) 中的工作台,随着定位精度指标的提高,每一次激光干涉仪的更新换代,都会被要求提高定位分辨率。此时,往往以为只是把旧型号的激光干涉仪更换为新型号的激光干涉仪,表面上看与控制技术人员不相干,但实际上需要控制技术人员事先考虑传感器的带宽、增益变化以及量化误差等对控制系统的影响,以及更换传感器之后要确保控制性能的提高等工作。

习 题

【习题 7.1】 参照图 7.4.1,设转折频率为 $f_l = 1/(2\pi T)$,$f_h = 1/(2\pi \alpha T)$ 时,f_{max} 是 f_l 与 f_h 的几何平均（等比中项）,即 $f_{max} = \sqrt{f_l \cdot f_h}$。在波特图上确认 f_{max} 位于 f_l 与 f_h 的中间。

【习题 7.2】 证明式(7.4.5) 与式(7.4.6)。

【习题 7.3】 对于例题 7.4.1,确认理论计算时可得 $f_{gc} = 9.901$ Hz,$P_M = 11.421°$。

【习题 7.4】 计算对于相位滞后补偿的式(7.4.12) 的相位滞后量 ϕ_{min} 与式(7.4.10) 的频率 f_{min}。

【习题 7.5】 解释滤波器 $F(s)$ 选为式(7.6.1) 时,干扰观测补偿对于干扰构造了 1 型的控制系统,即与对阶跃干扰追加了稳态偏差为零的特性时具有相同的效果。这里,$P_n = P$。

【习题 7.6】 对于图 7.7.1 所示的 IMC 控制系统,导出使输出追踪阶跃指令信号的条件(1 型控制系统)与追踪斜坡指令信号的条件(2 型控制系统)。

【习题 7.7】 根据 7.8 节中介绍的帕德近似方法,对延迟环节 e^{-s} 分别近似成(1)(0 阶)/(1 阶)的有理函数;(2)(2 阶)/(2 阶)的有理函数。

第 **8** 章

前馈的导入

第 7 章介绍的基于 PID 补偿、相位超前-滞后补偿的控制方法都是反馈型控制方法，且由同一反馈控制器来对目标值响应特性与干扰响应特性进行补偿，因此两种特性不能分别进行设计。以上控制系统称为一自由度控制系统。本章中，首先介绍在反馈控制的基础上导入前馈控制，且能对两种特性分别进行设计的二自由度控制系统；然后介绍可由反馈型构成的二自由度控制系统和对二自由度控制系统进行改进而得的连续轨迹跟踪控制系统；最后介绍能够避免高性能二自由度控制中出现的控制量饱和问题的抗饱和补偿方法。

8.1 ›› 二自由度控制系统

在图 8.1.1 所示的由被控对象 $P(s)$ 与反馈控制器 $C(s)$ 构成的反馈控制系统中，目标值 r 到控制量 y 的目标值响应特性 $G_{yr}(s)$ 和干扰 d 到 y 的干扰响应特性 $G_{yd}(s)$ 可分别由如下传递函数表示：

$$\frac{y(s)}{r(s)} = \frac{C(s)P(s)}{1 + C(s)P(s)} \equiv G_{yr}(s) \tag{8.1.1}$$

$$\frac{y(s)}{d(s)} = \frac{P(s)}{1 + C(s)P(s)} \equiv G_{yd}(s) \tag{8.1.2}$$

通过简单的计算可得到如下关系式：

$$G_{yr}(s) + \frac{G_{yd}(s)}{P(s)} = 1$$

根据上式可知，由 $C(s)$ 决定 $G_{yr}(s)$ 的特性时，$G_{yd}(s)$ 的特性也由上述关系式唯一确定；反之，由 $C(s)$ 决定 $G_{yd}(s)$ 的特性时，$G_{yr}(s)$ 的特性也是唯一确定的。因此，对两种特性的性能要求必须用同一个 $C(s)$ 来满足。例如，为了改善干扰响应特性，希望增加控制系统的带宽，但这将导致目标值响应特性的超调量增大，且系统可能会出现振荡。其原因在于，本来系统存在两个不同的外部输入 r 和 d，但控制器 $C(s)$ 只根据一个偏差信息 $e[=r-P(s)(d+u)]$ 进行控制运算以驱动被控对象。根据以上结果可知，确定最终特性时需要权衡选择两者。这种基于单一反馈控制器 $C(s)$ 的控制系统称为一自由度控制系统(one degree-of-freedom control system)。这里,"自由度"有时也会取它的英文单词首字母简称为 DOF。

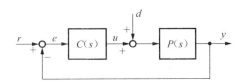

图 8.1.1　反馈控制系统(一自由度控制系统)

与此相对,如图 8.1.2 所示,对目标值附加导入前馈控制器 $C_f(s)$ 的控制系统称为二自由度控制系统(two degree-of-freedom control system)。由于 $C_f(s)$ 的导入,目标值响应特性与干扰响应特性可分别由如下式子表示:

$$\frac{y(s)}{r(s)} = \frac{[C(s) + C_f(s)]P(s)}{1 + C(s)P(s)} \tag{8.1.3}$$

$$\frac{y(s)}{d(s)} = \frac{P(s)}{1 + C(s)P(s)} \tag{8.1.4}$$

若能使 $C_f(s) = P^{-1}(s)$ 成立,则式(8.1.3)可表示为:

$$\frac{y(s)}{r(s)} = 1 \tag{8.1.5}$$

此时输出可以完全跟踪目标值,$C(s)$ 的设计只需考虑干扰响应特性即可。但是,由于通常 $P(s)$ 的分母阶次大于分子阶次,是严格正则的(strictly proper)传递函数(参照 7.6 节),所以 $C_f(s) = P^{-1}(s)$ 为非正则(improper)表达式且无法实现。于是,利用能使 $P^{-1}(s)F(s)$ 为正则的滤波器 $F(s)$,把图 8.1.2 修改为图 8.1.3。此时,目标值响应特性与干扰响应特性可分别由如下式子表示:

$$\frac{y(s)}{r(s)} = F(s) \tag{8.1.6}$$

$$\frac{y(s)}{d(s)} = \frac{P(s)}{1 + C(s)P(s)} \tag{8.1.7}$$

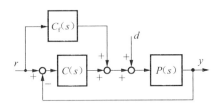

图 8.1.2　二自由度控制系统

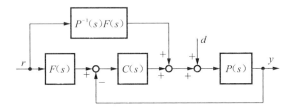

图 8.1.3　基于正则传递函数的二自由度控制系统的实现

由此可知,前馈控制器 $P^{-1}(s)F(s)$ 与 $F(s)$ 同时为正则(proper),且目标值响应特性和干扰响应特性可分别由 $F(s)$ 和 $C(s)$ 独立进行设计。在此需要注意的是,干扰响应特性与式(8.1.2)所示的一自由度控制系统是相同的。

【例题 8.1.1】　电动机速度控制系统的二自由度控制

作为二自由度控制系统的设计例子,下面考虑 2.6.1 节介绍的电磁型电动机的速度

控制系统。被控对象 $P_s(s)$ 以及速度控制器 $C_s(s)$ 分别如下式所示:

$$P_s(s) = \frac{\omega(s)}{i^*(s)} = \frac{1}{s(0.01s + 1)} \tag{8.1.8}$$

$$C_s(s) = \frac{1 + 0.3s}{0.031\,6s} \tag{8.1.9}$$

此时速度控制环的带宽 ω_s 为 10 rad/s。考虑 $P_s(s)$ 的分子、分母相对阶次为二,所以设计 $F(s)$ 时,能使 $P_s^{-1}(s)F(s)$ 为正则即可,即 $F(s)$ 为分子、分母相对阶次为二的传递函数即可。由式(8.1.6)可知,$F(s)$ 为目标值响应特性,其最简单的实现形式可由如下二阶传递函数表示:

$$F(s) = \frac{1}{\left(1 + \dfrac{s}{\omega_{s2}}\right)^2} \tag{8.1.10}$$

显然,增大 ω_{s2} 可以使目标值响应特性的带宽增加。例如,图 8.1.4 所示为 $\omega_{s2} = 50$ rad/s 时的速度指令 ω^* 以及转矩干扰 d 的时域响应。0 s 时给 ω^* 施加单位阶跃指令,2 s 时给 d 施加振幅为 3 的阶跃干扰。图 8.1.4 中也同时表示了一自由度控制系统的响应波形。图 8.1.4(a)表示被控量(速度 ω),(b)表示控制量(电流指令 i^*)。相对于干扰,本例题中的二自由度控制系统有着与一自由度控制系统相同的响应,但是对于目标值,可得式(8.1.10)所示的增加带宽且没有超调的响应。另外,图 8.1.4(b)所示为前馈控制器的输出(2DOF: FF)和反馈控制器的输出(2DOF: FB),且前馈输出只对目标值产生信号,反馈输出只对干扰产生信号。

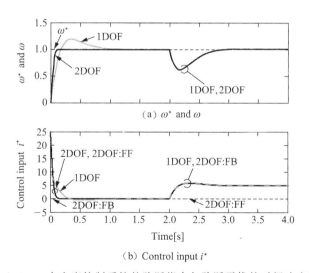

图 8.1.4 二自由度控制系统的阶跃指令与阶跃干扰的时间响应波形

8.2 >> 反馈型二自由度控制系统

基于 PI 和 PID 控制等反馈控制的改进控制系统有 I-P 控制、I-PD 控制等。这些控制系统多应用于精密工作台、机器人手臂等目标值跟踪响应中不允许出现超调的定位控制系统。图 8.2.1 所示为这些控制系统的基本方框图。其中，$C_1(s)$ 为积分（I）环节，$C_2(s)$ 为比例（P）或比例微分（PD）环节。此控制系统的目标值响应特性与干扰响应特性分别表示为：

$$\frac{y(s)}{r(s)} = \frac{C_1(s)P(s)}{1+[C_1(s)+C_2(s)]P(s)} \tag{8.2.1}$$

$$\frac{y(s)}{d(s)} = \frac{P(s)}{1+[C_1(s)+C_2(s)]P(s)} \tag{8.2.2}$$

在此设

$$C_1(s) = C(s) + C_f(s) \tag{8.2.3}$$

$$C_2(s) = -C_f(s) \tag{8.2.4}$$

上述两特性分别与式（8.1.3）和式（8.1.4）相同，即为二自由度控制结构。如此，图 8.1.2 所示的二自由度控制系统可以变换为多种等效结构形式（习题 8.1）。图 8.2.1 所示的反馈信号 y 直接输入给控制器 $C_2(s)$，且与反馈控制器 $C_1(s)$ 的输出进行减法运算的控制系统，称为反馈型二自由度控制系统。

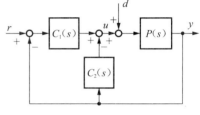

图 8.2.1　反馈型二自由度控制系统

【例题 8.2.1】　I-P 控制系统的设计

下面通过一个设计实例来介绍 I-P 控制系统。I-P 控制系统中控制器 $C_1(s)$ 和 $C_2(s)$ 可分别表示为：

$$C_1(s) = \frac{k_i}{s} \tag{8.2.5}$$

$$C_2(s) = k_p \tag{8.2.6}$$

方框图由图 8.2.2 表示。为了简单起见，被控对象 $P(s)$ 选为如下所示的积分特性：

$$P(s) = \frac{K}{s} \tag{8.2.7}$$

此时由式（8.2.1）可得目标值 r 到输出 y 的闭环传递函数 $G(s)$ 为：

$$G(s) = \frac{k_i K}{s^2 + k_p K s + k_i K} \tag{8.2.8}$$

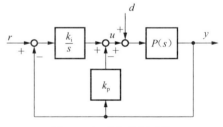

图 8.2.2　I-P 控制系统

在此，设计通过调整 k_i 和 k_p 而获得具有所希望闭环特性的控制系统。

作为设计方法，当传递函数为高阶时，可应用 7.3.4 小节介绍的北森方法等，但是这里因为 $G(s)$ 是二次振荡系统，所以按配置两个闭环极点的方式设计 k_i 和 k_p。k_i 和 k_p 分别独立出现在分母的 s^0 项的系数和 s^1 项的系数中，可以根据 k_i 和 k_p 独立设计二次振荡系统的固有角频率与衰减系数。设固有角频率为 ω_n，衰减系数为 ζ 时，二次振荡系统的传递函数 $G_1(s)$ 可表示为：

$$G_1(s) = \frac{\omega_n^2}{s^2 + 2\zeta\omega_n s + \omega_n^2} \tag{8.2.9}$$

由式（8.2.8）与式（8.2.9）的系数比较可得：

$$\zeta = \frac{k_\mathrm{p}}{2} \sqrt{\frac{K}{k_\mathrm{i}}} \tag{8.2.10}$$

$$\omega_\mathrm{n} = \sqrt{k_\mathrm{i} K} \tag{8.2.11}$$

在此,当设 $K=1$,且要求满足设计规范 $\zeta=1$,$\omega_\mathrm{n}=10$ rad/s 时,由式(8.2.10)和式(8.2.11)可得:

$$k_\mathrm{i} = 100 \tag{8.2.12}$$

$$k_\mathrm{p} = 20 \tag{8.2.13}$$

图 8.2.3 中同时表示了基于同一控制增益的 I-P 与 PI 控制系统的仿真结果。其中,仿真条件与例题 8.1.1 相同。在 PI 控制中,施加阶跃指令信号时,由于与阶跃信号成比例增加的控制量的作用,会出现超调;相反,在 I-P 控制中,由于只对输出的反馈进行比例运算,可以避免施加阶跃指令信号时控制量发生急剧变化,这虽然会使调节时间稍微长一些,但是可以减少超调。图 8.2.3 中,虽然调节时间增大了 14% 左右,但是可以使超调从 13.4% 减少到 0,且控制量的最大振幅也大约减小到原来的 1/5。对于干扰,如式(8.1.4)与式(8.2.2)所示,两种控制系统体现出相同的特性。

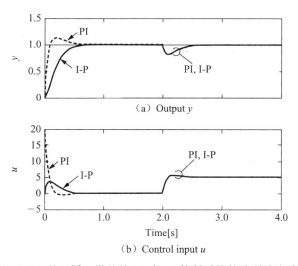

(a) Output y

(b) Control input u

图 8.2.3 基于同一增益的 I-P 与 PI 控制系统的阶跃响应波形

在上文中,为了使控制器的设计比较简单,使用了式(8.2.7)所示的近似积分模型。图 8.2.4 所示为利用式(8.2.12)和式(8.2.13)所表示的 I-P 控制增益 k_i 和 k_p 对包含一阶惯性特性式(8.1.8)的二次振荡系统——电动机模型——进行仿真的结果。

由于近似积分模型和二次振荡系统模型的输出特性基本相同,因此根据近似积分推导出 I-P 控制增益也可以近似实现控制带宽等于固有角频率 10 rad/s 的控制。

下面讨论 I-P 控制系统与 PI 控制系统的关联性。I-P 控制系统的方框图如图 8.2.2 所示,经等效变换后可得图 8.2.5 所示的方框图(习题 8.2),即 I-P 控制系统等价于在具有同一增益 k_i 和 k_p 的 PI 控制器的反馈控制系统中再附加一阶惯性前馈滤波器的控制系统。这里,前馈滤波器也称为前置滤波器(prefilter)。目标值为阶跃信号,经一阶惯性滤波器延迟后作为 PI 控制系统的指令值。由这个结果也可知,对于目标值,超调得以改善,但对于干扰,与 PI 控制系统的响应相同。

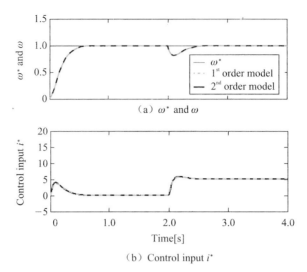

(a) ω^* and ω

(b) Control input i^*

图 8.2.4　基于二阶模型与一阶近似模型的 I-P 控制系统的阶跃响应波形

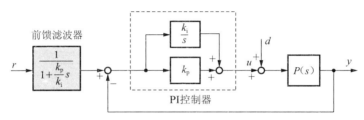

图 8.2.5　I-P 控制系统经等效变换后的方框图

8.3 ›› 连续轨迹跟踪控制系统

作为一种针对具有加速度轨迹的目标值位置跟踪特性的改善方法,在此介绍连续轨迹跟踪控制系统[Continuous-Path Tracking(CPT) control system]。图 8.3.1 所示为 CPT 控制系统的方框图。图中,p,v,a 分别表示位置、速度、加速度(旋转系统中分别为角度、角速度、角加速度);p^r,v^r,a^r 为与之对应的目标值;K 为 2.6.1 小节中所示的伺服放大器的电流指令等控制量 u 到 a 的转换增益;k_p 和 k_v 是位置以及速度的反馈增益。

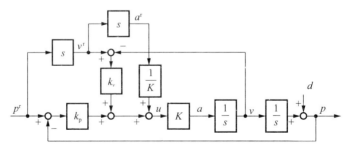

图 8.3.1　连续轨迹跟踪控制系统

CPT 控制系统如同 8.1 节所示,具有相同的 p^r 到 u 的前馈通道,为二自由度控制系统结构。根据图 8.3.1,可以得到以下关系式:

$$p = \frac{1}{s} v + d \tag{8.3.1}$$

$$v = \frac{1}{s} a \tag{8.3.2}$$

$$a = Ku \tag{8.3.3}$$

$$u = k_v(v^r - v) + k_p(p^r - p) + \frac{1}{K} a^r \tag{8.3.4}$$

干扰 d 的特性将在后面介绍,这里先设 $d=0$。由式(8.3.1)~式(8.3.4)的关系可得:

$$p = \frac{1}{s^2} K \left[k_v(v^r - v) + k_p(p^r - p) + \frac{1}{K} a^r \right] \tag{8.3.5}$$

$$p + \frac{Kk_v}{s^2} v + \frac{Kk_p}{s^2} p = \frac{Kk_v}{s^2} v^r + \frac{Kk_p}{s^2} p^r + \frac{1}{s^2} a^r \tag{8.3.6}$$

利用 $v = sp$ 与 $v^r = sp^r, a^r = s^2 p^r$ 的关系可得:

$$p \left(1 + \frac{Kk_v}{s} + \frac{Kk_p}{s^2} \right) = p^r \left(\frac{Kk_v}{s} + \frac{Kk_p}{s^2} + 1 \right) \tag{8.3.7}$$

即

$$\frac{p}{p^r} = \frac{v}{v^r} = \frac{a}{a^r} = \frac{s^2 + Kk_v s + Kk_p}{s^2 + Kk_v s + Kk_p} = 1 \tag{8.3.8}$$

即对于所有的目标值 p^r, v^r, a^r,可以得到完全一致的输出 p, v, a。但实际上控制量 u 和加速度 a 不成比例关系,具有在高频段衰减的带宽,因此在所有频段实现完全跟踪是不可能的。

作为参考,当不使用加速度前馈时,或加速度前馈和速度前馈均不使用时,传递特性分别为(习题 8.4):

$$\frac{p}{p^r} = \frac{Kk_v s + Kk_p}{s^2 + Kk_v s + Kk_p} \tag{8.3.9}$$

$$\frac{p}{p^r} = \frac{Kk_p}{s^2 + Kk_v s + Kk_p} \tag{8.3.10}$$

这时,分子的阶次减小,不同于式(8.3.8),增益不为 1。在此,分子的作用等同于 7.4.1 小节所述的相位超前补偿作用,若失去这个作用(在图 8.3.4 中详细介绍),则控制带宽会减小,目标值跟踪特性会劣化。

下面考虑干扰 d 的影响。根据式(8.3.1)~式(8.3.4)之间的关系,并令目标值为零(即 $p^r = v^r = a^r = 0$),可导出针对干扰的传递函数 p/d(习题 8.5)为:

$$\frac{p}{d} = \frac{s^2 + Kk_v s}{s^2 + Kk_v s + Kk_p} \tag{8.3.11}$$

可见,p/d 与有无前馈无关,仅由反馈增益 k_p 和 k_v 决定。在此,要改善干扰响应特性,例如欲追加积分特性等动态特性时,利用具有动态特性的控制器 $C(s)$ 替换增益 k_p 即可,此时式(8.3.8)中目标值的传递函数也为 1。

【例题 8.3.1】 连续轨迹跟踪控制系统的设计

下面通过数值仿真来确认图 8.3.1 所示的 CPT 控制系统的有效性。在此,设 $K=1$,于是被控对象 $P(s)$ 为:

$$P(s) = \frac{1}{s^2}$$

实际上不存在具有这种传递函数的被控对象,但是为了实现上述系统,利用 7.6 节中介绍的干扰观测器补偿等,就可以根据被控对象的标称化特性近似地实现这种传递特性。在此,不采用前馈,即设仅基于反馈控制的速度控制系统的带宽、位置控制系统的带宽分别为 $\omega_s = 100$ rad/s, $\omega_p = \omega_s/3 \approx 33.3$ rad/s(如 2.6.1 小节所述,考虑使内环系统的频带比外环系统的频带足够宽,这里设 $\omega_p = \omega_s/3$),于是速度反馈控制系统(在图 8.3.1 中设 $k_p = 0, a^r = 0$)可写为:

$$\frac{v}{v^r} = \frac{k_v}{s + k_v}$$

且设 $k_v = \omega_s = 100$。而对于位置反馈控制系统,根据式(8.3.10)且设 $K = 1$ 时,可表示为:

$$\frac{p}{p^r} = \frac{k_p}{s^2 + k_v s + k_p}$$

与式(3.5.19)的二次振荡系统标准型比较可得,增益 $K = 1$,固有角频率 $\omega_p(=\omega_n) = \sqrt{k_p}$,衰减系数 $\zeta = k_v/(2\sqrt{k_p})$。因此,为了增加带宽,增大 k_p,则减小 ζ。在此,根据 $\omega_p = 33.3$ rad/s 设计 $k_p = \omega_p^2 \approx 1.11 \times 10^3$,且这时 $\zeta = 1.5$。

使用上述设计参数进行仿真。图 8.3.2 所示为施加的目标轨迹加速度 a^r、速度 v^r 及位置 p^r 的波形。根据图(a),由于加速度信号具有轨迹,所以为连续轨迹型的目标值。虽然在之前的章节中作为试验信号使用了阶跃指令,但是对定位控制而言,位置目标值一般是如图(c)所示的缓慢上升的信号。如同 7.12 节中所介绍的,这种信号称为 S 形曲线。另外,由于速度信号的波形如图(b)所示为梯形,故称为梯形速度曲线。

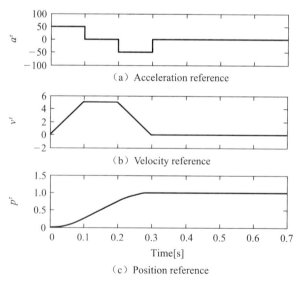

（a）Acceleration reference

（b）Velocity reference

（c）Position reference

图 8.3.2　目标轨迹（加速度、速度、位置）

对应此目标轨迹的位置响应波形如图 8.3.3(a)所示,图中同时表示了只有反馈控制时的响应(FB)和 CPT 控制系统的响应。只有反馈控制时,对于指令会产生延迟。相反,在 CPT 控制系统中,因如式(8.3.8)所示,传递特性为 1,所以与目标值完全一致。但需要注意的是,根据图 8.3.3(b),CPT 控制系统中施加给被控对象的控制量为矩形波状的控制量。

对于式(8.3.8)~式(8.3.10)中所示的 p^r 到 p 的各位置控制系统的传递特性波特图,在图 8.3.4 中重叠表示。在同时使用加速度前馈与速度前馈的 CPT 控制系统中,传递特性为1;当不使用加速度前馈(FB+vel. FF)时,控制带宽(增益为 -3 dB 时的频率)变窄到110 rad/s;当加速度与速度前馈都不使用(FB)时,带宽更是变窄到 12.4 rad/s。

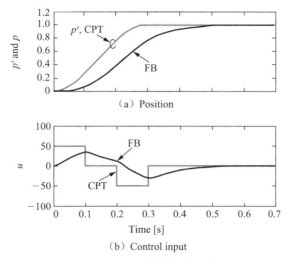

（a）Position

（b）Control input

图 8.3.3 目标值响应波形

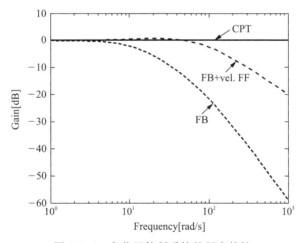

图 8.3.4 各位置控制系统的频率特性

8.4 》 抗饱和补偿

在利用反馈控制附加前馈控制以实现快速、良好的响应性及高精度的控制目标时,往往需要增加控制系统带宽,但有可能由于增加了带宽而使控制量饱和,导致控制性能劣化。尤其像伺服系统,当控制器中有积分特性时劣化会比较显著。

图 8.4.1 所示为有或无控制量饱和,施加阶跃指令时的输出与控制量的时域波形。

控制量饱和的上下限值为±1。由图可知,与没有饱和时相比,饱和时即使输出到达目标值处(1.0 s),由于控制量在短时间内保持为100%,也会产生大幅度的超调。之后(1.75 s)控制量变为−100%,输出向目标值处返回,但是这次输出到达目标值处(2.5 s)后控制量仍被保持在−100%,导致输出产生反向超调。这是由于控制器具有积分特性,对目标值跟踪偏差进行积分引起的。输出到达目标值后,由于积分值的影响,控制量不能及时变为零,在短时间内继续保持±100%的状态,这种现象称为饱和现象。

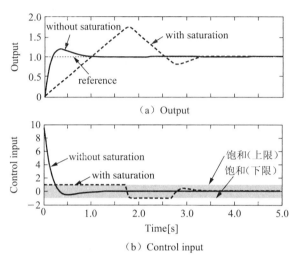

图 8.4.1 对于控制量饱和的时域响应波形

为了避免饱和现象,只要停止控制量饱和时的积分动作即可,这种方法称为抗饱和补偿(anti-windup compensation)。I 补偿中积分作用明显,容易实现抗饱和,但是对于比较复杂的传递函数则不易实现抗饱和,对此提出了各种解决方法。下面介绍其中一种方法。假设抗饱和控制器的传递函数为双正则的(Bi-proper)(分子与分母的阶数相等。关于正则性请参照 7.6 节)。若为严格正则(分母的阶数高于分子的阶数),则为了在控制带宽范围内使频率特性不受影响,分子中附加具有足够高转折频率的一阶超前环节,使其变为双正则即可。如此,控制器 $C(s)$ 就可以分割成常数项 C_∞ 和严格正则的传递函数 $\overline{C}(s)$:

$$C(s) = C_\infty + \overline{C}(s) \tag{8.4.1}$$

利用上式中的 C_∞ 对 $\overline{C}(s)$ 进行图 8.4.2 所示的变形(等效变换)。为了实现控制器的抗饱和,控制器的状态量(影响积分动作)应由实际施加给被控对象的信号所驱动。因此,如图 8.4.3 所示,给不具有状态量的 C_∞ 的输出设定饱和,由饱和后的输出,即实际施加给被控对象的信号 u 驱动具有状态量的传递函数 $C_{FB}(s)$。根据图 8.4.2,有:

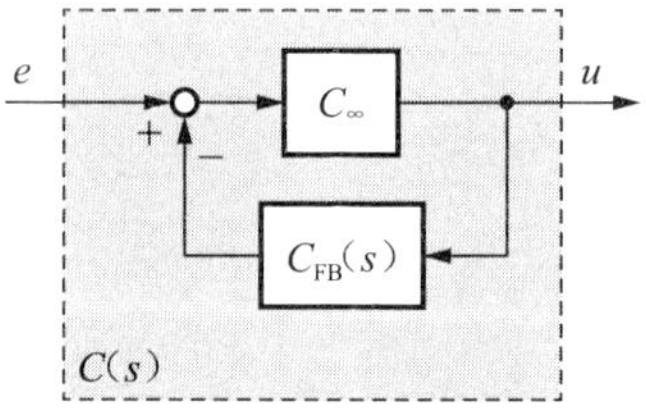

$$\frac{u(s)}{e(s)} = C(s) = \frac{C_\infty}{1 + C_{FB}(s)C_\infty} \tag{8.4.2}$$

图 8.4.2 为了实现抗饱和的控制器的等效变换

因此可得 $C_{FB}(s)$ 为:

$$C_{FB}(s) = C^{-1}(s) - C_\infty^{-1} \tag{8.4.3}$$

图 8.4.3 所示为抗饱和控制系统,图中的＜sat＞是表示饱和函数的方框,输入、输出

关系由下式表示,且函数的形状如图 8.4.4 所示。

$$\text{sat}[u(t)] = \begin{cases} u_{\max}, & u_{\max} < u(t) \\ u(t), & u_{\min} \leqslant u(t) \leqslant u_{\max} \\ u_{\min}, & u_{\min} > u(t) \end{cases}$$

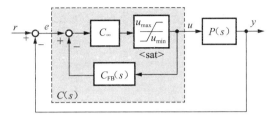

图 8.4.3 考虑控制量饱和的抗饱和控制系统

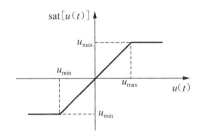

图 8.4.4 饱和函数的输入、输出关系

基于以上等效变换,$C_{FB}(s)$ 的状态量确实仅由饱和后的输出所驱动,且尽管由于饱和不能输出,但是可以使饱和状态消失,避免饱和现象。

【例题 8.4.1】 电动机速度控制系统的抗饱和补偿

下面根据实例来介绍抗饱和补偿的效果。作为被控对象的系统,选用 2.6.1 小节中介绍的电磁型电动机的速度控制系统。被控对象 $P(s)$ 的输入为电流指令 $i^*(s)$,输出为角速度 $\omega(s)$,且传递函数可表示为:

$$P(s) = \frac{1}{s(0.01s + 1)} \tag{8.4.4}$$

对此,基于 PI 补偿设计的速度控制器 $C(s)$ 如下式所示:

$$C(s) = \frac{1 + T_{s2}s}{T_{s1}s}, \quad T_{s1} = 0.031\ 6, \quad T_{s2} = 0.3 \tag{8.4.5}$$

因为是双正则传递函数,所以可直接使用上述方法。这时,根据式(8.4.1)的关系可得:

$$C_\infty = \frac{T_{s2}}{T_{s1}} = 9.49$$

且根据式(8.4.3)的关系可得:

$$C_{FB}(s) = C^{-1}(s) - C_\infty^{-1} = \frac{T_{s1}s}{1 + T_{s2}s} - \frac{T_{s1}}{T_{s2}}$$

$$= \frac{-T_{s1}}{T_{s2}(1 + T_{s2}s)} = \frac{-0.031\ 6}{0.09s + 0.3}$$

根据所推导的 C_∞,$C_{FB}(s)$ 来构成图 8.4.3 所示的抗饱和控制系统并进行仿真,所得结果如图 8.4.5 所示。控制量饱和值为 ±1,即 $u_{\max} = 1$,$u_{\min} = -1$。控制量无饱和时和有饱和但是不进行抗饱和补偿时的图形也表示在图 8.4.5 中。由于控制器的抗饱和补偿作用,输出到达目标值后(1.0 s),控制量开始迅速减少,这样可避免饱和现象,且与没有饱和时相比,超调更小。

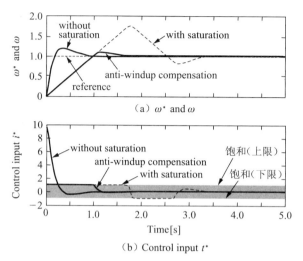

（a）ω^* and ω

（b）Control input t^*

图 8.4.5　对于控制量饱和的时域响应波形

习　题

【习题 8.1】　图 8.1.2 中所示的二自由度控制系统称为目标值前馈型(FF),且除图 8.2.1 中的反馈补偿型(FB)以外,还可以等效变换为习题图 8.1(a)～(c)所示各种形式的方框图。试求使目标值 r 到输出 y 与干扰 d 到输出 y 的闭环传递函数相等的 C_A～C_F 与图 8.1.2 中的 C 和 C_f 的函数表达式,以及它们的逆函数。

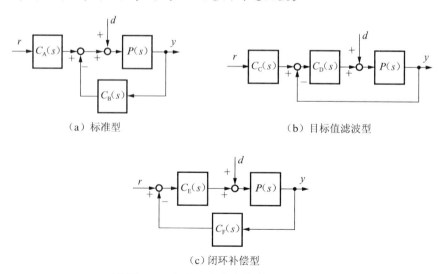

（a）标准型　　　　　　　　　　　　　　（b）目标值滤波型

（c）闭环补偿型

习题图 8.1　各种二自由度控制系统的方框图

【**习题 8.2**】 试证明由图 8.2.2 中所示的 I-P 控制系统到图 8.2.5 中等效方框图的变换过程。

【**习题 8.3**】 试采用如同习题 8.2 的方式,证明习题图 8.2 中的 I-PD 控制系统到带前馈滤波器的 PID 控制系统的等效变换过程。

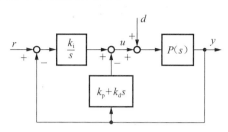

习题图 8.2 I-PD 控制系统的方框图

【**习题 8.4**】 对于图 8.3.1 中所示的连续轨迹跟踪控制系统,回答以下问题:

(1) 证明不使用加速度前馈时的位置指令 p^r 到位置 p 的传递特性可由式(8.3.9)表示。在此,设干扰 d 为零。

(2) 证明在不使用加速度前馈与速度前馈时的位置指令 p^r 到位置 p 的传递特性可由式(8.3.10)表示。在此,设干扰 d 为零。

【**习题 8.5**】 试证明图 8.3.1 所示的连续轨迹跟踪控制系统的干扰特性可由式(8.3.11)所表示。

【**习题 8.6**】 如何构造 7.7 节中所介绍的内部模型控制系统的抗饱和补偿。

习题解答

第 3 章

【习题 3.1】

解：根据基尔霍夫第二定理，有：

$$C \frac{\mathrm{d}}{\mathrm{d}t}\{e_{\text{in}}(t) - e_{\text{out}}(t)\} + \frac{e_{\text{in}}(t) - e_{\text{out}}(t)}{R_1} = \frac{e_{\text{out}}(t)}{R_2} \qquad (\text{Ex } 3.1)$$

根据拉普拉斯变换，式(Ex 3.1)可写为：

$$C[e_{\text{in}}(s) - e_{\text{out}}(s)]s + \frac{e_{\text{in}}(s) - e_{\text{out}}(s)}{R_1} = \frac{e_{\text{out}}(s)}{R_2} \qquad (\text{Ex } 3.2)$$

$$\rightarrow \frac{e_{\text{out}}(s)}{e_{\text{in}}(s)} = \frac{R_2}{R_1 + R_2} \frac{1 + R_1 Cs}{1 + \dfrac{R_1 R_2}{R_1 + R_2} Cs} \qquad (\text{Ex } 3.3)$$

因此有：

$$G(s) = \frac{R_2}{R_1 + R_2} \frac{1 + R_1 Cs}{1 + \dfrac{R_1 R_2}{R_1 + R_2} Cs} \qquad (\text{Ex } 3.4)$$

解答图 3.1 为式(Ex 3.4)所示系统方框图。

解答图 3.1　方框图

【习题 3.2】

解：(1) 有多种解法，在此介绍代数法和等效变换法。

(A) 代数法。

如解答图 3.2 所示，给各方框分配输入、输出变量，此时下式成立：

$$e = r - y \qquad (\text{Ex } 3.5)$$

$$u_1 = K_{\text{P}} e \qquad (\text{Ex } 3.6)$$

$$u_2 = \frac{K_1}{s} e \qquad (\text{Ex } 3.7)$$

$$u_3 = K_{\text{D}} s e \qquad (\text{Ex } 3.8)$$

$$y = P(u_1 + u_2 + u_3) \qquad (\text{Ex } 3.9)$$

根据式(Ex 3.5)～式(Ex 3.9)，消去 u_1, u_2, u_3, e，可得：

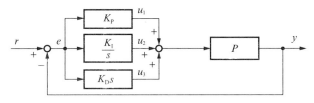

解答图 3.2　变量分配

$$y = P\left(K_P + \frac{K_I}{s} + K_D s\right)(r - y) \rightarrow \frac{y}{r} = \frac{\left(K_P + \dfrac{K_I}{s} + K_D s\right)P}{1 + \left(K_P + \dfrac{K_I}{s} + K_D s\right)P} \qquad \text{(Ex 3.10)}$$

因此有：

$$G_{yr} = \frac{\left(K_P + \dfrac{K_I}{s} + K_D s\right)P}{1 + \left(K_P + \dfrac{K_I}{s} + K_D s\right)P} \qquad \text{(Ex 3.11)}$$

（B）等效变换法。

首先，根据表 3.6.2 中的（2）（并联结构），把解答图 3.3（a）转换成（b）的方框图。接着利用表 3.6.2 中的（1）（串联结构），（3）（反馈结构）顺序进行变换，由解答图 3.3（b）转换为（c）。因此，有：

$$G_{yr} = \frac{\left(K_P + \dfrac{K_I}{s} + K_D s\right)P}{1 + \left(K_P + \dfrac{K_I}{s} + K_D s\right)P} \qquad \text{(Ex 3.12)}$$

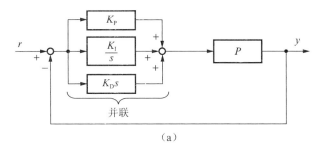

（a）

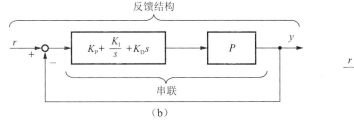

（b）

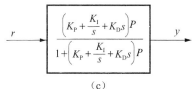

（c）

解答图 3.3　等效变换

（2）和问题（1）一样，介绍两种解法。

（A）代数法。

如解答图 3.4 所示，分配各方框图的输入、输出变量，此时下式成立：

$$e = r - y \qquad\qquad (\text{Ex } 3.13)$$

$$u_{\text{ff}} = C_{\text{f}} r \qquad\qquad (\text{Ex } 3.14)$$

$$u_{\text{fb}} = Ce \qquad\qquad (\text{Ex } 3.15)$$

$$u = u_{\text{fb}} + u_{\text{ff}} + d \qquad\qquad (\text{Ex } 3.16)$$

$$y = Pu \qquad\qquad (\text{Ex } 3.17)$$

根据式(Ex 3.13)~式(Ex 3.17),消去 $e, u_{\text{ff}}, u_{\text{fb}}, u$,可得:

$$y = \frac{(C + C_{\text{f}})P}{1 + PC} r + \frac{P}{1 + PC} d \qquad\qquad (\text{Ex } 3.18)$$

因此有:

$$G_{yr} = \frac{(C + C_{\text{f}})P}{1 + PC}, \quad G_{yd} = \frac{P}{1 + PC} \qquad\qquad (\text{Ex } 3.19)$$

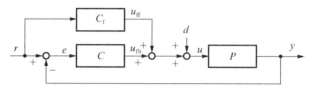

解答图 3.4　变量分配

(B) 等效变换法。

根据变换表 3.6.2 中的(8)(方框与综合点的交换),把解答图 3.5(a)转换成(b)的方框图。接着利用表 3.6.2 中的(5)(综合点的交换),(2)(并联结构)以及(3)(反馈结构),由解答图 3.5(b)依次转换成(c),(d)图。根据解答图 3.5(d)可得:

$$y = \frac{(C + C_{\text{f}})P}{1 + PC} r + \frac{P}{1 + PC} d \qquad\qquad (\text{Ex } 3.20)$$

因此有:

$$G_{yr} = \frac{(C + C_{\text{f}})P}{1 + PC}, \quad G_{yd} = \frac{P}{1 + PC} \qquad\qquad (\text{Ex } 3.21)$$

见解答图 3.5(e)。

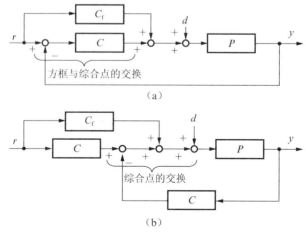

(a)

(b)

解答图 3.5　等效变换

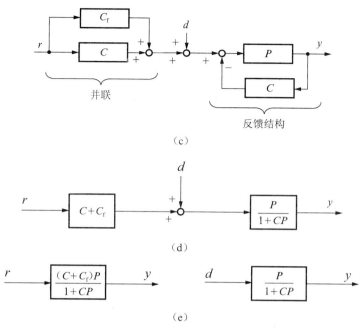

（c）

（d）

（e）

解答图 3.5（续） 等效变换

【习题 3.3】

解:（4）根据拉普拉斯变换表 3.4.1 中的（2），单位阶跃函数的拉普拉斯变换为 $F(s)$ $=\mathcal{L}[1]=1/s$。因此,根据表 3.4.2 中的基本性质（3）,有:

$$\mathcal{L}\left[\int_0^t \int_0^t \cdots \int_0^t 1\,(\mathrm{d}t)^n\right]=\mathcal{L}\left[\frac{1}{n!}t^n\right]=\frac{1}{s^n}F(s) \qquad (\text{Ex } 3.22)$$

（5）根据式（3.4.1）,有:

$$\mathcal{L}\left[\mathrm{e}^{-at}\right]=\int_0^\infty \mathrm{e}^{-at}\,\mathrm{e}^{-st}\,\mathrm{d}t=\int_0^\infty \mathrm{e}^{-(s+a)t}\,\mathrm{d}t=\left[-\frac{1}{s+a}\mathrm{e}^{-(s+a)t}\right]_0^\infty=\frac{1}{s+a} \qquad (\text{Ex } 3.23)$$

（6）根据欧拉公式,有:

$$\sin(\omega t)=\frac{\mathrm{e}^{\mathrm{j}\omega t}-\mathrm{e}^{-\mathrm{j}\omega t}}{2\mathrm{j}} \qquad (\text{Ex } 3.24)$$

根据上式有:

$$\begin{aligned}
\mathcal{L}\left[\sin(\omega t)\right]&=\frac{1}{2\mathrm{j}}\int_0^\infty (\mathrm{e}^{\mathrm{j}\omega t}-\mathrm{e}^{-\mathrm{j}\omega t})\mathrm{e}^{-st}\,\mathrm{d}t=\frac{1}{2\mathrm{j}}\left[\int_0^\infty \mathrm{e}^{-(s-\mathrm{j}\omega)t}\,\mathrm{d}t-\int_0^\infty \mathrm{e}^{-(s+\mathrm{j}\omega)t}\,\mathrm{d}t\right]\\
&=\frac{1}{2\mathrm{j}}\left\{\left[-\frac{1}{s-\mathrm{j}\omega}\mathrm{e}^{-(s-\mathrm{j}\omega)t}\right]_0^\infty-\left[-\frac{1}{s+\mathrm{j}\omega}\mathrm{e}^{-(s+\mathrm{j}\omega)t}\right]_0^\infty\right\}\\
&=\frac{1}{2\mathrm{j}}\left(\frac{1}{s-\mathrm{j}\omega}-\frac{1}{s+\mathrm{j}\omega}\right)=\frac{\omega}{s^2+\omega^2}
\end{aligned} \qquad (\text{Ex } 3.25)$$

（7）根据欧拉公式,有:

$$\cos(\omega t)=\frac{\mathrm{e}^{\mathrm{j}\omega t}+\mathrm{e}^{-\mathrm{j}\omega t}}{2} \qquad (\text{Ex } 3.26)$$

根据上式有:

$$\mathcal{L}\left[\cos(\omega t)\right]=\frac{1}{2}\int_0^\infty (\mathrm{e}^{\mathrm{j}\omega t}+\mathrm{e}^{-\mathrm{j}\omega t})\mathrm{e}^{-st}\,\mathrm{d}t=\frac{1}{2}\left(\frac{1}{s-\mathrm{j}\omega}+\frac{1}{s+\mathrm{j}\omega}\right)=\frac{s}{s^2+\omega^2} \qquad (\text{Ex } 3.27)$$

（8）对 $\mathrm{e}^{-(a-\mathrm{j}\omega)t}$ 取拉普拉斯变换，有：

$$\mathcal{L}\left[\mathrm{e}^{-(a-\mathrm{j}\omega)t}\right]=\int_0^\infty \mathrm{e}^{-(a-\mathrm{j}\omega)t}\,\mathrm{e}^{-st}\,\mathrm{d}t=\int_0^\infty \mathrm{e}^{-(a-\mathrm{j}\omega+s)t}\,\mathrm{d}t=\left[-\frac{\mathrm{e}^{-(a-\mathrm{j}\omega+s)t}}{s+a-\mathrm{j}\omega}\right]_0^\infty=\frac{1}{s+a-\mathrm{j}\omega}$$

$$=\frac{s+a+\mathrm{j}\omega}{(s+a)^2+\omega^2}=\frac{s+a}{(s+a)^2+\omega^2}+\mathrm{j}\frac{\omega}{(s+a)^2+\omega^2} \tag{Ex 3.28}$$

根据欧拉公式，有：

$$\mathrm{e}^{-(a-\mathrm{j}\omega)t}=\mathrm{e}^{-at}\left[\cos(\omega t)+\mathrm{j}\sin(\omega t)\right] \tag{Ex 3.29}$$

因此有：

$$\mathcal{L}\left[\mathrm{e}^{-(a-\mathrm{j}\omega)t}\right]=\int_0^\infty \mathrm{e}^{-at}\cos(\omega t)\mathrm{e}^{-st}\,\mathrm{d}t+\mathrm{j}\int_0^\infty \mathrm{e}^{-at}\sin(\omega t)\mathrm{e}^{-st}\,\mathrm{d}t$$

$$=\mathcal{L}\left[\mathrm{e}^{-at}\cos(\omega t)\right]+\mathrm{j}\,\mathcal{L}\left[\mathrm{e}^{-at}\sin(\omega t)\right] \tag{Ex 3.30}$$

比较式（Ex 3.28）和式（Ex 3.30）的虚部，有：

$$\mathcal{L}\left[\mathrm{e}^{-at}\sin(\omega t)\right]=\frac{\omega}{(s+a)^2+\omega^2} \tag{Ex 3.31}$$

（9）比较式（Ex 3.28）和式（Ex 3.30）的实部，有：

$$\mathcal{L}\left[\mathrm{e}^{-at}\cos(\omega t)\right]=\frac{s+a}{(s+a)^2+\omega^2} \tag{Ex 3.32}$$

【习题 3.4】

解：

（1）根据拉普拉斯变换定义式（3.4.1），有：

$$\mathcal{L}\left[af(t)+bg(t)\right]=\int_0^\infty \left[af(t)+bg(t)\right]\mathrm{e}^{-st}\,\mathrm{d}t=a\int_0^\infty f(t)\mathrm{e}^{-st}\,\mathrm{d}t+b\int_0^\infty g(t)\mathrm{e}^{-st}\,\mathrm{d}t$$

$$=a\mathcal{L}\left[f(t)\right]+b\mathcal{L}\left[g(t)\right] \tag{Ex 3.33}$$

（2）根据式（3.4.1），有：

$$\mathcal{L}\left[\frac{\mathrm{d}^n}{\mathrm{d}t^n}f(t)\right]=\int_0^\infty \left[\frac{\mathrm{d}^n}{\mathrm{d}t^n}f(t)\right]\mathrm{e}^{-st}\,\mathrm{d}t \tag{Ex 3.34}$$

根据分部积分，可得下式：

$$\int_0^\infty \left[\frac{\mathrm{d}^n}{\mathrm{d}t^n}f(t)\right]\mathrm{e}^{-st}\,\mathrm{d}t=\left[\mathrm{e}^{-st}\,\frac{\mathrm{d}^{n-1}}{\mathrm{d}t^{n-1}}f(t)\right]_0^\infty+\int_0^\infty s\mathrm{e}^{-st}\,\frac{\mathrm{d}^{n-1}}{\mathrm{d}t^{n-1}}f(t)\,\mathrm{d}t$$

$$=-\frac{\mathrm{d}^{n-1}}{\mathrm{d}t^{n-1}}f(0)+s\int_0^\infty \mathrm{e}^{-st}\,\frac{\mathrm{d}^{n-1}}{\mathrm{d}t^{n-1}}f(t)\,\mathrm{d}t \tag{Ex 3.35}$$

推导式（Ex 3.35）时应用了 $\lim\limits_{t\to\infty}\{\mathrm{e}^{-st}\left[\mathrm{d}^{n-1}f(t)/\mathrm{d}t^{n-1}\right]\}=0$。对式（Ex 3.35）同样实施分部积分，则有：

$$-\frac{\mathrm{d}^{n-1}}{\mathrm{d}t^{n-1}}f(0)+s\int_0^\infty \mathrm{e}^{-st}\,\frac{\mathrm{d}^{n-1}}{\mathrm{d}t^{n-1}}f(t)\,\mathrm{d}t$$

$$=-\frac{\mathrm{d}^{n-1}}{\mathrm{d}t^{n-1}}f(0)-s\,\frac{\mathrm{d}^{n-2}}{\mathrm{d}t^{n-2}}f(0)+s^2\int_0^\infty \mathrm{e}^{-st}\,\frac{\mathrm{d}^{n-2}}{\mathrm{d}t^{n-2}}f(t)\,\mathrm{d}t$$

$$=-\frac{\mathrm{d}^{n-1}}{\mathrm{d}t^{n-1}}f(0)-s\,\frac{\mathrm{d}^{n-2}}{\mathrm{d}t^{n-2}}f(0)-\cdots-s^{n-1}\,\frac{\mathrm{d}}{\mathrm{d}t}f(0)+s^n\int_0^\infty \mathrm{e}^{-st}f(t)\,\mathrm{d}t$$

$$=s^n F(s)-\sum_{k=1}^n s^{n-k}\,\frac{\mathrm{d}^{k-1}}{\mathrm{d}t^{k-1}}f(0) \tag{Ex 3.36}$$

（3）利用分部积分，可得：

$$\mathcal{L}\left[\int_0^t f(\tau)\mathrm{d}\tau\right] = \int_0^\infty \left[\int_0^t f(\tau)\mathrm{d}\tau\right]\mathrm{e}^{-st}\,\mathrm{d}t = \left[-\frac{1}{s}\mathrm{e}^{-st}\int_0^t f(\tau)\mathrm{d}\tau\right]_0^\infty + \frac{1}{s}\int_0^\infty f(t)\mathrm{e}^{-st}\,\mathrm{d}t$$

$$= \frac{1}{s}F(s) \tag{Ex 3.37}$$

$$\mathcal{L}\left[\int_0^t\int_0^t f(\tau)\mathrm{d}\tau\mathrm{d}\tau\right] = \frac{1}{s}\int_0^\infty \left[\int_0^t f(\tau)\mathrm{d}\tau\right]\mathrm{e}^{-st}\,\mathrm{d}t = \frac{1}{s^2}F(s) \tag{Ex 3.38}$$

对 n 重积分，同样有下式成立：

$$\mathcal{L}\left[\int_0^t\int_0^t\cdots\int_0^t f(\tau)(\mathrm{d}\tau)^n\right] = \frac{1}{s^n}F(s) \tag{Ex 3.39}$$

（4）根据式（3.4.1），有：

$$\mathcal{L}\left[f(t-T)\right] = \int_0^\infty f(t-T)\mathrm{e}^{-st}\,\mathrm{d}t \tag{Ex 3.40}$$

令 $v \equiv t - T$，并实施置换积分，则有：

$$\int_0^\infty f(t-T)\mathrm{e}^{-st}\,\mathrm{d}t = \int_{-T}^\infty f(v)\mathrm{e}^{-s(v+T)}\,\mathrm{d}v = \mathrm{e}^{-Ts}\int_{-T}^\infty f(v)\mathrm{e}^{-sv}\,\mathrm{d}v = \mathrm{e}^{-Ts}F(s) \tag{Ex 3.41}$$

根据拉普拉斯变换的定义，另一个性质为：

$$\mathcal{L}\left[\mathrm{e}^{at}f(t)\right] = \int_0^\infty \mathrm{e}^{at}f(t)\mathrm{e}^{-st}\,\mathrm{d}t = \int_0^\infty f(t)\mathrm{e}^{-(s-a)t}\,\mathrm{d}t = F(s-a) \tag{Ex 3.42}$$

（5）根据式（3.4.1），有：

$$\mathcal{L}\left[\int_0^t g(t-\tau)f(\tau)\mathrm{d}\tau\right] = \int_0^\infty \left[\int_0^t g(t-\tau)f(\tau)\mathrm{d}\tau\right]\mathrm{e}^{-st}\,\mathrm{d}t$$

$$= \int_0^\infty \left[\int_0^t g(t-\tau)\mathrm{e}^{-s\tau}f(\tau)\mathrm{e}^{-s(t-\tau)}\,\mathrm{d}\tau\right]\mathrm{d}t \tag{Ex 3.43}$$

积分范围为解答图 3.6 中的 D，改变积分顺序可得：

$$\int_0^\infty \left[\int_0^t g(t-\tau)\mathrm{e}^{-s\tau}f(\tau)\mathrm{e}^{-s(t-\tau)}\,\mathrm{d}\tau\right]\mathrm{d}t = \int_0^\infty \left[\int_\tau^\infty g(t-\tau)\mathrm{e}^{-s(t-\tau)}f(\tau)\mathrm{e}^{-s\tau}\,\mathrm{d}t\right]\mathrm{d}\tau$$

$$= \int_0^\infty \left[\int_\tau^\infty g(t-\tau)\mathrm{e}^{-s(t-\tau)}\,\mathrm{d}t\right]f(\tau)\mathrm{e}^{-s\tau}\,\mathrm{d}\tau \tag{Ex 3.44}$$

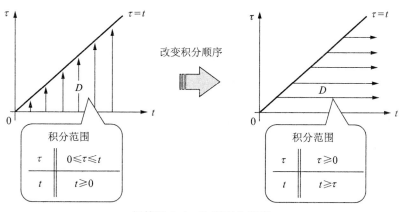

解答图 3.6　改变积分顺序

令 $v \equiv t - \tau$，则有：

$$\int_0^\infty \left[\int_0^\infty g(v)\mathrm{e}^{-sv}\mathrm{d}v\right] f(\tau)\mathrm{e}^{-s\tau}\mathrm{d}\tau = \left[\int_0^\infty g(v)\mathrm{e}^{-sv}\mathrm{d}v\right]\left[\int_0^\infty f(\tau)\mathrm{e}^{-s\tau}\mathrm{d}\tau\right]$$
$$= G(s)F(s) \qquad\qquad (\text{Ex } 3.45)$$

第 4 章

【习题 4.1】

解：假定已读取到如下所述的各特性值，并利用辅助线绘制了解答图 4.1。

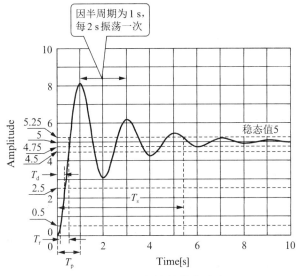

解答图 4.1　各特性值的读取

· 上升时间 T_r

从稳态值的 10% 到 90% 所需时间：0.35 s。

· 延迟时间 T_d

响应达到稳态值的 50% 所需时间：0.35 s。

· 峰值时间 T_p

响应达到第一个峰值所需时间：1 s。

· 调整时间 T_s

响应进入稳态值的 $\pm 5\%$ 范围所需时间：5.4 s。

· 超调量 O_s

因超过稳态值约 3，超调约为 60%。

· 对数衰减率 δ

对于稳态值第一个超过量为 3，第二个超过量为 1.2，因此有：

$$\delta = \ln\frac{a_n}{a_{n+1}} = \ln\frac{3}{1.2} \approx 0.92$$

此阶跃响应为衰减振荡。振荡一次需要 2 s,振荡频率为 0.5 Hz（$=2\pi\times0.5=3.14$ rad/s）。

【习题 4.2】

解：(1) 脉冲响应为传递函数的拉普拉斯反变换,所以有：

$$y_{1\mathrm{im}}(t)=\mathcal{L}^{-1}\left[\frac{1}{s+2}\right]=\mathrm{e}^{-2t}$$

阶跃响应为阶跃输入信号与积分环节传递函数乘积的拉普拉斯反变换,所以有：

$$y_{1\mathrm{im}}(t)=\mathcal{L}^{-1}\left[\frac{1}{s+2}\,\frac{1}{2}\right]=\mathcal{L}^{-1}\left[\frac{1}{2}\left(\frac{1}{s}-\frac{1}{s+2}\right)\right]=\frac{1}{2}(1-\mathrm{e}^{-2t})$$

显示响应曲线时,算出若干时刻 t 的 $y_{1\mathrm{im}}(t)$ 及 $y_{1\mathrm{st}}(t)$,并圆滑连接即可,也可以利用适当的软件绘制。解答图 4.2 所示为利用 MATLAB 绘制的响应波形。对于拉普拉斯反变换,请参照 3.4.3 小节的介绍。

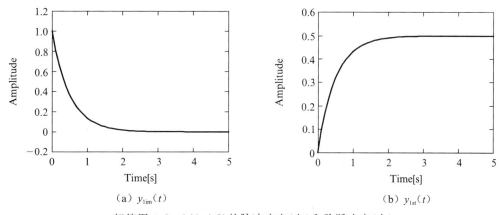

（a）$y_{1\mathrm{im}}(t)$　　　　　　（b）$y_{1\mathrm{st}}(t)$

解答图 4.2　$1/(s+2)$的脉冲响应(左)和阶跃响应(右)

(2) 如同(1),传递函数取拉普拉斯反变换,可得脉冲响应。在此,介绍基于部分分数展开式的解法。

$$y_{2\mathrm{im}}(t)=\mathcal{L}^{-1}\left[\frac{-s+1}{s^2+2s+2}\right]=\mathcal{L}^{-1}\left[\frac{A}{s-(-1+\mathrm{j})}+\frac{B}{s-(-1-\mathrm{j})}\right]\quad(\mathrm{Ex}\ 4.1)$$

为了避免展开式复杂,令 $\alpha=-1+\mathrm{j},\beta=-1-\mathrm{j}$,利用赫维赛德展开定理得出 A,B 为：

$$A=\lim_{s\to\alpha}(s-\alpha)\frac{-s+1}{(s-\alpha)(s-\beta)}=\lim_{s\to\alpha}\frac{-s+1}{s-\beta}$$
$$=\frac{-\alpha+1}{\alpha-\beta}=\frac{2-\mathrm{j}}{2\mathrm{j}}=\frac{-1-2\mathrm{j}}{2}$$
$$B=\lim_{s\to\beta}(s-\beta)\frac{-s+1}{(s-\alpha)(s-\beta)}=\lim_{s\to\beta}\frac{-s+1}{s-\alpha}$$
$$=\frac{-\beta+1}{\beta-\alpha}=\frac{2+\mathrm{j}}{-2\mathrm{j}}=\frac{-1+2\mathrm{j}}{2}$$

把它们代入式(Ex 4.1)并整理得：

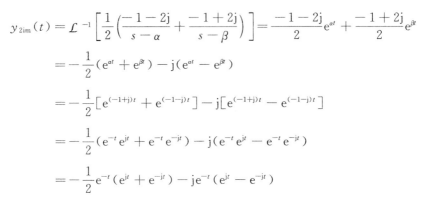

$$y_{2\mathrm{im}}(t) = \mathcal{L}^{-1}\left[\frac{1}{2}\left(\frac{-1-2\mathrm{j}}{s-\alpha} + \frac{-1+2\mathrm{j}}{s-\beta}\right)\right] = \frac{-1-2\mathrm{j}}{2}e^{\alpha t} + \frac{-1+2\mathrm{j}}{2}e^{\beta t}$$

$$= -\frac{1}{2}(e^{\alpha t} + e^{\beta t}) - \mathrm{j}(e^{\alpha t} - e^{\beta t})$$

$$= -\frac{1}{2}\left[e^{(-1+\mathrm{j})t} + e^{(-1-\mathrm{j})t}\right] - \mathrm{j}\left[e^{(-1+\mathrm{j})t} - e^{(-1-\mathrm{j})t}\right]$$

$$= -\frac{1}{2}(e^{-t}e^{\mathrm{j}t} + e^{-t}e^{-\mathrm{j}t}) - \mathrm{j}(e^{-t}e^{\mathrm{j}t} - e^{-t}e^{-\mathrm{j}t})$$

$$= -\frac{1}{2}e^{-t}(e^{\mathrm{j}t} + e^{-\mathrm{j}t}) - \mathrm{j}e^{-t}(e^{\mathrm{j}t} - e^{-\mathrm{j}t})$$

根据欧拉公式：

$$\left.\begin{array}{c} e^{\mathrm{j}t} + e^{-\mathrm{j}t} = 2\cos t \\ e^{\mathrm{j}t} - e^{-\mathrm{j}t} = 2\mathrm{j}\sin t \end{array}\right\} \tag{Ex 4.2}$$

得脉冲响应为：

$$y_{2\mathrm{im}}(t) = -\frac{1}{2}e^{-t}(e^{\mathrm{j}t} + e^{-\mathrm{j}t}) - \mathrm{j}e^{-t}(e^{\mathrm{j}t} - e^{-\mathrm{j}t})$$

$$= -\frac{1}{2}e^{-t} \cdot 2\cos t - \mathrm{j}e^{-t} \cdot 2\mathrm{j}\sin t$$

$$= e^{-t}(2\sin t - \cos t)$$

或者考虑到根为共轭复数根，因此不需要展开成部分分数式，可进行如下计算：

$$y_{2\mathrm{im}}(t) = \mathcal{L}^{-1}\left[\frac{-s+1}{s^2+2s+2}\right] = \mathcal{L}^{-1}\left[\frac{-(s+1)+2}{(s+1)^2+1}\right]$$

$$= \mathcal{L}^{-1}\left[\frac{-(s+1)}{(s+1)^2+1} + 2\frac{1}{(s+1)^2+1}\right]$$

$$= -e^{-t}\cos t + 2e^{-t}\sin t$$

$$= e^{-t}(2\sin t - \cos t)$$

因阶跃响应为传递函数与积分环节乘积的拉普拉斯反变换，如同脉冲响应计算，所以可按照部分分式展开求解。

$$y_{2\mathrm{st}} = \mathcal{L}^{-1}\left[\frac{-s+1}{s^2+2s+2} \cdot \frac{1}{s}\right] = \mathcal{L}^{-1}\left[\frac{A}{s} + \frac{B}{s+1-\mathrm{j}} + \frac{C}{s+1+\mathrm{j}}\right] \tag{Ex 4.3}$$

同前面一样，令 $\alpha = -1+\mathrm{j}, \beta = -1-\mathrm{j}$，利用赫维赛德展开定理求得 A, B, C 为：

$$A = \lim_{s\to 0} s\frac{-s+1}{s(s-\alpha)(s-\beta)} = \lim_{s\to 0}\frac{-s+1}{(s-\alpha)(s-\beta)} = \frac{1}{\alpha\beta} = \frac{1}{2}$$

$$B = \lim_{s\to\alpha}(s-\alpha)\frac{-s+1}{s(s-\alpha)(s-\beta)} = \lim_{s\to\alpha}\frac{-s+1}{s(s-\beta)}$$

$$= \frac{-\alpha+1}{\alpha(\alpha-\beta)} = \frac{2-\mathrm{j}}{2\mathrm{j}(-1+\mathrm{j})} = -\frac{1-3\mathrm{j}}{4}$$

$$C = \lim_{s\to\beta}(s-\beta)\frac{-s+1}{s(s-\alpha)(s-\beta)} = \lim_{s\to\beta}\frac{-s+1}{s(s-\alpha)}$$

$$= \frac{-\beta+1}{\beta(\beta-\alpha)} = \frac{2+\mathrm{j}}{2\mathrm{j}(1+\mathrm{j})} = -\frac{1+3\mathrm{j}}{4}$$

把它们代入式(Ex 4.3)并整理可得：

$$y_{2st}(t) = \mathcal{L}^{-1}\left[\frac{1}{4}\left(\frac{2}{s} - \frac{1-3j}{s-\alpha} - \frac{1+3j}{s-\beta}\right)\right]$$

$$= \frac{1}{2} - \frac{1-3j}{4}e^{\alpha t} - \frac{1+3j}{4}e^{\beta t}$$

$$= \frac{1}{2} - \frac{1}{4}(e^{\alpha t} + e^{\beta t}) + \frac{3}{4}j(e^{\alpha t} - e^{\beta t})$$

$$= \frac{1}{2} - \frac{1}{4}(e^{-t}e^{jt} + e^{-t}e^{-jt}) + \frac{3}{4}j(e^{-t}e^{jt} - e^{-t}e^{-jt})$$

$$= \frac{1}{2} - \frac{1}{4}e^{-t}(e^{jt} + e^{-jt}) + \frac{3}{4}je^{-t}(e^{jt} - e^{-jt})$$

对上式等号右边第二项和第三项运用式(Ex 4.2)的关系，可得阶跃响应为：

$$y_{2st}(t) = \frac{1}{2} - \frac{1}{4}e^{-t}(e^{jt} + e^{-jt}) + \frac{3}{4}je^{-t}(e^{jt} - e^{-jt})$$

$$= \frac{1}{2} - \frac{1}{4}e^{-t} \cdot 2\cos t + \frac{3}{4}je^{-t} \cdot 2j\sin t$$

$$= \frac{1}{2} - \frac{1}{2}e^{-t}\cos t - \frac{3}{2}e^{-t}\sin t$$

$$= \frac{1}{2}(1 - e^{-t}\cos t - 3e^{-t}\sin t)$$

运用适当的软件，即可得如解答图 4.3 所示的响应波形。脉冲响应输出是从与目标值的极性相反的－1 开始变化，收敛于终值 0。另外，如 4.2.5 小节所介绍的，因存在不稳定零点，阶跃响应有反向振荡。

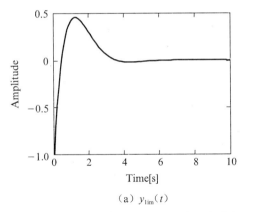
(a) $y_{lim}(t)$

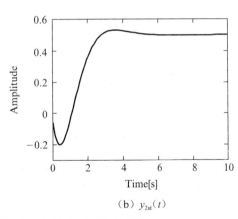
(b) $y_{2st}(t)$

解答图 4.3 $(-s+1)/(s^2+2s+2)$ 的脉冲响应(左)和阶跃响应(右)

【习题 4.3】

解：所加的阶跃信号及斜坡信号的拉普拉斯变换分别为 $R_1(s)=2/s$ 和 $R_2(s)=2/s^2$。

稳态位置误差为：

$$e_p = \lim_{s\to 0} s \frac{1}{1+L(s)} \frac{2}{s} = \lim_{s\to 0} \frac{2}{1+L(s)} = \frac{6}{13}$$

稳态速度误差为：

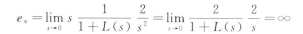

$$e_v = \lim_{s \to 0} s \frac{1}{1+L(s)} \frac{2}{s^2} = \lim_{s \to 0} \frac{2}{1+L(s)} \frac{2}{s} = \infty$$

【习题 4.4】

解:计算施加振幅为 r_0 的阶跃信号时的响应,有:

$$y_{st}(t) = \mathscr{L}^{-1}\left[\frac{T_z s+1}{T_p s+1} \cdot \frac{r_0}{s}\right] = r_0 \mathscr{L}^{-1}\left[\frac{1}{s} + \frac{T_z - T_p}{T_p s+1}\right]$$

$$= r_0 \mathscr{L}^{-1}\left[\frac{1}{s} + \frac{T_z - T_p}{T_p} \cdot \frac{1}{s + \frac{1}{T_p}}\right]$$

$$= r_0 \left(1 + \frac{T_z - T_p}{T_p} e^{-\frac{t}{T_p}}\right)$$

当 $T_z < T_p$ 时,有:

$$y_{st}(t) = r_0 \left(1 - \frac{T_p - T_z}{T_p} e^{-\frac{t}{T_p}}\right)$$

和零点、极点的配置相对应的阶跃响应如解答图 4.4 所示。施加阶跃信号瞬间的输出为 $(T_z/T_p)r_0$。比较施加阶跃信号瞬间的振幅可知,当 $T_z > T_p$ 时产生超调,即零点离原点的距离比极点离原点近时产生超调,而当 $T_z < T_p$ 时不产生超调。

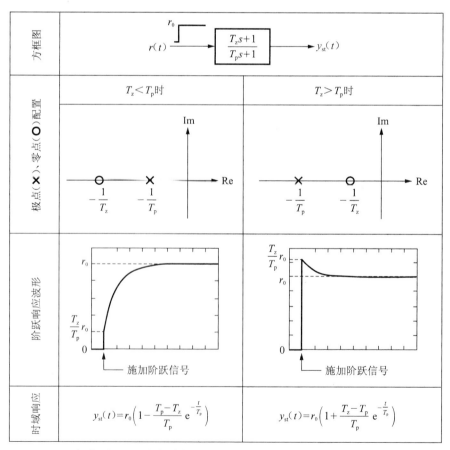

解答图 4.4 稳定零点配置的不同引起阶跃响应的不同(1)

【习题 4.5】

解：计算施加振幅为 r_0 的阶跃信号时的响应，有：

$$y_{st} = \mathcal{L}^{-1}\left[\frac{T_z s + 1}{(T_{p1} s + 1)(T_{p2} s + 1)} \cdot \frac{r_0}{s}\right]$$

$$= r_0 \mathcal{L}^{-1}\left(\frac{1}{s} + \frac{T_z - T_{p1}}{T_{p1} - T_{p2}} T_{p1} \cdot \frac{1}{T_{p1} s + 1} + \frac{T_{p2} - T_z}{T_{p1} - T_{p2}} T_{p2} \cdot \frac{1}{T_{p2} s + 1}\right)$$

$$= r_0\left(1 + \frac{T_z - T_{p1}}{T_{p1} - T_{p2}} e^{-\frac{t}{T_{p1}}} + \frac{T_{p2} - T_z}{T_{p1} - T_{p2}} T_{p2} e^{-\frac{t}{T_{p2}}}\right)$$

$$= r_0\left\{1 - \frac{1}{T_{p1} - T_{p2}}\left[(T_{p1} - T_z) e^{-\frac{t}{T_{p1}}} - (T_{p2} - T_z) e^{-\frac{t}{T_{p2}}}\right]\right\}$$

和零点、极点的配置相对应的阶跃响应如解答图 4.5 所示。根据阶跃响应波形可知，稳定零点离原点的距离越近，响应速度越快。另外，当全部零点离原点的距离均比极点近时，则产生超调。

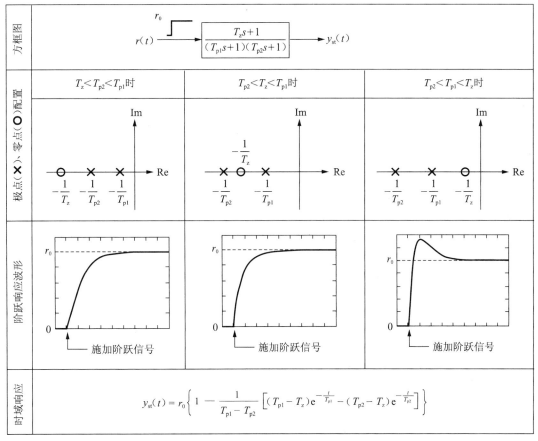

解答图 4.5　稳定零点配置的不同引起阶跃响应的不同(2)

在此，讨论零点 $-1/T_z$ 和极点 $-1/T_{p1}$ 离得很近的情况。这样的零点、极点称为偶极子（dipole）。此时，因为零点、极点对消，响应只取决于余下的极点 $-1/T_{p2}$。再次明确阶跃响应 $y_{st}(t)$ 的表达式，则有：

$$y_{st}(t) = r_0 \left\{ 1 - \frac{1}{T_{p1} - T_{p2}} \left[(T_{p1} - T_z) e^{-\frac{t}{T_{p1}}} - (T_{p2} - T_z) e^{-\frac{t}{T_{p2}}} \right] \right\} \Bigg|_{T_z - T_{p1}}$$

$$= r_0 \left\{ 1 - \frac{1}{T_{p1} - T_{p2}} \left[0 - (T_{p2} - T_{p1}) e^{-\frac{t}{T_{p2}}} \right] \right\}$$

$$= r_0 (1 - e^{-\frac{t}{T_{p2}}})$$

即响应只取决于 T_{p2}。

第 5 章

【习题 5.1】

解: 为了求得稳定的 $G(s)$ 的波特图曲线,参照解答图 5.1,给输入 $u(t)$ 施加振幅为 u_0 的交流信号 $u_0 e^{j\omega t}$。

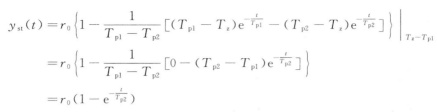

解答图 5.1 波特图计算和实测

此时,输出 $y(t)$ 为:

$$y(t) = \mathcal{L}^{-1} \left[G(s) \cdot \frac{u_0}{s - j\omega} \right] = \mathcal{L}^{-1} \left[\sum_{i=1}^{n} \frac{C_i}{s - p_i} + \frac{C_0}{s - j\omega} \right] = \sum_{i=1}^{n} C_i e^{p_i t} + C_0 e^{j\omega t} \tag{Ex 5.1}$$

因 $G(s)$ 稳定,所以极点 p_i 均为负。另外,为简单起见,设极点 p_i 为单根。因此,式 (Ex 5.1) 右边第一项随着时间的延长逐步衰减为零,经过较长时间后,$y(t)$ 只剩式 (Ex 5.1) 右边第二项。因为:

$$C_0 = \lim_{s \to j\omega} (s - j\omega) \left[G(s) \cdot \frac{u_0}{s - j\omega} \right] = G(j\omega) u_0 \tag{Ex 5.2}$$

故有:

$$y(t) = G(j\omega) \cdot u_0 e^{j\omega t} = G(j\omega) \cdot u(t) \tag{Ex 5.3}$$

因此,计算或测量 $y(t)/u(t)$ 可得 $G(j\omega)$ 的波特图。

有时实测波特图需要体现"式 (Ex 5.1) 右边第一项是随时间延长而逐渐衰减的"。测量时给处于稳定平衡状态的 $G(s)$ 突加正弦输入 $u(t)$,则输出 $y(t)$ 必然会产生式 (Ex 5.1) 右边第一项所表示的过渡过程(暂态)现象。在实际系统中,有时这种衰减比较缓慢。若利用衰减不充分的测量数据 $y(t)$ 计算 $y(t)/u(t)$,则会得到不正确的 $G(j\omega)$。因此,用于测量波特图的伺服分析仪具有去除式 (Ex 5.1) 右边第一项测量数据的"延迟功能"。

另外,在上述内容中给出了 $G(s)$ 是稳定的这一条件。下面介绍测量不稳定对象 $G_{uns}(s)$ 波特图的方法。若采用如解答图 5.1 所示的测量方式,则由于输出 $y(t)$ 发散,故不能测量。于是,如解答图 5.2 所示,利用控制器 $C(s)$ 组成稳定的闭环系统,再施加目标值 $r(t) = r_0 e^{j\omega t}$,计算 $y(t)/u(t)$,即可实测 $G_{uns}(j\omega)$。

解答图 5.2 不稳定 $G_{uns}(j\omega)$ 的波特图测量法

【习题 5.2】

解: 令 $G_c(s)$ 具有固有角频率 $\omega_n = \sqrt{k/m}$,衰减系数 $\zeta = c/(2\sqrt{mk})$,并如下式所示:

$$G_c(s) = \frac{1}{k} \cdot \frac{\omega_n^2}{s^2 + 2\zeta\omega_n s + \omega_n^2} \tag{Ex 5.4}$$

则其频率特性为:

$$G_c(j\omega) = \frac{1}{k} \cdot \frac{\omega_n^2}{(\omega_n^2 - \omega^2) + j(2\zeta\omega_n\omega)} \tag{Ex 5.5}$$

上式的实部和虚部分别为：

$$\mathrm{Re} = \frac{1}{m} \cdot \frac{\omega_n^2 - \omega^2}{(\omega_n^2 - \omega^2)^2 + 4\zeta^2 \omega_n^2 \omega^2} \tag{Ex 5.6}$$

$$\mathrm{Im} = -\frac{1}{m} \cdot \frac{2\zeta\omega_n\omega}{(\omega_n^2 - \omega^2)^2 + 4\zeta^2 \omega_n^2 \omega^2} \tag{Ex 5.7}$$

根据式(Ex 5.6)，当 $\omega = \omega_n$ 时，有 $\mathrm{Re} = 0$。Re 对 ω 求导，可得：

$$\frac{\mathrm{d}\mathrm{Re}(\omega)}{\mathrm{d}\omega} = \frac{1}{m} \cdot \frac{2\omega_n^4\omega + 2\omega^5 - 8\zeta^2\omega_n^4\omega - 4\omega_n^2\omega^3}{[(\omega_n^2 - \omega^2)^2 + 4\zeta^2\omega_n^2\omega^2]^2} \tag{Ex 5.8}$$

根据上式，当 $\mathrm{d}\mathrm{Re}(\omega)/\mathrm{d}\omega = 0$ 时，则有：

$$\omega = 0, \quad \omega_n\sqrt{1 - 2\zeta}, \quad \omega_n\sqrt{1 + 2\zeta} \tag{Ex 5.9}$$

令 $\omega_{\mathrm{Lc}} \equiv \omega_n\sqrt{1 - 2\zeta}$，$\omega_{\mathrm{Uc}} \equiv \omega_n\sqrt{1 + 2\zeta}$，则有：

$$\sqrt{\frac{\omega_{\mathrm{Uc}}^2 + \omega_{\mathrm{Lc}}^2}{2}} = \sqrt{\frac{\omega_n^2(1 + 2\zeta) + \omega_n^2(1 - 2\zeta)}{2}} = \omega_n \tag{Ex 5.10}$$

$$\frac{\omega_{\mathrm{Uc}}^2 - \omega_{\mathrm{Lc}}^2}{2(\omega_{\mathrm{Uc}}^2 + \omega_{\mathrm{Lc}}^2)} = \frac{\omega_n^2(1 + 2\zeta) - \omega_n^2(1 - 2\zeta)}{2[\omega_n^2(1 + 2\zeta) + \omega_n^2(1 - 2\zeta)]} = \zeta \tag{Ex 5.11}$$

如解答图 5.3 右侧上方所示，实测 co-quad 曲线（即实频和虚频特性）实频特性 Re 时，读取跨越零线时的角频率即为固有角频率 ω_n，或读取峰值和谷底处的角频率 ω_{Lc} 和 ω_{Uc}，并代入式(Ex 5.10)和式(Ex 5.11)中，可计算 ω_n 和 ζ。另一方面，应用解答图 5.3 左侧波特图的增益曲线时，可以读取谐振角频率 ω_p 和谐振峰值 M_p，可根据 M_p 计算 ζ，进而计算 ω_n。实测时，可以比较方便地读取 M_p。M_p 为以低频段增益为基准的峰值，但存在基准不是唯一的问题。

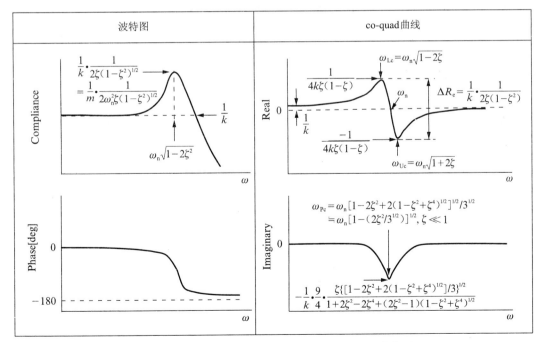

解答图 5.3　二次振荡系统的波特图和 co-quad 曲线图

【习题 5.3】

解：相位超前量 ϕ 为：

$$\phi(\omega)=\angle(1+jT\omega)-\angle(1+j\alpha T\omega)=\arctan(T\omega)-\arctan(\alpha T\omega) \quad (Ex\ 5.12)$$

当 $\phi=\phi_{\max}(\omega=\omega^*)$ 时，下式成立：

$$\left.\frac{d\phi(\omega)}{d\omega}\right|_{\omega=\omega^*}=0 \quad (Ex\ 5.13)$$

即

$$\left.\frac{d\phi(\omega)}{d\omega}\right|_{\omega=\omega^*}=\frac{T}{1+(T\omega^*)^2}-\frac{\alpha T}{1+(\alpha T\omega^*)^2}=0 \quad (Ex\ 5.14)$$

整理式(Ex 5.14)，可得：

$$T[1+(\alpha T\omega^*)^2]-\alpha T[1+(T\omega^*)^2]=0 \quad \rightarrow \quad \omega^*=\frac{1}{T\sqrt{\alpha}} \quad (Ex\ 5.15)$$

因此，当 $\phi=\phi_{\max}$ 时，频率 f^* 为：

$$f^*=\frac{\omega^*}{2\pi}=\frac{1}{2\pi T\sqrt{\alpha}} \quad (Ex\ 5.16)$$

又最大相位超前量 $\phi_{\max}$ 为：

$$\phi_{\max}(\omega^*)=\arctan(T\omega^*)-\arctan(\alpha T\omega^*)=\arctan\left(\frac{1}{\sqrt{\alpha}}\right)-\arctan(\sqrt{\alpha}) \quad (Ex\ 5.17)$$

把 $\alpha=0.0909$ 代入式(Ex 5.16)和式(Ex 5.17)，可得 $f^*=119.97$ Hz，$\phi_{\max}=56.44°$，与图 5.3.2 的实测结果一致。

【习题 5.4】

解：令 $s=j\omega$，则频率特性 $G(j\omega)$ 的增益如下：

$$|G(j\omega)|=\frac{\omega_n^2}{\sqrt{(\omega_n^2-\omega^2)^2+(2\zeta\omega_n\omega)^2}} \quad (Ex\ 5.18)$$

通过计算 $d|G(j\omega)|/d\omega=0$，可得使 $|G(j\omega)|$ 为最大的 $\omega\equiv\omega_p$ 为：

$$\omega_p=\omega_n\sqrt{1-2\zeta^2} \quad (Ex\ 5.19)$$

即存在实数 ω_p 使 $|G(j\omega)|$ 取最大值，且以 $1-2\zeta^2>0$，即 $\zeta<1/\sqrt{2}$ 作为条件。当 ζ 足够小时，可以认为 $\omega_p\approx\omega_n$。需要注意的是，从谐振不太剧烈的实测增益曲线读取谐振角频率 ω_p 时，容易把它理解为与固有角频率 ω_n 等效。把 ω_p 代入式(Ex 5.18)，可得 M_p 为：

$$M_p=\frac{1}{2\zeta\sqrt{1-\zeta^2}} \quad (Ex\ 5.20)$$

【习题 5.5】

解：绘制式(5.4.36)右边去掉积分环节项 $1/[(J_m+J_e+J_l)s]$ 后剩下部分

$$\underbrace{\frac{\frac{J_l}{K_{ml}}s^2+\frac{B_{ml}}{K_{ml}}s+1}{\frac{J_{eff}}{K_{ml}}s^2+\frac{B_{ml}}{K_{ml}}s+1}}_{[\text{I}]}\cdot\underbrace{\frac{\frac{B_{me}}{K_{me}}s+1}{\frac{J_e}{K_{me}}s^2+\frac{B_{me}}{K_{me}}s+1}}_{[\text{II}]} \quad (Ex\ 5.21)$$

的波特图(在此为增益曲线)。

分别绘制式(Ex 5.21)中[Ⅰ]和[Ⅱ]的波特图,再把它们叠加,其结果如解答图 5.4 所示。其中,图左侧为[Ⅰ]的曲线,右侧为[Ⅱ]的曲线。

对于[Ⅰ]而言,尽管有些值不确定,但 $(J_1/K_{ml}) > (J_{eff}/K_{ml}) = (J_1/K_{ml}) \cdot [J_m/(J_m + J_1)]$ 的关系成立,即在低频段增益下降,增益峰值出现在高频段。因此,叠加增益曲线时,高频段大于 0 dB。从数学式子也可以看出,[Ⅰ]中代入 $s = 0$ 时为 1(0 dB),代入 $s = \infty$ 时为 $(1 + J_1/J_m) > 1$,的确在高频段为 0 dB 以上。

[Ⅱ]的增益曲线如解答图 5.4 右侧所示。绘制总增益曲线时需要注意[Ⅰ]和[Ⅱ]的增益峰值频率的大小。尽管有些值不确定,但考虑到实际应用,显然 $K_{ml} < K_{me}$,且 $J_1, J_m \gg J_e$。具体来说,电机制造商是以图 5.4.3 中所示的以刚性结构制造电动机和编码器作为一体的转子。另外,与转子的转轴连接的负载,例如连接装配用机器人的大惯性力矩负载时,作为连接手段采用刚性低的减速器,即对于 s^2 的系数有 $(J_{eff}/K_{ml}) > (J_e/K_{me})$ 的关系成立。

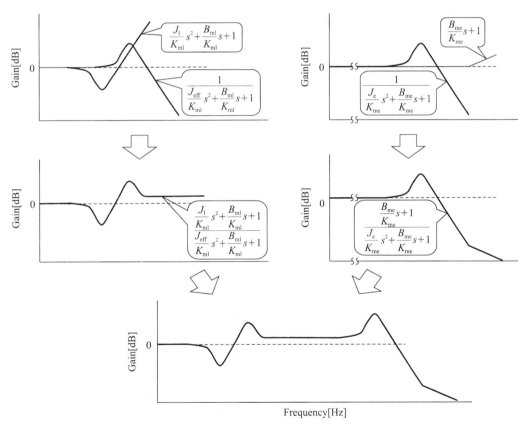

解答图 5.4　式(5.4.36)去掉积分环节后的增益曲线

另外,由于 B_{me} 通常小,所以[Ⅱ]的分母多项式中 s^1 项系数也小,满足 $K_{me}/B_{me} > \sqrt{K_{me}/J_e}$ 的关系。换言之,由分子多项式确定的转折频率 K_{me}/B_{mc} 出现在比谐振角频率更高的频段。

因此,在[Ⅰ]和[Ⅱ]的增益峰值的频率中,前者的频率低。把[Ⅰ]和[Ⅱ]的增益曲线叠加在一起,可得解答图 5.4 下方的图。此图为从式(5.4.36)去除积分环节后的增益曲线,因此在该图下方的增益曲线还需叠加 -20 dB/dec 的增益曲线。

【习题 5.6】

解： 根据实测增益曲线，可读出谐振峰值 $M_p = 18.3$ dB，谐振频率 $f_p = 1.41$ Hz。

计算时，M_p 的值是从 dB 值按比例变换得到的，即 $M_p = 8.22$。根据习题 5.4，有：

$$\zeta = \sqrt{\frac{M_p \pm \sqrt{M_p^2 - 1}}{2M_p}} \tag{Ex 5.22}$$

其中，取"－"号时，代入 M_p，得 $\zeta = 0.060\,9$；取"＋"号时，得 $\zeta = 0.998$。由此可以看出，在解答图 5.4 中确实发生了谐振，因此满足 $\zeta < 1/\sqrt{2}$ 的条件，且满足 $\zeta < 1/2$ 的条件，所以 $\zeta = 0.998$ 并非解答图 5.4 的情况。根据习题 5.3，有：

$$f_n = \frac{f_p}{\sqrt{1 - 2\zeta^2}} \tag{Ex 5.23}$$

将 $\zeta = 0.060\,9$ 代入上式，得 $f_n = 1.42$ Hz。另外，根据 $2\pi f_n = \sqrt{K/M}$，有：

$$K = 4\pi^2 f_n^2 M \tag{Ex 5.24}$$

因此，得 $K = 2.37$ N/m。另外，根据 $D = 2\zeta\sqrt{MK}$，可得 $D = 0.032\,5$ N·s/m。

第 6 章

【习题 6.1】

解： 增益裕量表示的是开环传递函数波特图的相位为 $-180°$ 的频率点上，增益与 0 dB 线的距离值。相位裕量表示的是增益为 0 dB 的频率点上，相位与 $-180°$ 线的距离值（超前值）。

当这些值为正时，该闭环系统是稳定的，当这些值为负时，闭环系统是不稳定系统，且这些值越大，意味着裕量越大。另外，相位滞后达不到 $180°$ 以上的二次振荡系统，其增益裕量为 ∞。

从习题图 6.1 直接读取正确的频率、增益或相位值比较困难，在此介绍了如解答图 6.1 所示的利用 MATLAB 读取的例子。由解答图 6.1 可知，增益裕量为 15.6 dB，相位裕量为 $90°$。

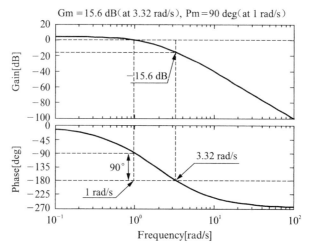

解答图 6.1　基于 MATLAB 的读取例子

【习题 6.2】

解:此反馈系统的开环传递函数为:

$$L(s) = G(s)H(s) = \frac{1}{s+1} \qquad (\text{Ex } 6.1)$$

因此该系统稳定。

但这一结论是错误的,这是因为实际计算开环传递函数时零点、极点对消。另外,从不满足 6.2 节所述的内部稳定条件这一点也可知开环系统不稳定。虽然从奈奎斯特图上看似乎系统是稳定的,但从阶跃响应看就可确定响应波形发散。

【习题 6.3】

解:开环传递函数的极点为 $0, -1, -2$。解答图 6.2 为根轨迹。逐步加大增益 K 值,当 $K = 0.151$ 时,变为一个实根和两个重根,继续增大增益,一个实根终止于 -3,重根变为共轭复数根,并逐渐接近虚轴,最终还是稳定的。

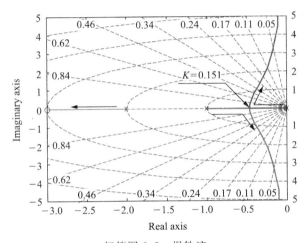

解答图 6.2　根轨迹

在此,利用劳斯稳定判据判断其稳定性,如解答图 6.3 所示。

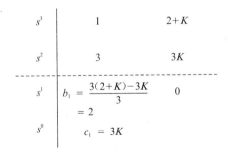

解答图 6.3　基于劳斯稳定判据的稳定性判断

根据上述劳斯表,在 $K > 0$ 范围稳定,即使增大 K 系统也不会变为不稳定。

【习题 6.4】

解:(1) 性质(2)的证明。

将式(6.5.1)代入特征方程式 $1 + G(s)H(s) = 0$,整理得:

$$\frac{(s-p_1)(s-p_2)\cdots(s-p_n)}{(s-z_1)(s-z_2)\cdots(s-z_m)}=-K \quad\quad (\text{Ex } 6.2)$$

当 $K=0$ 时,满足式(Ex 6.2)的是 $s=p_1,p_2,\cdots,p_n$ 等,即开环传递函数的极点为根轨迹的起点。

将式(Ex 6.2)改写为如下形式:

$$\frac{(s-z_1)(s-z_2)\cdots(s-z_m)}{(s-p_1)(s-p_2)\cdots(s-p_n)}=-\frac{1}{K} \quad\quad (\text{Ex } 6.3)$$

当 $K=\infty$ 时,满足式(Ex 6.3)的是 $s=z_1,z_2,\cdots,z_n$ 等,即 $K=\infty$ 时轨迹到达零点。

(2)性质(3)的证明。

根据性质(2)的证明可知,从起点开始的 n 条根轨迹中,m 条根轨迹到达零点。另外,当 $n>m$,$s\rightarrow\infty$ 时,式(Ex 6.3)也成立,因此余下的 $n-m$ 条根轨迹到达无限远点。

【习题 6.5】

解:根据劳斯稳定判据,若系统稳定,则特征方程式不缺项,系数符号没有变化,因此可得 $K>0$。接着计算劳斯表,如下所示:

s^3	1	K
s^2	7	8
s^1	$b_1=\dfrac{7K-8}{7}$	0
s^0	$c_1=\dfrac{8b_1}{b_1}=8$	0

可得劳斯数列为:

$$\left\{1,7,\frac{7K-8}{7},8\right\}$$

可知使系统稳定的 K 的范围为 $(7K-8)/7>0$,即 $K>8/7$。

下面用霍尔维持力方法求证使系统稳定的 K 的范围。与劳斯稳定判据一样,根据 6.4.2 小节的条件(1)和(2),首先可得 $K>0$,接着计算如下行列式(因特征方程为三次,所以行列式计算到二次为止):

$$D_2=\begin{vmatrix} 7 & 8 \\ 1 & K \end{vmatrix}=7K-8>0$$

由此可得 $K>8/7$ 的条件。可见,用上述两种方法所得结果是一样的。

第 7 章

【习题 7.1】

解:

$$f_{max}=\frac{1}{2\pi T\sqrt{\alpha}}=\frac{1}{\sqrt{2\pi T\cdot 2\pi\alpha T}}=\sqrt{f_1\cdot f_h} \quad\quad (\text{Ex } 7.1)$$

由此有:

$$\lg f_{max}=\frac{\lg f_1+\lg f_h}{2} \quad\quad (\text{Ex } 7.2)$$

根据等号右边的系数 $1/2$ 可知在对数轴上 $f_{\max}$ 位于 f_1 与 f_h 的中点。

$K=1$，$T=1/(10\pi)$，$\alpha=1/16$ 的波特图如解答图 7.1 所示，其中，$f_1=5$ Hz，$f_h=80$ Hz，且 $f_{\max}=20$ Hz，由该波特图可以确认 $f_{\max}$ 位于 f_1 与 f_h 的中点。

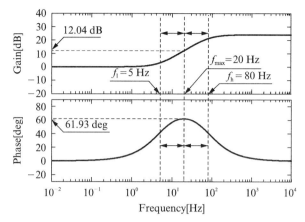

解答图 7.1　波特图中确认 $f_{\max}$ 为 f_1 与 f_h 的中点

【习题 7.2】

解： 式（7.4.5）可表示为：

$$\phi_{\max}=\arctan\left(\frac{1}{\sqrt{\alpha}}\right)-\arctan\left(\sqrt{\alpha}\right) \tag{Ex 7.3}$$

对于式（Ex 7.3），设 $\phi_1=\arctan(1/\sqrt{\alpha})$，$\phi_2=\arctan(\sqrt{\alpha})$，使用三角函数 $\tan$ 的加法定理：

$$\tan\phi_{\max}=\tan(\phi_1-\phi_2)=\frac{\tan\phi_1-\tan\phi_2}{1+\tan\phi_1\cdot\tan\phi_2} \tag{Ex 7.4}$$

可得：

$$\phi_{\max}=\arctan\left(\frac{1-\alpha}{2\sqrt{\alpha}}\right) \tag{Ex 7.5}$$

将式（Ex 7.5）变形可得：

$$\frac{\sin\phi_{\max}}{\cos\phi_{\max}}=\frac{1-\alpha}{2\sqrt{\alpha}} \tag{Ex 7.6}$$

又知

$$\sin^2\phi_{\max}+\cos^2\phi_{\max}=1$$

联立式（Ex 7.6）与上式，可得 $(1+\alpha)^2\sin^2\phi_{\max}=(1-\alpha)^2$，对 α 进行求解可得：

$$\alpha=\frac{1-\sin\phi_{\max}}{1+\sin\phi_{\max}} \tag{Ex 7.7}$$

【习题 7.3】

解： f_{gc} 为满足 $\left|G_{\text{open}}(j\omega)\right|=1$ 的频率。由 $f_{gc}=\omega_{gc}/(2\pi)$ 可得：

$$\frac{\omega_n^2}{\omega_{gc}\sqrt{\omega_{gc}^2+4\zeta^2\omega_n^2}}=1 \tag{Ex 7.8}$$

整理得：

$$\omega_{gc}^4 + 4\zeta^2 \omega_n^2 \omega_{gc}^2 - \omega_n^4 = 0$$

求解上式可得：

$$f_{gc} = f_n \sqrt{\sqrt{1 + 4\zeta^4} - 2\zeta^2} = 9.901 \text{ Hz} \tag{Ex 7.9}$$

相位 ϕ 为：

$$\phi = -90 - \arctan\left(\frac{\omega_{gc}}{2\zeta\omega_n}\right) = -168.5793° \tag{Ex 7.10}$$

由此得：

$$P_M = \phi - (-180) = 11.421° \tag{}$$

【习题 7.4】

解：式(7.4.9)中 $C_{plag}(j\omega)$ 的相位 ϕ 为：

$$\phi = \arctan(\omega T) - \arctan(\omega\beta T) \tag{Ex 7.11}$$

将式(Ex 7.11)对 ω 微分可得：

$$\frac{d\phi}{d\omega} = \frac{T}{1 + (\omega T)^2} - \frac{\beta T}{1 + (\omega\beta T)^2} \tag{Ex 7.12}$$

其中，$d\phi/d\omega = 0$ 的解即为使相位滞后量最小的频率 f_{min}。

$$f_{min} = \frac{1}{2\pi T\sqrt{\beta}} \tag{Ex 7.13}$$

将式(Ex 7.13)代入式(Ex 7.11)，可得：

$$\phi_{min} = \arctan(\omega_{min}T) - \arctan(\omega_{min}\beta T) = \arctan\left(\frac{1}{\sqrt{\beta}}\right) - \arctan(\sqrt{\beta}) = -\arctan\left(\frac{\beta - 1}{2\sqrt{\beta}}\right) \tag{Ex 7.14}$$

由于 $\beta > 1$，所以 ϕ_{min} 总为负。

【习题 7.5】

解：由式(7.6.6)可知：

$$y = Pu^r - (1 - F)Pd \tag{Ex 7.15}$$

附加干扰补偿器的效果是传递特性为 $(1-F)$。而针对阶跃干扰，传递特性 $(1-F)$ 具有 1 型系统的条件是，用 $(1-F)$ 替换式(4.3.4)中的传递特性 $1/[1+G(s)]$ 时，下式成立：

$$e_p = \lim_{s \to 0} s(1-F)\frac{1}{s} = 0 \tag{Ex 7.16}$$

式(7.6.1)满足这个条件，因此采用干扰观测补偿与针对干扰构造 1 型结构控制系统具有相同的控制效果。

【习题 7.6】

解：由式(4.3.4)可得，控制系统成为 1 型的条件为：

$$e_p = \lim_{s \to 0} s \frac{1}{1 + G(s)} \frac{1}{s} = 0 \tag{Ex 7.17}$$

这里，e_p 为稳态位置误差；$G(s)$ 为开环传递函数。根据图 7.7.6 所示的等价 IMC 控制系统的方框图，可得 IMC 控制系统的开环传递函数为：

$$G(s) = \frac{F(s)P_n^{-1}(s)P(s)}{1 - F(s)} \tag{Ex 7.18}$$

因此有：

$$e_p = \lim_{s \to 0} \frac{1 - F(s)}{1 - F(s) + F(s) P_n^{-1}(s) P(s)} = 0 \tag{Ex 7.19}$$

由此可知，$[1 - F(s)]$ 在原点具有一个零点是上式成立的充分必要条件，即

$$\lim_{s \to 0} [1 - F(s)] = 0 \tag{Ex 7.20}$$

由上式可得：

$$\lim_{s \to 0} F(s) = 1 \tag{Ex 7.21}$$

且

$$F(0) = 1 \tag{Ex 7.22}$$

因此，式（Ex 7.22）是控制系统为 1 型的条件。

同样，由式（4.3.7）可得：

$$e_v = \lim_{s \to 0} s \frac{1}{1 + G(s)} \frac{1}{s^2} = 0 \tag{Ex 7.23}$$

其中，e_v 为稳态速度误差。由此可得：

$$e_v = \lim_{s \to 0} \frac{1 - F(s)}{1 - F(s) + F(s) P_n^{-1}(s) P(s)} \frac{1}{s} = 0 \tag{Ex 7.24}$$

即控制系统为 2 型的充分必要条件是 $[1 - F(s)]$ 在原点具有两个零点。因此，在满足前面介绍的在原点具有一个零点的条件即式（Ex 7.22）的基础上，再满足原点具有两个零点的条件即可。

$$\lim_{s \to 0} \frac{\mathrm{d}}{\mathrm{d}s} [1 - F(s)] = \lim_{s \to 0} \frac{\mathrm{d}}{\mathrm{d}s} F(s) = 0 \tag{Ex 7.25}$$

由此，得控制系统为 2 型的条件为：

$$F(0) = 1 \quad \text{且} \quad \lim_{s \to 0} \frac{\mathrm{d}}{\mathrm{d}s} F(s) = 0 \tag{Ex 7.26}$$

【习题 7.7】

解：(1) 设近似式（0 阶）/（1 阶）的有理函数为 $\dfrac{b_0}{a_1 s + 1}$，则有：

$$e^{-s} \approx \frac{b_0}{a_1 s + 1} = b_0 - a_1 b_0 s + a_1^2 b_0 s^2 - a_1^3 b_0 s^3 + \cdots \tag{Ex 7.27}$$

比较式（7.8.9）与式（Ex 7.27）右边的系数，得：

$$b_0 = 1 \tag{Ex 7.28}$$

$$-a_1 b_0 = -1 \tag{Ex 7.29}$$

$$a_1^2 b_0 = \frac{1}{2} \tag{Ex 7.30}$$

$$-a_1^3 b_0 = -\frac{1}{6} \tag{Ex 7.31}$$

$$\vdots$$

由式（Ex 7.28）与式（Ex 7.29）得 $a_1 = 1, b_0 = 1$，但是不满足式（Ex 7.30）与式（Ex 7.31）。因此，e^{-s} 成为麦克劳林级数的 1 阶近似，近似传递函数可导出为：

$$e^{-s} \approx \frac{1}{s + 1} \tag{Ex 7.32}$$

（2）设近似式（2 阶）/（2 阶）的有理函数为 $\dfrac{b_2 s^2 + b_1 s + b_0}{a_2 s^2 + a_1 s + 1}$，则有：

$$\mathrm{e}^{-s} \approx \frac{b_2 s^2 + b_1 s + b_0}{a_2 s^2 + a_1 s + 1} = b_0 + c_1 s + c_2 s^2 + c_3 s^3 + c_4 s^4 + c_5 s^5 + \cdots \tag{Ex 7.33}$$

其中，$c_1 = b_1 - a_1 b_0, c_2 = b_2 - a_2 b_0 - a_1 c_1, c_3 = -a_2 c_1 - a_1 c_2, c_4 = -a_2 c_2 - a_1 c_3, c_5 = -a_2 c_3 - a_1 c_4$。比较式（7.8.9）与式（Ex 7.33）右边的系数，得：

$$b_0 = 1 \tag{Ex 7.34}$$

$$c_1 = -1 \tag{Ex 7.35}$$

$$c_2 = \frac{1}{2} \tag{Ex 7.36}$$

$$c_3 = -\frac{1}{6} \tag{Ex 7.37}$$

$$c_4 = \frac{1}{24} \tag{Ex 7.38}$$

$$c_5 = -\frac{1}{120} \tag{Ex 7.39}$$

$$\vdots$$

因为有 5 个未知参数，所以联立式（Ex 7.34）~式（Ex 7.38）可得 $a_1 = 1/2, a_2 = 1/12$，$b_0 = 1, b_1 = -1/2, b_2 = 1/12$。但是这些解不满足式（Ex 7.39）。因此，$\mathrm{e}^{-s}$ 成为麦克劳林级数的 4 阶近似，且近似传递函数为：

$$\mathrm{e}^{-s} \approx \frac{\dfrac{s^2}{12} - \dfrac{s}{2} + 1}{\dfrac{s^2}{12} + \dfrac{s}{2} + 1} \tag{Ex 7.40}$$

第 8 章

【习题 8.1】

解：（1）目标值 FF 型 ↔ 标准型。

对于习题图 8.1（a）中的标准型二自由度控制系统，传递函数 $y/r, y/d$ 可分别表示为：

$$\frac{y(s)}{r(s)} = \frac{C_A(s) P(s)}{1 + C_B(s) P(s)} \tag{Ex 8.1}$$

$$\frac{y(s)}{d(s)} = \frac{P(s)}{1 + C_B(s) P(s)} \tag{Ex 8.2}$$

由式（8.1.4）与式（Ex 8.2）等价，可得：

$$C_B(s) = C(s) \tag{Ex 8.3}$$

由式（8.1.3）与式（Ex 8.1）等价，可得：

$$C_A(s) = C(s) + C_f(s) \tag{Ex 8.4}$$

因此，由目标值 FF 型变换为标准型时可得：

$$\left. \begin{array}{l} C_A(s) = C(s) + C_f(s) \\ C_B(s) = C(s) \end{array} \right\} \tag{Ex 8.5}$$

它的反函数可表示为：

$$\left.\begin{array}{l} C(s) = C_{\mathrm{B}}(s) \\ C_{\mathrm{f}}(s) = C_{\mathrm{A}}(s) - C_{\mathrm{B}}(s) \end{array}\right\} \tag{Ex 8.6}$$

（2）目标值 FF 型 $\leftrightarrow$ 目标值滤波型。

对于习题图 8.1（b）中的目标值滤波型二自由度控制系统，传递函数 $y/r, y/d$ 可分别表示为：

$$\frac{y(s)}{r(s)} = \frac{C_{\mathrm{C}}(s)C_{\mathrm{D}}(s)P(s)}{1 + C_{\mathrm{D}}(s)P(s)} \tag{Ex 8.7}$$

$$\frac{y(s)}{d(s)} = \frac{P(s)}{1 + C_{\mathrm{D}}(s)P(s)} \tag{Ex 8.8}$$

由式（8.1.4）与式（Ex 8.8）等价，可得：

$$C_{\mathrm{D}}(s) = C(s) \tag{Ex 8.9}$$

由式（8.1.3）与式（Ex 8.7）等价，可得：

$$C_{\mathrm{C}}(s)C_{\mathrm{D}}(s) = C(s) + C_{\mathrm{f}}(s) \tag{Ex 8.10}$$

由此可得：

$$C_{\mathrm{C}}(s) = \frac{C(s) + C_{\mathrm{f}}(s)}{C_{\mathrm{D}}(s)} = \frac{C(s) + C_{\mathrm{f}}(s)}{C(s)} = 1 + \frac{C_{\mathrm{f}}(s)}{C(s)} \tag{Ex 8.11}$$

因此，由目标值 FF 型变换为目标值滤波型时可得：

$$\left.\begin{array}{l} C_{\mathrm{C}}(s) = 1 + \dfrac{C_{\mathrm{f}}(s)}{C(s)} \\ C_{\mathrm{D}}(s) = C(s) \end{array}\right\} \tag{Ex 8.12}$$

它的反函数可表示为：

$$\left.\begin{array}{l} C(s) = C_{\mathrm{D}}(s) \\ C_{\mathrm{f}}(s) = C_{\mathrm{D}}(s)\big[C_{\mathrm{C}}(s) - 1\big] \end{array}\right\} \tag{Ex 8.13}$$

（3）目标值 FF 型 $\leftrightarrow$ 闭环补偿型。

对于习题图 8.1（c）中的闭环补偿型二自由度控制系统，传递函数 $y/r, y/d$ 可分别表示为：

$$\frac{y(s)}{r(s)} = \frac{C_{\mathrm{E}}(s)P(s)}{1 + C_{\mathrm{E}}(s)C_{\mathrm{F}}(s)P(s)} \tag{Ex 8.14}$$

$$\frac{y(s)}{d(s)} = \frac{P(s)}{1 + C_{\mathrm{E}}(s)C_{\mathrm{F}}(s)P(s)} \tag{Ex 8.15}$$

式（8.1.3）与式（Ex 8.14）等价的条件为：

$$\left.\begin{array}{l} C_{\mathrm{E}}(s)C_{\mathrm{F}}(s) = C(s) \\ C_{\mathrm{E}}(s) = C(s) + C_{\mathrm{f}}(s) \end{array}\right\} \tag{Ex 8.16}$$

上式也满足式（8.1.4）与式（Ex 8.15）等价的条件。因此，由目标值 FF 型变换为闭环补偿型时可得：

$$\left.\begin{array}{l} C_{\mathrm{E}}(s) = C(s) + C_{\mathrm{f}}(s) \\ C_{\mathrm{F}}(s) = \dfrac{C(s)}{C(s) + C_{\mathrm{f}}(s)} \end{array}\right\} \tag{Ex 8.17}$$

它的反函数可表示为：

$$\left.\begin{array}{l} C(s) = C_E(s)C_F(s) \\ C_f(s) = C_E(s)\left[1 - C_F(s)\right] \end{array}\right\}$$ (Ex 8.18)

【习题 8.2】

解:对 I-P 控制系统方框图的等价变换过程如下所述。

首先,插入 $1 = (s/k_i) \cdot (k_i/s)$[解答图 8.1(a)]。其次,使用等效变换表 3.6.2 中的 (8)方框与综合点的交换,使传递函数 s/k_i 移到综合点的前方[解答图 8.1(b)]。这样,因 为传递函数成了串联结构,由等效变换表 3.6.2 中的(1)串联结构进行乘法运算[解答图 8.1(c)]。然后根据等效变换表 3.6.2 中的(2)并联结构等效原则,两个综合点等效为一个 综合点[解答图 8.1(d)];由等效变换表 3.6.2 中的(8)方框与综合点的交换,移动传递函 数 $1 + k_p s/k_i$ 的位置[解答图 8.1(e)];利用等效变换表 3.6.2 中的(1)串联结构进行传递 函数的乘法运算[解答图 8.1(f)];使用等效变换表 3.6.2 中的(2)并联结构,用综合点对 传递函数 $(k_i/s) + k_p$ 进行分解,则等效变换成图 8.2.5[解答图 8.1(g)]。

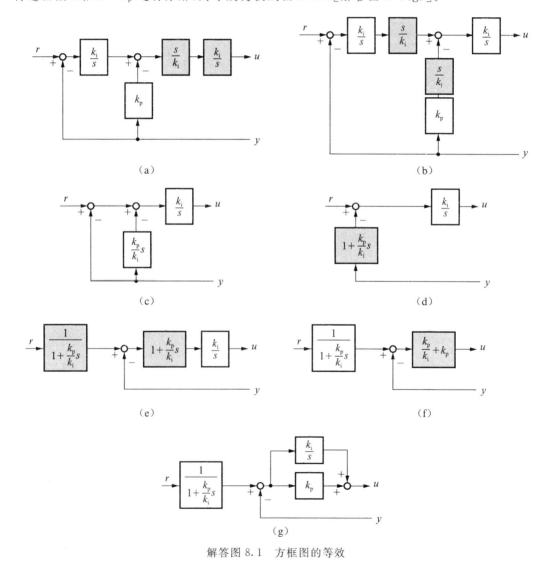

解答图 8.1 方框图的等效

【习题 8.3】

解:I-PD 控制系统方框图的等价变换过程如下所述。首先,插入 $1=(s/k_i)\cdot(k_i/s)$ [解答图 8.2(a)]。其次,使用等效变换表 3.6.2 中的(8)方框与综合点的交换,使传递函数 s/k_i 移到综合点的前方[解答图 8.2(b)]。然后根据等效变换表 3.6.2 中的(1)串联结构进行传递函数的乘法运算,且由(2)并联结构使两个综合点结合为一个[解答图 8.2(c)];由等效变换表 3.6.2 中的(8)方框与综合点的交换,移动传递函数 $1+\dfrac{k_p}{k_i}s+\dfrac{k_d}{k_i}s^2$ 的位置[解答图 8.2(d)];使用等价变换表 3.6.2 中的(2)并联结构,用综合点对传递函数 $k_i/s+k_p+k_ds$ 进行分解,就可以得到带前馈滤波器的 PID 控制系统[解答图 8.2(e)]。

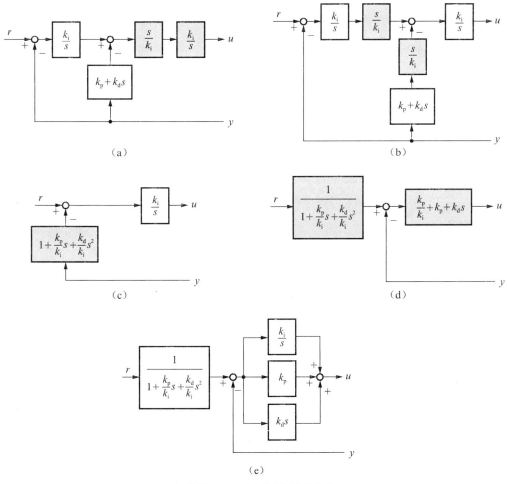

(a)

(b)

(c)

(d)

(e)

解答图 8.2　方框图的等效变换

【习题 8.4】

解:(1) 不使用加速度前馈时,在图 8.3.1 中 $a^r=0$,式(8.3.4)可表示为:

$$u=k_v(v^r-v)+k_p(p^r-p) \tag{Ex 8.19}$$

由此可知,式(8.3.6)可表示为:

$$p + \frac{Kk_v}{s^2}v + \frac{Kk_p}{s^2}p = \frac{Kk_v}{s^2}v^r + \frac{Kk_p}{s^2}p^r \tag{Ex 8.20}$$

由 $v = sp$ 与 $v^r = sp^r$ 的关系可得：

$$p\left(1 + \frac{Kk_v}{s} + \frac{Kk_p}{s^2}\right) = p^r\left(\frac{Kk_v}{s} + \frac{Kk_p}{s^2}\right) \tag{Ex 8.21}$$

根据上式有：

$$\frac{p}{p^r} = \frac{Kk_v s + Kk_p}{s^2 + Kk_v s + Kk_p} \tag{Ex 8.22}$$

与式(8.3.9)相同。

（2）同样，不使用加速度前馈与速度前馈时，在图 8.3.1 中 $a^r = v^r = 0$，式(8.3.4)可表示为：

$$u = -k_v v + k_p(p^r - p) \tag{Ex 8.23}$$

由此可知，式(8.3.6)可表示为：

$$p + \frac{Kk_v}{s^2}v + \frac{Kk_p}{s^2}p = \frac{Kk_p}{s^2}p^r \tag{Ex 8.24}$$

且由 $v = sp$ 的关系可得：

$$p\left(1 + \frac{Kk_v}{s} + \frac{Kk_p}{s^2}\right) = p^r \cdot \frac{Kk_p}{s^2} \tag{Ex 8.25}$$

根据上式有：

$$\frac{p}{p^r} = \frac{Kk_p}{s^2 + Kk_v s + Kk_p} \tag{Ex 8.26}$$

与式(8.3.10)相同。

【习题 8.5】

解： 在式(8.3.4)中，令目标值为零（$p^r = v^r = a^r = 0$），可得：

$$u = -k_v v - k_p p \tag{Ex 8.27}$$

将式(Ex 8.27)代入式(8.3.3)可得：

$$a = -Kk_v v - Kk_p p \tag{Ex 8.28}$$

同样，将式(Ex 8.27)代入式(8.3.2)可得：

$$v = -\frac{Kk_v}{s}v - \frac{Kk_p}{s}p \tag{Ex 8.29}$$

所以有：

$$v = -\frac{Kk_p}{s + Kk_v}p \tag{Ex 8.30}$$

将式(Ex 8.27)代入式(8.3.1)可得：

$$p = -\frac{Kk_p}{s^2 + Kk_v s}p + d \tag{Ex 8.31}$$

进而有：

$$\left(1 + \frac{Kk_p}{s^2 + Kk_v s}\right)p = d \tag{Ex 8.32}$$

由此得：

$$\frac{p}{d} = \frac{s^2 + Kk_v s}{s^2 + Kk_v s + Kk_p} \qquad\qquad (\text{Ex } 8.33)$$

与式(8.3.11)相同。

【习题 8.6】

解： 如 8.4 节中所介绍的，在一般的反馈控制系统中，当控制量存在饱和时，特性会劣化。特别地，当控制器具有积分特性时会出现饱和现象。图 7.7.1 中所示的 IMC 结构中，当被控对象与对象模型相同时为开环结构，其稳定性由被控对象 P 与控制器 $P_n^{-1}F$ 决定。

综上，解答图 8.3 所示为考虑饱和的 IMC 控制系统的方框图。如图所示，仅在对象模型 $P_n(s)$ 的输入中加入相同的输入饱和，就可以使系统不产生反馈信号，且保持开环结构，所以其稳定条件与没有饱和时是相同的。

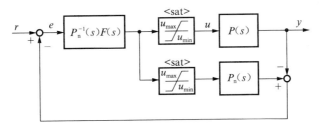

解答图 8.3 IMC 控制系统的抗饱和补偿

附　录

【附录A】　状态方程

3.2节中已经阐明了在很多情况下动态系统的特性可以近似为线性时不变系统,其数学模型以线性微分方程表述。线性微分方程可表示为一元 n 阶常微分方程或 n 元一阶常微分方程组。在控制系统中,常用 n 元一阶常微分方程组形式。

设某一线性时不变系统有 n 个状态量 $x(t)$、m 个输入 $u(t)$、l 个输出 $y(t)$(该系统为可用 n 元一阶常微分方程组表示的系统),即

$$\begin{cases} \dot{\boldsymbol{x}}(t) = \boldsymbol{A}\boldsymbol{x}(t) + \boldsymbol{B}\boldsymbol{u}(t) & \text{(A.1)} \\ \boldsymbol{y}(t) = \boldsymbol{C}\boldsymbol{x}(t) + \boldsymbol{D}\boldsymbol{u}(t) & \text{(A.2)} \end{cases}$$

在此,有如下定义式:

$$\boldsymbol{x}(t) = [x_1(t), x_2(t), \cdots, x_n(t)]^{\mathrm{T}}$$
$$\boldsymbol{u}(t) = [u_1(t), u_2(t), \cdots, u_m(t)]^{\mathrm{T}}$$
$$\boldsymbol{y}(t) = [y_1(t), y_2(t), \cdots, y_l(t)]^{\mathrm{T}}$$

其中,$\boldsymbol{A}, \boldsymbol{B}, \boldsymbol{C}, \boldsymbol{D}$ 分别为 $n \times n, n \times m, l \times n, l \times m$ 常数矩阵;T 表示矩阵转置。式(A.1)称为状态方程(state equation),式(A.2)称为输出方程(output equation)。用上述两个式子表示的被控对象模型称为状态空间模型(state-space model)。

描述被控对象输入、输出关系的方法有传递函数和状态方程,下面介绍这两种方法之间的转换。状态方程可以描述多输入、多输出系统,而传递函数只能描述单输入、单输出系统,这里设所描述的系统为单输入、单输出系统。

A.1 >> 状态方程转换为传递函数

单一输入 u 到单一输出 y 的状态方程可由下式表示:

$$\begin{cases} \dot{\boldsymbol{x}}(t) = \boldsymbol{A}\boldsymbol{x}(t) + \boldsymbol{b}\boldsymbol{u}(t) & \text{(A.3)} \\ \boldsymbol{y}(t) = \boldsymbol{c}\boldsymbol{x}(t) + \boldsymbol{d}\boldsymbol{u}(t) & \text{(A.4)} \end{cases}$$

对式(A.3)两边取拉普拉斯变换,有:

$$s\boldsymbol{x}(s) - \boldsymbol{x}(0) = \boldsymbol{A}\boldsymbol{x}(s) + \boldsymbol{b}\boldsymbol{u}(s)$$
$$\boldsymbol{x}(s) = (s\boldsymbol{I} - \boldsymbol{A})^{-1}\boldsymbol{b}\boldsymbol{u}(s) + (s\boldsymbol{I} - \boldsymbol{A})^{-1}\boldsymbol{x}(0) \tag{A.5}$$

同样,对式(A.4)两边取拉普拉斯变换,有:

$$\boldsymbol{y}(s) = \boldsymbol{c}\boldsymbol{x}(s) + \boldsymbol{d}\boldsymbol{u}(s) \tag{A.6}$$

代入式(A.5),有:

$$y(s) = c(sI - A)^{-1}bu(s) + c(sI - A)^{-1}x(0) + du(s) \tag{A.7}$$

若 $x(0) = 0$，则有：

$$y(s) = c(sI - A)^{-1}bu(s) + du(s) \tag{A.8}$$

如此，即可从状态方程推导出传递函数。从主要考虑内部状态变量的状态方程可唯一地确定只描述输入输出特性的传递函数。在此，称基于状态方程的描述为内部描述，基于传递函数的描述为外部描述。

A.2 ›› 传递函数转换为状态方程

从描述输入输出特性的传递函数推导出描述内部状态的状态方程称为实现。同一传递函数可以转换成无限多个状态方程，即表示同一输入输出特性的状态方程，根据状态变量的选取不同，可以有无限多个。下面介绍能控标准型（controllable canonical form）和能观标准型（observable canonical form）两种典型的实现方法。

（1）基于能控标准型的实现。

已知输入 u 到输出 y 的传递函数为：

$$G(s) = \frac{b_{n-1}s^{n-1} + \cdots + b_1 s + b_0}{s^n + a_{n-1}s^{n-1} + \cdots + a_1 s + a_0} \tag{A.9}$$

根据分子、分母多项式的系数可得下式：

$$\begin{cases} \dot{x}(t) = A_c x(t) + b_c u(t) & \text{(A.10)} \\ y(t) = c_c x(t) & \text{(A.11)} \end{cases}$$

其中：

$$A_c = \begin{bmatrix} 0 & 1 & 0 & \cdots & 0 \\ 0 & 0 & 1 & \ddots & \vdots \\ \vdots & & \ddots & \ddots & 0 \\ 0 & \cdots & \cdots & 0 & 1 \\ -a_0 & -a_1 & \cdots & \cdots & -a_{n-1} \end{bmatrix}$$

$$b_c = \begin{bmatrix} 0 & \cdots & 0 & 1 \end{bmatrix}^{\mathrm{T}}$$

$$c_c = \begin{bmatrix} b_0 & b_1 & \cdots & b_{n-1} \end{bmatrix}$$

在此，虽然假定系统传递函数为严格正则，但若为双正则，即表示为常数项和严格正则传递函数之和，还可适用上式。图 A.1 所示为根据式（A.10）和式（A.11）实现的状态方程的动态方框图。

（2）基于能观标准型的实现。

同样，已知式（A.9）所示的从输入 u 到输出 y 的传递函数，利用已知传递函数分子、分母多项式的系数描述如下式所示的能观标准型。

$$\begin{cases} \dot{x}(t) = A_o x(t) + b_o u(t) & \text{(A.12)} \\ y(t) = c_o x(t) & \text{(A.13)} \end{cases}$$

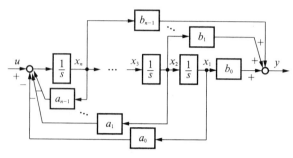

图 A.1　能控标准型框图

其中：

$$\boldsymbol{A}_{\mathrm{o}}=\boldsymbol{A}_{\mathrm{c}}^{\mathrm{T}}=\begin{bmatrix} 0 & 0 & \cdots & 0 & -a_{0} \\ 1 & 0 & & \vdots & -a_{1} \\ 0 & 1 & \ddots & \vdots & \vdots \\ \vdots & \ddots & \ddots & 0 & \vdots \\ 0 & \cdots & 0 & 1 & -a_{n-1} \end{bmatrix}$$

$$\boldsymbol{b}_{\mathrm{o}}=\boldsymbol{c}_{\mathrm{c}}^{\mathrm{T}}=\begin{bmatrix} b_{0} & b_{1} & \cdots & b_{n-1} \end{bmatrix}^{\mathrm{T}}$$

$$\boldsymbol{c}_{\mathrm{o}}=\boldsymbol{b}_{\mathrm{c}}^{\mathrm{T}}=\begin{bmatrix} 0 & \cdots & 0 & 1 \end{bmatrix}$$

　　双正则传递函数的实现和能控标准型相同,转换为常数项和严格正则型传递函数后还可以适用上述式子。图 A.2 所示为根据式(A.12)和式(A.13)实现的状态方程的动态方框图。

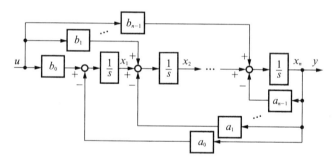

图 A.2　能观标准型框图

【附录 B】　欧拉公式

　　若对于指数函数 $r\mathrm{e}^{\mathrm{j}\theta}(r,\theta$ 为常数),有如下关系式成立:

$$r\mathrm{e}^{\mathrm{j}\theta}=r(\cos\theta+\mathrm{j}\sin\theta) \qquad (\mathrm{B.1})$$

则称式(B.1)为欧拉公式,意味着指数函数 $r\mathrm{e}^{\mathrm{j}\theta}$ 可用复数的极坐标形式表示。在复平面上,半径为 r 的圆周上且与正实轴之间夹角(反时针方向)为 θ 的点对应 $r\mathrm{e}^{\mathrm{j}\theta}$ (图 B.1)。

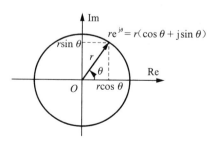

图 B.1　极坐标表示和欧拉公式

【附录 C】 分部积分

若在区间$[a,b]$存在连续函数$f(x),g(x)$的导数$\mathrm{d}f(x)/\mathrm{d}x,\mathrm{d}g(x)/\mathrm{d}x$,则如下关系式成立:

$$\int_a^b f(x)\frac{\mathrm{d}}{\mathrm{d}x}g(x)\mathrm{d}x=\left[f(x)g(x)\right]_a^b-\int_a^b\left[\frac{\mathrm{d}}{\mathrm{d}x}f(x)\right]g(x)\mathrm{d}x \qquad (\mathrm{C.1})$$

【附录 D】 置换积分

设函数$f(x)$在区间$[a,b]$连续,且$x=\varphi(t)$。若$\mathrm{d}\varphi(t)/\mathrm{d}t$在区间$[\alpha,\beta]$连续,且$\varphi(\alpha)=a,\varphi(\beta)=b$,则如下关系式成立:

$$\int_a^b f(x)\mathrm{d}x=\int_\alpha^\beta f[\varphi(t)]\left[\frac{\mathrm{d}}{\mathrm{d}t}\varphi(t)\right]\mathrm{d}t \qquad (\mathrm{D.1})$$

【附录 E】 小增益定理

已知传递函数$G_1(s),G_2(s)$为稳定的,则图 E.1 所示的闭环系统稳定的充分条件为$\|G_1(s)G_2(s)\|_\infty<1$。

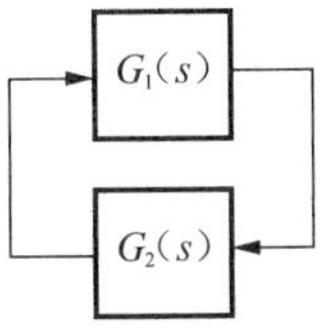

图 E.1　基于小增益定理的闭环系统稳定性

【附录 F】 范数(norm)

范数在词典上解释为"规范""标准"等,同时也是数学用语,作为测量矢量或信号大小的尺度,它具有如下三个性质:

(1) 正定性:$\|\boldsymbol{u}\|\geqslant 0$,其中$\|\boldsymbol{u}\|=0\Leftrightarrow\boldsymbol{u}=0$。

(2) 正值齐次性:$\|k\boldsymbol{u}\|=|k|\|\boldsymbol{u}\|$,$k$为实数。

(3) 三角不等式:$\|\boldsymbol{u}+\boldsymbol{v}\|\leqslant\|\boldsymbol{u}\|+\|\boldsymbol{v}\|$。

例如,在二维空间,若坐标(x,y)的大小可表示为$\sqrt{x^2+y^2}$,且满足上述三个性质,则称$\|\boldsymbol{u}\|$为 Euclid 范数。

参考文献

[1] 樋口龍雄：自動制御理論，森北出版(1989)

[2] 鈴木　隆：自動制御理論演習，学献社(1969)

[3] 杉江俊治，藤田政之：フィードバック制御入門，システム制御工学シリーズ3，コロナ社(1999)

[4] M. E. Van Valkenburg(柳沢　健 監訳，金井　元 訳)：アナログフィルタの設計，産業報知センター(1985)

[5] 足立修一：MATLABによる制御のためのシステム同定，東京電機大学出版局(1996)

[6] 藤原敏勝，布川　了，小河守正：PID制御のエンジニアリング，計測と制御，vol. 37，no. 5，pp. 362-368(1998)

[7] (社)日本機械学会 編：新技術融合シリーズ：第1巻 磁気軸受の基礎と応用，養賢堂(1995)

[8] 足立修一：MATLABによる制御工学，東京電機大学出版局(1999)

[9] 熊谷英樹，大石　潔(編著)：MATLABと実験でわかるはじめての自動制御，日刊工業新聞社(2008)

[10] 森　泰親：制御工学，大学講義シリーズ，コロナ社(2001)

[11] 美多　勉，原　辰次，近藤　良：基礎ディジタル制御，大学講義シリーズ，コロナ社(1988)

[12] 松原　厚：精密位置決め・送り系設計のための制御工学，森北出版(2008)

[13] M. Morari and E. Zafiriou：Robust Process Control，PTR Prentice Hall(1989)

[14] G. F. Franklin, J. D. Powell, and M. Workman：Digital Control of Dynamic Systems(Third Edition)，Addison Wesley Longman(1998)

[15] G. F. Franklin, J. D. Powell, and A. Emami-Naeini：Feedback Control of Dynamic Systems(Fourth Edition)，Prentice Hall(2002)

[16] 山口高司，平田光男，藤本博志(編著)：ナノスケールサーボ制御，東京電機大学出版局(2007)

[17] G. C. Goodwin, S. F. Graebe, and M. E. Salgado：Control System Design，Prentice Hall(2001)

[18] 須田信英(著者代表)：PID制御，朝倉書店(1992)

[19] 美多　勉：H∞制御，昭晃堂(1994)

[20] 大須賀公一，足立修一：システム制御へのアプローチ，システム制御工学シリー

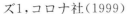

ズ1,コロナ社(1999)

［21］明石 一,今井弘之:詳解 制御工学演習,共立出版(1981)

［22］鈴木 隆:自動制御の基礎と演習,山海堂(2003)

［23］竹田 宏,松坂知行,苫米地宣裕:入門制御工学,朝倉書店(2000)

［24］小林伸明:基礎制御工学,共立出版(1988)

［25］H. Özbay: Introduction to Feedback Control Theory,CRC Press(2000)

［26］森 泰親:演習で学ぶ基礎制御工学,森北出版(2004)

［27］R. C. Dorf and R. H. Bishop: Modern Control Systems(Ninth Edition),Prentice Hall(2001)

［28］山口宏樹:構造振動・制御,共立出版(1996)

［29］椹木義一,添田 喬:わかる自動制御,日新出版(1966)

［30］L. Ljung: System Identification Theory for the User(Second Edition),Prentice Hall(1999)

［31］中野道雄,美多 勉:制御基礎理論－古典から現代まで,昭晃堂(1982)

［32］吉川恒夫:古典制御論,昭晃堂(2004)

［33］前田和夫,岩貞継夫,坪根治広:基礎制御工学,森北出版(1977)

［34］奥田 豊,高橋文彦,宮原一典:改訂 自動制御工学,新編電気工学講座 28,コロナ社(1984)

［35］伊瀬敏史,熊谷貞俊,白川 功,前田肇:回路理論Ⅱ,コロナ社(1998)

［36］片山 徹:新版 フィードバック制御の基礎,朝倉書店(2002)

［37］水野克彦:基礎課程解析学,学術図書出版社(1966)

［38］青木利夫,吉原健一,樋口禎一,寺田敏司ほか:改訂 演習・微分積分学,培風館(1986)

［39］中井三留:微分方程式の解き方,学術図書出版社(1992)

原著者简历

涌井伸二

1977 年　信州大学工学部电子工程专业毕业

1979 年　信州大学研究生院电子工程专业硕士毕业

1979 年　第二精工舍有限公司工作

1989 年　Canon 公司工作

1993 年　金沢大学工学博士

2001 年至今　东京农工大学研究生院教授

桥本诚司

1994 年　宇都宫大学工学部电气电子工程专业毕业

1996 年　日本学术振兴会特别研究员

1999 年　宇都宫大学研究生院工学博士

1999 年　宇都宫大学 SVBL 研究员

2002 年　群马大学助教

2005 年　群马大学讲师

2007 年至今　群马大学副教授

高梨宏之

1998 年　宇都宫大学工学部电气电子工程专业毕业

2003 年　宇都宫大学研究生院工学博士

2003 年　立命馆大学综合理工学研究机构研究员

2004 年　秋田县立大学助教

2006 年至今　秋田县立大学讲师

中村幸纪

2004 年　京都工艺纤维大学工艺学部电子信息工程专业毕业

2008 年　日本学术振兴会特别研究员(DC2)

2009 年　奈良先端科学技术研究生院大学工学博士

2009 年　日本学术振兴会特别研究员(PD)

2009 年至今　东京农工大学研究生院助教

译著者简介

邓明聪,男,1964 年生,日本国立东京农工大学教授,博士生导师。1986 年东北大学工业自动化专业毕业,1991 年获东北大学研究生院工业自动化专业工学硕士学位,1997 年获日本国立熊本大学系统科学专业博士学位,1997—2000 年任日本国立熊本大学助理教授,2000—2001 年任英国埃克塞特大学研究员,2001—2002 年任日本电信电话株式会社通讯科学研究所研究员,2002—2005 年任日本国立冈山大学助理教授,2005—2010 年任日本国立冈山大学副教授,2010 年至今任日本国立东京农工大学教授,2012—2014 年任日本国立东京农工大学电气电子工程系副主任。

金龙国,男,1963 年生,三级教授,山东省高校教学名师、青岛市高校教学名师。1986 年东北大学工业自动化专业毕业,1989 年获东北大学研究生院工业自动化专业工学硕士学位。1989 年起先后担任辽宁科技学院讲师、副教授,2004 年至今任青岛职业技术学院海尔学院(机电工程学院)教授。现为青岛职业技术学院电气自动化技术专业带头人,山东省自动化学会理事、山东省自动化学会嵌入式技术委员会常委、全国机械职业教育电气自动化类专业教学指导委员会委员、中国管理科学研究院特约研究员、青岛职业技术学院学术委员会委员、青岛职业技术学院学报编委会编委,山东省特色专业——电气自动化技术专业及全国机械行业骨干特色专业的负责人、山东省精品课程"自动控制技术"的负责人。发表学术论文 20 余篇,主编教材 3 部,获国家级教学成果奖和省部级教学成果奖多次。